Neue Gartenparadiese für Kinder

Neue Gartenparadiese für Kinder

Clare Matthews
Fotos: Clive Nichols

KOSMOS

Für meine Großmutter Lucy Rudd

Aus dem Englischen übersetzt von Dr. Folko Kullmann
First published in 2005
under the title „How does your Garden grow?“
ISBN 0-600-61141-8
by Hamlyn Octopus, an imprint of Octopus Publishing Group Ltd.
2–4 Heron Quays, London E14 4JP

Alle Fotos sind von Clive Nichols, bis auf Seite 80 oben und Seite 82 unten, die von Peter Haynes stammen.

Umschlaggestaltung von Atelier Reichert, Stuttgart unter Verwendung von 7 Farbfotos von Clive Nichols.

Bibliografische Informationen der Deutschen Bibliothek
Die Deutsche Bibliothek verzeichnet diese Publikation in der Deutschen Nationalbibliografie; detaillierte bibliografische Daten sind im Internet über http://dnb.ddb.de abrufbar.

Gedruckt auf chlorfrei gebleichtem Papier

1. Auflage

Für die deutschsprachige Ausgabe:

ISBN 3-440-10177-0
Redaktion: Dr. Henrike Lotz
Herstellung: Ralf Paucke, Eva Kronberg
Printed in China/Imprimé en Chine

KOSMOS
Postfach 10 60 11
D-70049 Stuttgart
TELEFON +49 (0)711-2191-0
FAX +49 (0)711-2191-422
WEB www.kosmos.de
E-MAIL info@kosmos.de

Inhalt

Einführung

Dieses Buch ist vollgepackt mit Ideen, die ganz einfach umzusetzen sind. Kinder werden sie lieben! Während ältere Kinder die Projekte fast alleine durchführen können, brauchen kleinere Kinder bei manchen Aufgaben eine helfende Hand. Spielerisch lernen Ihre Kinder spannende und ungewöhnliche Tatsachen aus der Welt der Pflanzen. Ein paar Pflänzchen zu versorgen mag ja ganz nett sein, aber wenn es darum geht, eine leckere Nudelsoße anzubauen, Schmetterlinge anzulocken oder einen Blumengarten zu pflegen, dessen Blüten man aufessen kann, werden Ihre Kinder nicht mehr aufzuhalten sein.

So lernen sie, auf die kleinen Wunder der Natur zu achten, die uns umgeben und können dabei dem eigenen Garten noch eine persönliche Note verleihen. Auf die selbst bemalten Töpfe, die kleinen Kunstwerke und die Tiere, die sie durch die Futterstellen anlocken, können sie zu Recht stolz sein. Wenn sie die Welt der Pflanzen und den Garten erforschen, werden sie Fragen auf den Grund gehen wollen, wie: „Warum ist das Gras grün?", „Warum haben Pflanzen Wurzeln?" oder „Wie wissen Pflanzen, wann sie blühen?". Viele dieser Fragen werden bei den entsprechenden Projekten einfach und leicht verständlich erklärt.

Die Projekte werden mit einfachen Schritt-für-Schritt-Anleitungen sehr genau beschrieben. Sie und Ihre Kinder können sich genau an die Vorgaben halten oder die eigene Fantasie walten lassen. Die Anleitungen lassen genug Raum für eigene

Rechte Seite im Uhrzeigersinn von oben: Gartenparties voller Ideen (Seite 126), Essbare Blüten (Seite 64), Samenernte (Seite 22), Gänseblümchen-Topf (Seite 16).

Ideen. Viel Platz braucht man auch nicht unbedingt, die meisten Projekte lassen sich selbst auf einem Balkon verwirklichen. Wir haben auch darauf geachtet, dass für die Bastelprojekte kein großes Budget notwendig ist.

Das Buch ist in vier Kapitel aufgeteilt: „Die Welt der Pflanzen" beschreibt Möglichkeiten und Gründe, Pflanzen anzubauen, die aufregend und spannend sind. Sie reichen von der Fensterbankwiese bis zur Mini-Wüste. „Leckeres aus dem Garten" beschreibt, wie man Obst und Gemüse einmal anders anbaut als man es gewohnt ist. Im Kapitel „Tiere im Garten" lernen Kinder, wie man Vögel und andere Tiere mit Futter in den Garten lockt oder ihnen dort Unterschlüpfe baut. Zum Schluss kommen noch eine Menge „Spannende Projekte", bei denen der Fantasie und Kreativität Ihrer Kinder keine Grenzen gesetzt sind.

Dieses Buch soll eine Inspirationsquelle für Eltern sein, die ihren Kindern das vielfältige und faszinierende Leben im Garten zeigen wollen. Und dabei auch noch viel Spaß und Freude haben werden.

Rechte Seite im Uhrzeigersinn von oben: Gemüsetunnel (Seite 68), bunte Kappen für Stützstäbe (Seite 98), Disco-Mobile (Seite 132), Apfelbaum-Herz (Seite 44).

Die Welt der Pflanzen

Eine Pflanze beim Wachsen und Gedeihen, vom klitzekleinen Keimling bis zur ausgewachsenen Blume, zu beobachten, ist schon eine aufregende Sache. Noch viel spannender wird es aber, wenn die Pflanzen eine ganz besondere Aufgabe erfüllen oder Teil eines Experiments zur Erforschung der faszinierenden Pflanzenwelt sind.

Die Projekte, die in diesem Kapitel vorgestellt werden, zeigen, wie man mit viel Spaß Pflanzen heranziehen kann und dabei auch noch eine Menge lernt. Hier können Kinder eine Mini-Wüste zum Blühen bringen, verschiedene Duftpflanzen beschnuppern, die Wuchsrichtung von Blumenzwiebeln erforschen oder die Keimung beobachten. Kurz: die Wunder der Natur erleben.

Die Lust am Gärtnern und die Kreativität von Kindern wird gefördert. Sie werden angeregt, die Wunder der Pflanzenwelt zu entdecken.

Fensterbankwiese

Wildblumen haben einen ganz besonderen Charme, sind anspruchslos und einfach zu pflegen. Sie verschönern jede Fensterbank. Dieser kleine Kasten – 50 cm lang und 20 cm hoch und breit (vor dem Wachsen) – bringt eine Vielzahl an Blumen und Blüten hervor, die viele Insekten anlocken. Man kann das Gras an den Seiten kurz scheren oder wild wachsen lassen.

Material

verzinkter Maschendraht (90 x 60 cm)
2 Rollen Grassoden
Blumenerde
1 Päckchen Wildblumensamen

Tipp

Viele Saatgutanbieter haben mehr als eine Wildblumensamenmischung im Angebot, für unterschiedliche Farbeffekte oder Standorte.

1 *Zuerst formt man den Kasten. Dazu biegt man die beiden Längsseiten des Drahtgeflechts jeweils 20 cm nach innen.*

2 *Nun schneidet man an beiden Enden der senkrechten Seiten zwei jeweils 20 cm breite und 18 cm hohe Stücke aus. Dann kann man auf der gegenüberliegenden Seite das Stück umbiegen und den Kasten formen.*

Wie werden aus winzigen Samenkörnern große Pflanzen?

Im Innern der harten Schale liegt ein kleiner Embryo, aus dem eine neue Pflanze wächst. Er hat alle Anlagen, die die spätere Pflanze ausmachen. Er muss aber erst einmal keimen. Wenn die richtige Feuchtigkeit und Wärme vorhanden sind, beginnt die Keimung. Der Embryo bekommt die Energie zum Wachsen aus den Nährstoffen, die im Samen gespeichert sind.

3 *Mit einigen kurzen Stücken Draht kann man die umgebogenen Ecken der Kopfseiten befestigen, damit der Kasten rechtwinklig und stabil wird.*

4 *Die Grassoden rollt man flach aus und kann nun ein großes Stück (oben) für den Boden und drei Seiten, sowie ein kleineres (unten) für die vierte Seite ausschneiden.*

5 *Mit der Grasseite nach außen wird der Kasten ausgekleidet. Wichtig ist es, die Soden an den Ecken und Kanten gut zusammenzudrücken, sodass keine Löcher bleiben.*

6 *Man füllt den Kasten noch mit Blumenerde und sät die Blumensamen aus, wie auf der Packung beschrieben. Vorsichtig angießen und feucht halten. Wildblumen sind anspruchslos und brauchen keinen Dünger.*

Gänseblümchen-Topf

Jede Generation hat aus Gänseblümchen, auch Tausendschön oder Maßliebchen genannt, Blumenkränze geflochten. Auch heute noch erliegen Kinder diesem Charme. Zieht man die Gänseblümchen dann noch im eigenen Topf, ist der Spaß doppelt so groß. Mit ein paar Pinselstrichen kann die Topfbemalung auch von kleinen Kindern nachgemacht werden.

Material

Tontopf (muss nicht besonders groß sein)
Bastelkleber (Poly-Vinyl-Acryl-Kleber)
blaue, rosa, gelbe und grüne Acrylfarbe
Blumenerde
2 Gänseblümchen-Pflanzen

1 *Den Topf innen und außen mit einer Mischung aus Bastelleim und Wasser (Verhältnis 1:1) versiegeln. Ist die Versiegelung trocken, kann die hellblaue Farbe aufgetragen werden. Eventuell ist noch ein zweiter Anstrich nötig.*

2 *Wenn die Farbe ganz trocken ist, können die Gänseblümchen aufgemalt werden. Für die rosafarbene Blüte wird mit vier Pinselstrichen ein Kreuz gemalt, dazwischen noch einmal je ein Blüttenblatt. Ein gelber Farbklecks in der Mitte macht die Blüte perfekt.*

3 *Malen Sie eine Kette von Blümchen in Wellen um den Topf herum und verbinden Sie sie mit einzelnen grünen Farbstrichen.*

Warum öffnen sich Blumen in der Sonne und schließen sich am Abend?

Ganz genau stimmt das so nicht. Manche Blumen reagieren auf das Wetter, andere auf die Länge des Tages oder öffnen sich nur zu bestimmten Zeiten. Sie passen ihre Öffnung genau an Schmetterlinge, Bienen und andere Bestäuber an, die ihren Pollen sammeln sollen. Manche Blüten öffnen sich sogar erst in der Nacht und werden von Fledermäusen oder Motten bestäubt. Im Jahr 1751 hat der Gelehrte Carl von Linné eine Blumenuhr veröffentlicht, nach der man anhand der Blumen, die sich gerade öffnen, die ungefähre Zeit ablesen konnte.

4 *Nach dem Trocknen kann der Topf mit den Gänseblümchen bepflanzt werden. Angießen nicht vergessen! Einmal angewachsen, produzieren die Maßliebchen ständig neue Blüten zum Kranzbinden.*

Düfte anbauen

Kinder lieben Düfte und verschiedene Gerüche. Da liegt es nahe, ihnen mit duftenden Blüten und aromatischen Blättern einen Einblick in die Welt der Gerüche zu geben. Ein kleines Duftbeet, ganz für die Kinder, regt das Interesse für die Welt der Pflanzen an. Nebenbei sieht das Beet mit den bunten Blumen nicht nur toll aus, sondern duftet auch fantastisch.

Material

7 Pflöcke (20 cm lang) aus 5 x 2,5 cm starkem Kantholz
Seil
Fertigpalisaden aus halbiertem Rundholz (15 cm hoch, 4 m lang)
Holzschutzfarbe
Bindedraht (kunststoffummantelt)
Blumenerde mit Tonanteil

Pflanzen, die im Frühling duften

10 Nelken *(Dianthus)*
7 Zitronen-Thymian *(Thymus* x *citriodorus)*
5 Hyazinthen (in diesem Beispiel die Sorte 'Blue Jacket')

1 *Schlagen Sie den Pflock in der Mitte des zukünftigen Beets ein. Nun schlingen Sie ein Seil um den Pflock und setzen in einem Abstand von 65 cm den zweiten Pflock.*

2 *Mit den übrigen fünf Pflöcken verfahren sie genauso und formen so einen Kreis aus Pflöcken. Achten Sie auf gleichmäßige Abstände. Zum Schluss entfernen sie den Pflock in der Mitte.*

3 *Die Fertigpalisaden zwei Mal mit Holzschutzfarbe streichen. Nach dem Trocknen um die Pflöcke ziehen und mit dem Bindedraht an den Pflöcken befestigen. Die beiden Enden fest miteinander verbinden. Das Beet mit Blumenerde auffüllen.*

4 *Jetzt werden die Pflanzen (noch im Topf) auf dem Beet arrangiert. Daran denken, dass sie genug Platz für zukünftiges Wachstum haben.*

5 *Sind Sie mit der Anordnung zufrieden, die Pflanzen aus dem Topf nehmen und in das Beet einpflanzen.*

6 *Gut angießen. Das Hochbeet braucht nicht viel Pflege, nur regelmäßiges Gießen und gelegentliches Ausputzen verblühter Blumen. An warmen Frühlingstagen wird betörender Duft den Garten erfüllen.*

Pflanzen, die im Sommer duften

3 Schokoladen-Kosmeen (*Cosmos atrosanguineus*)
3 duftende Taglilien, die nicht zu groß werden (wir haben *Hemerocallis* 'Lemon Sorbet' verwendet)
4 Töpfe mit Lilien

Im Sommerbeet lösen warme Gelb-, Orange- und Brauntöne das Blau und Rosa des Frühlings ab. Glamourös und intensiv duftend, passen die großen Lilien gut zu den kleinen Blüten der nach Schokolade duftenden Kosmeen. Diese Kombination ist für die Nase ein Genuss und auch eine Augenweide.

◄ ▼ Lilien sind für ihren intensiven Duft bekannt. Eine duftlose Lilie ist genauso enttäuschend wie eine Rose oder ein Flieder, die nicht den Duft haben, den man erwartet. Die meisten Lilienzwiebeln sind winterhart, können also im Beet bleiben und erfreuen im nächsten Jahr mit neuer Blüte und ihrem wunderbaren Duft.

▲ *Die trompetenförmigen, herrlich duftenden Blüten von Hemerocallis 'Lemon Sorbet' öffnen sich nur für einen Tag. Die Pflanze produziert aber eine ungeheure Menge davon. Ihre Blätter sterben im Herbst ab und die Pflanze treibt im nächsten Frühjahr neu aus. Es gibt sehr viele Taglilien-Sorten, aber nicht alle duften. Achten Sie beim Einkaufen darauf!*

▶ *Blüten müssen nicht unbedingt wie Blumen riechen! Der Duft dieser samtigen Kosmee ist wirklich eine Überraschung: Sie riecht nach Schokolade! Kosmeen sind nicht frosthart, können aber im Haus überwintert werden. Am besten kultiviert man sie allerdings nur einjährig.*

Woher wissen die Blumen, wann sie blühen sollen?

Jede Pflanze blüht zu einer bestimmten Zeit im Jahr. Der Mechanismus, der die Blütezeit bei Pflanzen einleitet, hängt weniger von der Länge der Tage oder der Sonnenscheindauer ab, sondern eher von der Länge der Nacht und der Dunkelheit.

Samenernte

Wenn die Blütenblätter verwelkt sind, erscheinen prallvolle Fruchtstände voller brauner, knisternder Samen, die geradezu darauf warten, geerntet zu werden. Kinder können sich im Herbst tagelang damit beschäftigen, Samen zu sammeln und ihre eigenen Samentütchen zu basteln. Solche hübsch dekorierten Päckchen sind ideale kleine Geschenke.

Material

braune Papierumschläge, einen für jede Samensorte
Buntstifte oder Filzschreiber
1 große Dose oder luftdichte Box

Tipp

Ernten Sie nur bei trockenem, sonnigem Wetter, wenn die Samenstände brüchig sind und sich leicht öffnen. Feuchter Samen lässt sich nicht lange aufbewahren.

1 *Man beginnt damit, die Umschläge, oder besser die Samentütchen, vorzubereiten. Zuerst kommt der Name der Pflanze und das Sammeldatum auf das Tütchen. Auch der Name des Gartens und der Sammlerin oder des Sammlers könnten dort stehen.*

2 *Nun kann ein Bild der Pflanze oder des Samenstands auf das Tütchen gemalt werden. Das hilft, sich im nächsten Jahr bei der Aussaat daran zu erinnern, wie die Pflanze ausgesehen hat. Gartenbücher oder Zeitschriften geben zusätzliche Inspiration.*

Wie verbreiten Pflanzen ihre Samen?

Pflanzen haben verschiedene Wege entwickelt, ihre Samen zu verbreiten. Die meisten verlassen sich auf den Wind und haben ihre Samen mit feinen Härchen ausgestattet. Die kleinen Fallschirme des Löwenzahns (Pusteblume) sind ein gutes Beispiel. Andere Arten, wie der Mohn, haben Samenkapseln, aus denen bei Wind die Samen herausfallen. Samen, die von Tieren verbreitet werden, haben eine essbare Hülle oder sind versehen mit winzigen Häkchen, die im Fell eines Tiers hängen bleiben.
Manche Samenkapseln explodieren und schleudern ihre Samen heraus, wenn sie berührt werden.

3 *Von ausgereiften Samenständen streift man die trockenen Samen direkt in die Tütchen. Lose Teile oder Reste der Samenkapsel werden entfernt.*

4 *Die verschlossenen Tütchen werden nun in einer luftdichten Box an einem trockenen Ort aufbewahrt. Im Frühling kann man die Samen entweder direkt in den Garten oder in Blumentöpfe aussäen.*

Obstkerne und -steine anziehen

Eine Obstfrucht ist eigentlich nichts anderes als ein lecker verpacktes Samenpaket. Wenn man die Samen aufhebt und zum Keimen bringt, können Kinder den Lebenszyklus der Pflanzen – von der Frucht zur Pflanze – lernen. Auch viele exotische Pflanzen gedeihen bei uns auf der Fensterbank, im Wintergarten oder im Gewächshaus gut.

Obstkerne, -steine und Samen, die besonders gut wachsen

Apfel
Avocado
Dattel
Zitrone
Mango
Orange
Papaya
Passionsfrucht
auf Seite 42 (Wurzeln und Triebe) ist beschrieben, wie man seine eigene kleine Eiche zieht

Avocado-Bäumchen ziehen

1 *Schneiden Sie die Avocado vorsichtig in zwei Hälften und lösen Sie den Stein heraus. Den Stein eine halbe Stunde in warmem Wasser einweichen.*

2 *Schneiden Sie etwa 1 cm von der Spitze des Steins ab und setzen Sie ihn in einen kleinen Topf mit lockerer Anzuchterde. Angießen und warm und hell aufstellen.*

3 *In feuchter Erde erscheint nach ein paar Wochen ein winziger Trieb. Keine Sorge, wenn der Stein anfängt, sich bräunlich zu verfärben. An der Spitze des Sprosses entfalten sich die Keimblätter.*

4 *Einige Tage später wird der Spross weiter gwachsen sein und schließlich das erste Paar richtiger Blätter bilden.*

Orangen- und Zitronen-Bäumchen

1 *Schneiden Sie eine Orange oder Zitrone in der Mitte durch und entfernen Sie die Kerne.*

2 *Die Kerne über Nacht in Wasser einweichen. Am nächsten Tag etwa 4 cm tief in einen Topf mit Anzuchterde pflanzen.*

3 *Regelmäßig gießen. Zum Keimen brauchen die Samen Feuchtigkeit und eine Temperatur zwischen 25 und 32 °C.*

4 *Nach etlichen Jahren guter Pflege könnte das Zitronenbäumchen so aussehen. Im Sommer kann es im Garten oder auf der Terrasse stehen.*

Passionsfrucht

- *Aus einer reifen Frucht wird das Fruchtfleisch mit den Kernen herausgelöffelt.*
- *Die Samen müssen nun 2 bis 3 Tage fermentieren. Das bedeutet, sie bleiben, mit dem anhängenden Fruchtfleisch und etwas Wasser, an einem warmen Ort. Keine Sorge, wenn die Mischung anfängt zu schimmeln, das gehört dazu.*
- *In einem feinen Sieb werden die Samen ausgewaschen. Nun können sie einzeln in kleine Töpfchen mit Anzuchterde gesät werden.*
- *Immer leicht feucht halten. Die Samen brauchen eine Temperatur von mindestens 20 °C zum Keimen. Ein Platz auf der Heizung ist ideal. Prüfen Sie regelmäßig, ob die Erde noch feucht genug ist.*
- *Wenn sich die ersten Triebspitzen zeigen, können die Pflänzchen auch mehr Licht vertragen und fühlen sich auf einer sonnigen Fensterbank wohl. Man kann den Klettermaxen beim Wachsen fast zuschauen. Sie brauchen wie andere Schlingpflanzen eine Kletterhilfe, zum Beispiel einen Stab, an dem sich die Ranken festhalten können.*

Mango-Bäumchen

- *Nachdem man das Fruchtfleisch aufgegessen hat, schabt man die Reste so gründlich wie möglich vom Kern ab.*
- *2 bis 3 Tage in Wasser einweichen und dann die äußere Schale vorsichtig ablösen.*
- *Legen Sie den Kern mit der runden Seite nach oben in Anzuchterde und bedecken Sie ihn mit etwas Erde.*
- *Den Kern an einen warmen Ort stellen, bis der Keimling erscheint. Dann sollte er einen sehr warmen und sonnigen Platz bekommen.*

Südsee-Sandkasten

Ein Sandkasten ist großartig für Kinder, aber im Garten nicht sonderlich attraktiv. Wenn man ihn aber mit einer großen Bananenstaude ausstattet, kann mit etwas Fantasie aus einem alltäglichen Spielplatz ein kleines tropisches Paradies werden. Die Kieselinseln eignen sich für Expeditionen und Schatzsuchen – was da alles versteckt werden kann!

Material

4 neue Eichenschwellen, jede etwa 1,80 m lang
1 Kantholz, etwa 80 bis 100 cm lang und 5 x 10 cm stark
große Tackerklammern
4 m² stabile Folie
1 Sack Rindenmulch
1 Bananenpflanze *(Musa basjoo)*
1 m² Unkraut unterdrückende Mulchfolie
5 Säcke Spielsand
Kiesel, Muscheln und Schätze

⚠ Vorsicht: Halten sich Katzen oder andere Tiere öfters im Garten auf, sollte man den Sandkasten mit einer Abdeckung oder einem Netz schützen, wenn nicht gespielt wird.

1 *Platzieren Sie die vier Schwellen dort, wo der Sandkasten entstehen soll, so dass sie ein Quadrat bilden. So eng wie möglich zusammenschieben. Mit Schmirgelpapier kann man Splitter und Unebenheiten entfernen.*

2 *Sägen Sie die Enden der Planke (am besten mit einer Gehrungssäge) im Winkel von 45°, so dass sie genau in eine Ecke des Sandkastens passt. Den größeren Bereich legen Sie mit der Folie aus und stechen ein paar Löcher zur Dränage hinein. Etwa 10 bis 15 cm der Folie sollten an den Schwellen liegen. Die Folie an den Schwellen festtackern.*

Warum sehen nicht alle Blätter gleich aus?

Jede Blattform ist eine Anpassung an ganz besondere Lebensräume der Pflanzen. Pflanzen, die im Schatten wachsen, zum Beispiel im Innern eines Regenwalds, haben große Blätter, um mehr Sonnenlicht einzufangen. Dagegen besitzen viele Pflanzen aus heißen, trockenen Gebieten kleine, graue, behaarte Blätter. Hier ist nicht zu wenig Sonnenlicht, sondern der Verlust von Wasser das Problem.
Das richtige Blatt ist also ein Teil der Überlebensstrategie der Pflanze.

3 *Den kleineren Bereich zu zwei Dritteln mit Pflanzerde füllen und die Banane einpflanzen. Gut angießen. Die Oberfläche der Erde mit der Unkraut unterdrückenden Folie abdecken und dick mit Kieseln, Muscheln und verborgenen Schätzen bedecken.*

4 *Den Spielsand in den Kasten schütten und gleichmäßig verteilen – die Südseeinsel wartet auf ihre Entdecker und Bewohner!*

Exotenpflege

Um die Bananenstaude vor Frost zu schützen, kann man entweder im Herbst die Blätter abschneiden und die Pflanze mit einer Packung aus Stroh vor der Kälte schützen, oder man pflanzt sie in einen Kübel und holt sie im Herbst ins Haus.

Entspannungsbad-Topf

Die beruhigende und entspannende Wirkung von Lavendel und Kamille ist altbekannt. Sind sie zusammen in einen Topf gepflanzt, können Kinder sich kleine Sträußchen pflücken, mit denen sie ihr Badewasser parfümieren – und vielleicht auch noch besser einschlafen. An einem sonnigen Platz können diese anspruchslosen Pflanzen leicht versorgt werden.

Material
ausreichend großer Topf
Kies, Blähton oder zerbrochene Tonscherben zur Dränage
normale Blumenerde
1 kleine Lavendelpflanze
3 Kamillepflanzen

1 *Eine unterste Schicht aus Kies oder alten Tonscherben dient als Dränage. Den Topf zur Hälfte mit Blumenerde füllen. Dann den Lavendel aus dem alten Topf nehmen und im hinteren Teil des Blumentopfs einsetzen. Zum Schluss die Kamillepflanzen im Vordergrund arrangieren.*

2 *Die Zwischenräume vorsichtig mit Blumenerde auffüllen, bis die neue Erde genauso hoch reicht, wie im alten Topf.*

3 *Angießen und an einem sonnigen Platz aufstellen. Wenn man die Pflanzen zwar feucht, aber nicht zu nass hält, gedeihen sie am besten.*

Die Ernte

1 *Wenn Lavendel und Kamille blühen, können sich Ihre Kinder einen kleinen Duftstrauß pflücken und sich damit ein ganz besonderes Bad bereiten. Mit einer Kinderschere kann man die Blütenstängel leicht abschneiden.*

2 *Den kleinen Strauß bindet man mit einer Schnur zusammen und hält ihn unter den warmen Wasserstrahl. So gelangt das Blütenaroma ins Badewasser.*

3 *Alternativ kann man auch einfach einen getrockneten Strauß ins Badewasser legen, der dann beim Baden seinen herrlichen Duft abgibt.*

Den Duft des Sommers bewahren

Durch Trocknen kann man einen Teil des Sommerdufts auch noch im Winter beim Baden genießen. Schneiden Sie die Lavendel- und Kamillenblüten mit ausreichend langen Stängeln ab und binden Sie sie zusammen. An einem warmen, trockenen Ort aufhängen. Die getrockneten Blütenköpfe eignen sich für Potpourris (Seite 134) oder zum Füllen kleiner Duftkissen aus Nesselstoff.

1 *Man schneidet ein paar Blütenköpfe ab und legt sie in die Mitte eines Duftsäckchens. Man braucht nur wenige Blüten für jeden Beutel.*

2 *Die Enden des Nesselstoffs zusammenlegen und das Säckchen mit einem Band aus Samt oder Seide zusammenbinden. In einer luftdichten Dose aufbewahrt, bleibt der Lavendelgeruch bis zur nächsten Ernte erhalten. Die Duftsäckchen können Kinder auch sehr schön verschenken; ein Geschenk, das sie selbst gezogen und gebastelt haben.*

Festtagsbaum

Egal ob es die Geburt eines neuen Familienmitglieds, der erste Schultag oder der Umzug in ein neues Haus ist, einen Baum zu pflanzen ist eine schöne Art, einen solchen Festtag zu feiern. Kinder lieben feierliche Zeremonien. Ein Baum ist ein langlebiges Symbol, durch das sich Kinder einmal mit etwas Abstraktem wie der Zeit auseinander setzen können.

Die richtige Pflanzzeit

Bäume werden im Container das ganze Jahr über angeboten. Die beste Pflanzzeit ist aber der Herbst. Der Boden ist vom Sommer noch warm, das Wachstum hat sich aber schon verlangsamt. Daher bedeutet das Umpflanzen nicht zu viel Stress für den Baum. Im Herbst und Winter werden auch so genannte wurzelnackte Bäume und Sträucher angeboten. Sie sind eine günstigere Anschaffung als Container-Bäume, müssen aber sofort eingepflanz werden.

⚠ Wählen Sie einen Baum aus, der in Ihren Garten passt. Es wäre schade, wenn Sie ihn später fällen müssten, weil er zu groß geworden ist. Es gibt eine riesige Auswahl an geeigneten Arten und Sorten, auch für den kleinsten Garten.

1 *An einer passenden Stelle das Pflanzloch ausheben. Es muss etwa doppelt so breit sein wie der Wurzelballen und die Stammbasis sollte nach dem Einsetzen auf derselben Höhe liegen wie vorher. Etwas Kompost in den Boden der Pflanzgrube einarbeiten.*

2 *Jetzt kommt der Baum in das Pflanzloch. Manche Ballentücher können am Ballen bleiben und verrotten von selbst, andere müssen entfernt werden. Wurzelnackte Bäume werden auf einen kleinen Erdkegel gesetzt und die Wurzeln gleichmäßig ausgebreitet.*

3 *Nach und nach das Pflanzloch mit Erde und Kompost auffüllen. Dazwischen immer wieder festtreten, damit der Baum sicher steht. Zum Schluss einen Pflock im Winkel von 45° einschlagen (nicht durch den Ballen) und den Baum mit einem elastischen Band festbinden.*

4 *Das Anbringen der Plakette mit den Namen der Pflanzer und vielleicht noch dem Pflanzdatum und dem Anlass sind ein würdiger Abschluss der Zeremonie.*

Mini-Wüste im Topf

Die ausgedörrte Landschaft einer Wüste fasziniert Kinder. Mit einer eigenen Mini-Wüste lernen sie ungewöhnliche Pflanzen kennen, die unter widrigen Bedingungen überleben. Ein Wüstengarten braucht kaum Pflege und gedeiht auch noch bei starker Vernachlässigung durch die kleinen Gärtner. Wichtig ist nur ein warmer, sonniger Platz.

Material

1 großer flacher Tontopf oder 1 Tonschale
Bastelkleber (Poly-Vinyl-Acryl-Kleber)
gelbe Acrylfarbe und gelber Sand
Kiesel oder Scherben zur Dränage
Kakteenerde
Sand
Sukkulenten oder Kakteen
3 Steine
Kies oder farbiger Aquarienkies

⚠ Viele Gartencenter bieten eine große Auswahl an kleineren Kakteen für Kinder an. Man kann für größere Kinder auch dornige Kakteen kaufen, wir haben jedoch nur stachellose Sukkulenten verwendet. Sie sind auch für kleinere Kinder geeignet.

1 *Zuerst wird die Mini-Wüste vorbereitet. Den Bastelkleber mit etwas gelbem Sand mischen und die Außenseite der Schale anmalen. Auch die Innenseite vom Rand aus etwa 10 cm weit bepinseln.*

2 *Eine dicke Dränageschicht aus Kieseln oder Tonscherben sorgt für guten Wasserabzug. Für die meisten Sukkulenten reicht eine 15 cm tiefe Schicht aus Erde. Die Kakteenerde zu einem Drittel mit Sand mischen und den Topf bis 5 cm unter den Rand auffüllen. Nun die Pflanzen und Steine arrangieren. Wenn man mit der Mini-Landschaft zufrieden ist, werden die Töpfe von den Pflanzen entfernt und diese eingesetzt. Wichtig ist, dass sie nicht tiefer sitzen als vorher im Topf.*

3 *Zuletzt bekommt die Mini-Wüste eine Schicht aus naturfarbenem oder buntem Kies und einen Platz in der Sonne. Wenn die Erde ausgetrocknet ist, kann man wieder gießen. Obwohl viele Sukkulenten lange Trockenzeiten überstehen, gedeihen sie mit etwas Feuchtigkeit besser!*

▲ Die auffälligen Wuchsformen vieler Kakteen stechen sofort ins Auge. Die kleinsten Arten werden gerade einmal 5 cm groß und die Auswahl ist riesig.

▲ ► Einen Kaktus niemals mit der bloßen Hand anfassen! Auch feine, weiche Dornen können abbrechen und zu Hautreizungen führen. Mit einem Stück Küchenpapier, das um den Kaktus gerollt wird, kann dieser sicher aus seinem Topf gezogen und umgetopft werden. Nach dem Pflanzen entfernt man das Papier.

► Diese Mini-Wüste ist mit dornigen Kakteen bepflanzt. Sie eignet sich nur für größere Kinder, die vernünftig genug sind, die Pflanzen nicht anzufassen. Zum Umtopfen die oben beschriebene Methode mit dem Papier anwenden.

▲ Viele Pflanzen, die in Wüstenregionen leben, haben ausgesprochen ungewöhnliche Wuchsformen entwickelt.

▲ ► Diese Sukkulente hat leuchtend orangefarbene Blüten und weiche, behaarte Blätter und Triebe, die die Pflanze vor Überhitzung bewahren.

Wie überleben Pflanzen ohne Wasser?

Alle Pflanzen brauchen Wasser zum Wachsen und Blühen. Viele Wüstenpflanzen haben sich daran angepasst, mit sehr wenig Wasser auszukommen und können lange Zeiten ohne Regen (in manchen Wüsten regnet es nur alle paar Jahre) überleben. Manche Sukkulenten speichern Wasser in ihren dicken Blättern, deren wachsartige Oberfläche den Wasserverlust noch zusätzlich vermindert. Andere, wie die Kakteen, haben die Blätter ganz verloren und speichern das Wasser in ihren verdickten Stämmen.

Zwiebeln auf dem Kopf

Die meisten Blumenzwiebeln wachsen leicht und treiben ungeheuer üppige Blüten. Dieses Experiment zeigt, mit welcher enormen Kraft sie auch unter widrigen Umständen wachsen. Wir haben die sonnengelbe Tulpensorte ‘Monte Carlo’ verwendet, die wie die meisten Blumenzwiebeln im Herbst gepflanzt wird und im darauf folgenden Frühjahr blüht.

Material

3 tiefe, schmale und frostfeste Töpfe
9 Blumenzwiebeln
Kies oder Tonscherben zur Dränage
Blumenerde
3 Etiketten

Was ist eine Zwiebel?

Eine Zwiebel ist eine Gruppe dicht gepackter, verdickter Blätter um eine Knospe herum. Diese Knospe wächst empor und durchbricht die Erdoberfläche.

1 *In jeden Topf kommt eine Dränageschicht aus Kies oder Tonscherben, darauf eine Schicht Blumenerde. Etwa die doppelte Höhe der Zwiebel sollte über ihr frei bleiben.*

2 *Jeweils drei Blumenzwiebeln werden in einen Topf gesetzt: Das erste Trio mit der Spitze nach oben, das nächste auf der Seite liegend und das letzte Trio mit der Spitze nach unten.*

3 *Nun den Topf bis auf 2 cm unter den Rand mit Blumenerde auffüllen. Leicht andrücken. Auf den Etiketten vermerken, wie die Zwiebeln in jedem Topf liegen.*

4 *Etwas angießen und an einem geschützten Platz im Garten aufstellen. Im Frühling, wenn sich die ersten Triebe zeigen, werden sie ins Blickfeld gerückt, um das Ergebnis des Experiments zu beobachten.*

5 *Die Zwiebeln, die richtig herum eingepflanzt wurden, haben prächtige gelbe Blüten entwickelt. Das zweite Trio, das auf der Seite lag, blüht auch, aber nicht so schön und gleichmäßig. Und obwohl die letzten drei Blumenzwiebeln verkehrt herum eingepflanzt wurden, haben sie es doch geschafft, wenigstens ein paar Blätter hervor zu bringen.*

Wurzeln und Triebe

Dieses einfache Experiment zeigt Ihren Kindern mit allen fabelhaften Einzelheiten, wie eine mächtige Eiche ihr Leben beginnt. Lässt man im Herbst eine Eichel im Wasser keimen, bekommt man eine kräftige Pflanze, „Blindgänger"! sind selten. Wenn der kleine Baum zwei oder drei Blätter entwickelt hat, wird er in einen Topf mit Blumenerde gepflanzt.

Material

Eicheln
Perlen oder Murmeln
kleine Glasgefäße
kleine Tontöpfe
Blumenerde

1 *Auf den Boden jedes Glasgefäßes kommt eine 2 bis 3 cm dicke Schicht aus Glasperlen. In jedes Gefäß werden 3 Eicheln gelegt. Gerade soviel Wasser dazugeben, dass die Eicheln zur Hälfte im Wasser liegen.*

2 *An einem hellen Fenster aufstellen und den Wasserstand im Auge behalten. Rechtzeitig nachfüllen! Schon nach kurzer Zeit werden die Eicheln zu keimen beginnen.*

3 *Zuerst platzt die Schale der Eicheln und eine dicke Wurzel erscheint. Sie wächst nach unten ins Wasser.*

4 *Dann wächst ein zarter Trieb. Kaum zu glauben, dass aus diesem winzigen Schössling einmal ein dicker Baumstamm wird.*

5 *Die ersten, noch fast durchscheinenden Blätter erscheinen. Bald folgen weitere.*

6 *Wenn jede kleine Eiche vier oder fünf Blätter ausgebildet hat, kann man sie vorsichtig aus dem Gefäß nehmen (die Wurzeln nicht beschädigen!) und einzeln in einen kleinen Tontopf mit Blumenerde umpflanzen.*

Die Pflege der Eichen

Die kleinen Eichen hält man bis zum Frühling im Haus. Dann kann man sie langsam an das Klima im Freien gewöhnen, indem man sie bei schönem Wetter an einen geschützten Platz im Garten stellt. Bald können sie ganz draußen bleiben.

Apfelbaum-Herz

Dieses Paar aus in Herzform gezogenen Apfelbäumchen sieht sehr witzig aus. Es passt in den kleinsten Garten, sogar auf Balkon oder Terrasse. Die Herzform ist wunderschön und nach einigen Jahren kann man den einen oder anderen Apfel ernten. Dieses Projekt eignet sich gut für den Herbst, wenn wurzelnackte Bäume angeboten werden (siehe auch Seite 34).

Material

1 großer, frostfester Tontopf
Kies oder Tonscherben zur Dränage
Blumenerde mit Tonanteil (Kübelpflanzenerde)
2 einjährige, unbeschnittene Apfelbäumchen (siehe unten)
1 Bambusrohr oder 1 dekorativer Pflock
ein paar Raffia-Bast-Stränge

Tipp

Der Wurzelstock, auf den ein Obstbaum veredelt wird, bestimmt sein zukünftiges Wachstum. Für die Topfkultur braucht man schwachwüchsige Bäumchen. Sie sollten jung und biegsam sein und dürfen noch nicht geschnitten sein. Fragen Sie nach einjährigen, frisch veredelten Spindelbäumchen einer selbstbestäubenden Sorte.

1 *Eine dicke Dränageschicht aus Kies oder Tonscherben sorgt für guten Wasserabzug. Eine dicke Schicht aus Blumenerde (leicht andrücken) kommt darauf.*

2 *Den Stab in die Mitte des Topfs stecken und die Bäumchen so einsetzen, dass sie voneinander weg stehen. Die Wurzeln gleichmäßig ausbreiten. Nun die restliche Blumenerde bis etwa 5 cm unter den Topfrand auffüllen. Die Bäumchen müssen genauso tief in die Erde, wie sie beim Gärtner waren. Der Stamm ist dort meist dunkler gefärbt.*

3 *Die Veredlungsstelle muss mindestens 10 cm über der Erdoberfläche liegen, sonst treibt das so genannte Edelreis Wurzeln und die den Wuchs hemmende Wirkung der Unterlage ist verloren.*

4 *Die Bäumchen ganz vorsichtig in Herzform biegen und mit dem Raffia-Bast am Stab festbinden. Wenn Sie mit der Form zufrieden sind, die Erde fest andrücken, angießen und den Topf an einem hellen Platz aufstellen. Regelmäßig gießen!*

Der richtige Schnitt

Damit die Herzform erhalten bleibt, müssen die Apfelbäumchen geschnitten werden. Das ist nicht so schwierig, wie Sie vielleicht meinen und Fehler wachsen sich schnell wieder aus. Um die runde Herzform zu erhalten, muss man Folgendes beachten:

- *Im ersten Sommer wird der senkrecht wachsende neue Haupttrieb bis auf drei Blätter zurückgeschnitten. Die waagrechten Seitentriebe bis auf ein Blatt einkürzen.*
- *Im Winter kann man alle störenden Triebe wegschneiden.*
- *Im folgenden Sommer werden neue Triebe bis auf ein Blatt eingekürzt und Seitentriebe am Stamm entfernt. Immer auf ein Auge (Knospe) zurückschneiden und den Schnitt schräg vom Auge wegführen. Bücher über Obstbaumschnitt erklären diesen Spindelschnitt auch.*

Im ersten Jahr nach dem Pflanzen wird man kaum Äpfel ernten können, aber in den folgenden Jahren kann man sich im Frühling an hübschen Blüten und im Herbst an leckeren Äpfeln erfreuen.

Leckeres aus dem Garten

Essbare Pflanzen anzubauen bringt Ihren Kindern ungeheure Freude. Wenn der Moment der Ernte gekommen ist, platzen viele Kinder vor Stolz, nachdem sie die Pflanzen aus einem winzigen Samenkorn oder einer kleinen Jungpflanze selbst angezogen haben. Sogar Kinder, die normalerweise nicht unbedingt alles essen, können der Versuchung, Selbstangebautes zu probieren, nicht widerstehen. Der Anbau von eigenem Obst oder Gemüse braucht weder viel Platz noch Zeit oder Arbeit. Die Projekte in diesem Kapitel reichen vom einfachen, kleinen aber feinen Mini-Salatgarten oder der Walderdbeerkugel bis zu aufwändigeren wie dem Gemüsetunnel. Man braucht aber für keines der vorgestellten Projekte besondere gärtnerische Vorkenntnisse. Damit keine Enttäuschungen oder Ärger entstehen, sollten Sie sich aber im Klaren darüber sein, welche Arbeiten von Ihren Kindern gemacht werden können und welche Sie am besten selbst übernehmen.

Walderdbeerkugel

Walderdbeeren schmecken einfach köstlich, egal ob mit Schlagsahne oder pur. Die wild wachsenden kleinen aromatischen Beeren müssen vor dem Essen gewaschen werden, von einer hängenden Kugelampel können Kinder sie jederzeit direkt in den Mund ernten. Zudem brauchen sie so recht wenig Platz und liefern trotzdem eine reiche Ernte.

Material

2 halbkugelförmige Hängeampeln aus Draht, 30 cm Durchmesser
2 Matteneinsätze für die Ampeln (zum Beispiel aus Kokosfaser)
10 Walderdbeerpflanzen *(Fragaria vesca)*
Blumenerde
Bindedraht (kunststoffummantelt)

1 *Entfernen Sie die Ketten von den Hängekörben. Wenn man die Körbe in einen Eimer stellt, geht das Bepflanzen leichter. In die ausgelegte Matte schneidet man nun fünf Löcher für die Erdbeerpflanzen, eins am Boden und je vier an den Seiten.*

2 *Das erste Pflänzchen vorsichtig durch das Loch im Boden stecken. Wenn man die Blätter in Papier einrollt, geht das wesentlich einfacher.*

3 *Nun noch die übrigen vier Pflanzen auf dieselbe Weise an den Seiten einsetzen. Mit Blumenerde die Lücken um die Wurzelballen auffüllen, bis der Korb ganz voll ist. Den zweiten Korb genauso bepflanzen.*

4 *Die Blumenerde gut andrücken und wässern, bevor man die beiden Hälften aufeinander legt. Wenn sich die Blumenerde nach dem Angießen setzt, noch etwas nachfüllen. Es dürfen keine Luftlöcher zwischen den beiden Hälften entstehen.*

5 *Die beiden Körbe aufeinander setzen und mit einem Stück Bindedraht fest zusammenbinden. Eine der Ketten am oberen Korb befestigen. Die Erdbeerkugel an einem sonnigen bis halbschattigen Platz aufhängen und regelmäßig von oben bewässern. Im Frühsommer sind die ersten Beeren reif.*

Warum sind Erdbeeren rot?

Mit ihren leuchtenden Farben locken Früchte Tiere, wie zum Beispiel Vögel, an. Sie fressen die Früchte samt den Samen, die unverdaubar sind. Diese wandern durch den Verdauungstrakt, fallen weit von der Mutterpflanze entfernt zu Boden und bilden eine neue Pflanze. Attraktive Früchte garantieren also eine gute Samenverbreitung.

Mini-Salatgarten

Für Kinder ist die Ernte von Pflanzen, das sie selbst angebaut haben, das Allergrößte. Sie lieben es, von eigenem Gemüse oder Obst zu naschen. Eine Weinkiste aus Holz ist ideal für einen kleinen Salatgarten und eine eigene Dekoration gibt der Kiste eine persönliche Note. Zum Beispiel der schon für sehr kleine Kinder ganz einfache Kartoffeldruck.

Material

hölzerne Weinkiste
ungiftige Acrylfarbe in 2 Farbtönen
rohe Kartoffeln, halbiert
Plastiktüte
Blumenerde
kleine Gemüsepflanzen (zum Beispiel Salat), Kräuter (wie Petersilie) oder Samen

1 *Streichen Sie die Kiste mit einer oder zwei Schichten Acrylfarbe. Während die Farbe trocknet, eine rohe Kartoffel halbieren und in die Form einer Sonne schneiden. Kinder können die Umrisse aufmalen, das Ausschneiden sollten Erwachsene übernehmen.*

2 *Den Kartoffelstempel in Farbe tauchen und zuerst ein paar Übungsdrucke auf Papier machen, um die Technik zu üben. Dann kann die Kiste überall mit einem gleichmäßigen Muster bedruckt werden.*

3 *Wenn die Farbe getrocknet ist, bohren Sie einige Löcher in den Boden der Kiste und legen diese mit der Plastiktüte aus. Eine dünne Kiesschicht dient als Dränage, darüber kommt Blumenerde bis etwa 2 cm unter den Rand.*

4 *Hier wird eine Reihe Petersilie um den Schnittsalat gepflanzt. Lassen Sie die Kinder ihre Lieblingskräuter auswählen und in einem selbst entworfenen Muster aussäen.*

5 *Gut angießen! An einem sonnigen Platz kann man den Kräutern und dem Salat beim Wachsen beinahe zuschauen. Nicht austrocknen lassen!*

Warum haben Pflanzen Wurzeln?

Die Wurzeln der Pflanzen haben zwei wichtige Aufgaben. Die dickeren halten die Pflanze fest im Boden und die kleinen feinen nehmen Wasser und wichtige Nährstoffe aus dem Boden auf. Von den Wurzeln werden das Wasser und die Mineralstoffe nach oben zu den Blättern transportiert. Der Stängel wirkt dabei fast wie ein Strohhalm.

Nudelsoße selbst angebaut

Was könnte geeigneter sein, seine Kinder für den Garten zu begeistern, als das Versprechen, ihr Lieblingsgericht selbst anbauen zu dürfen. Dank der vielen kleinwüchsigen Gemüsesorten ist es möglich, beinahe alle Zutaten für eine leckere Nudelsoße aus einem großen Topf zu ernten. Der bepflanzte Topf braucht nicht viel Pflege, nur einen sonnigen Platz.

Material

großer Tontopf
Bastelkleber und Acrylfarbe (bei Bedarf)
Kies oder Tonscherben als Dränage
Blumenerde
Strauch-Kirschtomaten (zum Beispiel die Sorte 'Tiny Tim')
Mini-Paprika
Mini-Aubergine
Kräuter: Wir haben Oregano und Schnittlauch gewählt, genauso gut sind Basilikum, Petersilie und andere geeignet
Namensschilder für die Pflanzen

1 *Wenn man den Topf in einer zarten Farbe anmalt, wirken die grünen Blätter und roten Früchte noch besser. Auf den Topfboden kommen Kies oder Tonscherben, dann darauf Blumenerde bis etwa 10 cm unter den Rand.*

2 *Die Anordnung der Pflanzen planen und dabei ihren späteren Wuchs berücksichtigen. Aubergine und Paprika wachsen aufrecht, die Tomatenpflanze wird nach einer Weile wild über den Topfrand wuchern.*

3 *Wenn der Pflanzplan passt, können die Pflanzen aus den Töpfen genommen und in den großen Topf gesetzt werden. Die Zwischenräume mit Blumenerde auffüllen, damit die Pflanzen festen Halt haben.*

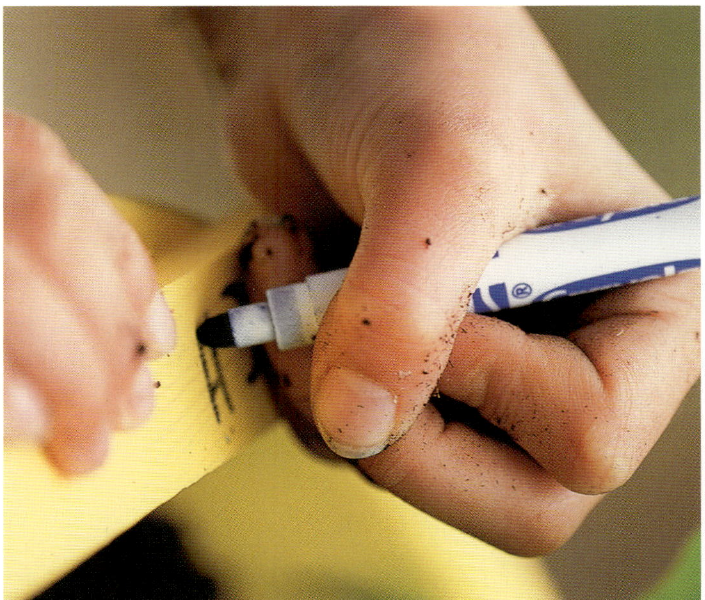

4 *Große Namensschilder lassen sich prima beschriften. Ihre Kinder können darauf die genauen Pflanzennamen schreiben. Diese hier sind aus angestrichenem Holz und werden mit Filzschreiber beschriftet. Viele andere gibt's auf Seite 122.*

5 *Die Pflanzen gut angießen! Ein warmer, sehr geschützter und sonniger Platz ist ideal. Sollen die Pflanzen optimal wachsen, darf die Erde nicht austrocknen. Regelmäßige Düngergaben vor allem für die blühenden Tomaten verhindern Mangelerscheinungen.*

Einfache Nudelsoße

Vorbereitungszeit: 10 Minuten
Kochzeit: 10 Minuten
für vier Personen

300 g Nudeln (Penne)
3 Esslöffel Olivenöl
1 Zwiebel, gehackt
1 mittlere Aubergine, gewürfelt
1 grüne Paprikaschote, gewürfelt
1 Knoblauchzehe, gequetscht
1 Esslöffel gehacktes Basilikum
325 g Kirschtomaten, halbiert
1 Teelöffel Zucker
3 Esslöffel Tomatenpüree
Salz und Pfeffer

1 Nudeln nach Vorschrift kochen und abtropfen lassen.
2 Olivenöl in einer Pfanne erhitzen. Zwiebeln, Aubergine und Paprika zugeben und 3 Minuten dünsten.
3 Knoblauch, Basilikum, Tomaten und Zucker zugeben, unter Rühren noch 1 Minute dünsten.
4 Tomatenpüree und wenig Wasser zugeben und mit Salz und Pfeffer abschmecken. Noch 5 Minuten köcheln lassen.
5 Nudeln in der Soße schwenken, mit Basilikum servieren.

▼ *Die Zubereitung einer selbst angebauten Mahlzeit zu erleben, ist unglaublich spannend für Ihre Kinder. Dieses Erfolgserlebnis fördert nicht nur das Interesse an Pflanzen, sondern natürlich auch am Essen.*

► *Die Belohnung nach einigen Monaten Pflege und Aufmerksamkeit: Ein selbst gekochtes Essen für alle!*

Hängender Gemüsegarten

Dies ist ein ungewöhnlicher, Platz sparender Gemüsegarten in Hängeampeln. Durch die große Auswahl an kleinwüchsigen Sorten können Kinder die Bepflanzung ganz nach eigenem Geschmack zusammenstellen. Einmal wird direkt in die Ampel ausgesät, einmal mit selbst gezogenen Jungpflanzen bestückt, oder mit Pflänzchen aus der Gärtnerei bepflanzt.

Material

3 Hängekörbe
Gemüsesamen (wir haben Karotten, Pastinaken, Pattison-Kürbisse und Mini-Paprika gewählt, die Auswahl ist aber riesig)
Kapuzinerkressesamen (*Tropaelum majus*)
1 Mangold-Jungpflanze
1 Ringelblumen-Jungpflanze
Blumenerde

Tipp

Damit ihre Kinder die Ampeln selbst versorgen können, sollten Sie die Körbe an verstellbaren Hängeseilen aufhängen. So können sie zum Gießen und Ausputzen herabgelassen und anschließend wieder nach oben gezogen werden.

Karotten-Ampel

Diese Ampel beherbergt Mini-Karotten und Pastinaken, die direkt in den Korb gesät wurden. Die Kapuzinerkresse sorgt für farbliche Abwechslung. Bepflanzen kann man die Ampel vom Frühling bis in den Frühsommer. Wenn man mehrere Körbe in Abständen besät, verlängert sich die Erntezeit.

1 *Kleine Samenkörner sind schwer zu handhaben. Streuen Sie einige Samen aus der Packung, dann können Ihre Kinder sie besser greifen.*

2 *Die Körbe müssen Abzugslöcher haben. Mit Erde füllen und leicht andrücken.*

3 *Säen Sie auf die eine Hälfte Karotten, auf die andere Pastinaken. Die Samen etwa 1 cm hoch mit Blumenerde abdecken. Ein oder zwei Kapuzinerkressesamen auf jeder Seite sorgen später für Farbe. Mit der Brause vorsichtig angießen.*

4 *Wenn die Karotten und Pastinaken etwa 2 bis 3 cm groß sind, müssen sie ausgedünnt werden. Entfernen Sie so viele Pflänzchen, dass die übrigen etwa 4 cm Abstand haben. Immer gut feucht halten – dann kann ab der Sommermitte geerntet werden.*

Paprika- und Pattison-Kürbis-Ampel

1 *Sowohl Paprika als auch die Pattisson-Kürbisse werden im Gewächshaus oder auf der Fensterbank vorgezogen. Stecken Sie zwei Kürbissamen etwa 3 cm tief in einen kleinen Topf und diesen in eine durchsichtige Plastiktüte. Er bleibt an einem warmen Ort, bis die Samen keimen. Die Pflänzchen erst in den Korb setzen, nachdem sie 1 Woche ans Freiland gewöhnt wurden. Es darf kein Frost mehr drohen.*

2 *Säen Sie die Paprika in kleine Töpfchen und bedecken Sie sie mit einer feinen Schicht Erde. Danach kommen sie wie die Kürbissse in eine Tüte. Wenn sie groß genug sind, können sie in den Korb gepflanzt und ins Freie gehängt werden. Sie brauchen viel Wärme und Sonne.*

Mangold- und Ringelblumen-Ampel

1 *Man kann eine Menge Zeit sparen, wenn man fertige Jungpflanzen aus einer Gärtnerei oder einem Gartencenter kauft. Sie umgehen damit Probleme bei der Keimung und können auch später im Jahr noch einen hängenden Gemüsegarten bauen.*

2 *Füllen Sie den Korb mit Blumenerde und setzen Sie die Ringelblume und den Mangold hinein. Gut angießen. Der Mangold liefert ständig frische, knackige Blätter für leckere Salate oder zum Kochen. Die orangegelben Blütenblätter der Ringelblume lassen sich über Salate oder auf Sandwichs streuen.*

Essbare Blüten

Blumen aus dem Garten zu essen, ist für Kinder ungemein faszinierend. Viele Blüten vom Frühjahr bis zum Sommer sind essbar, manche aber ungenießbar oder sogar giftig. Deshalb müssen Ihre Kinder genau lernen, was essbar ist und was nicht. Wachsen essbare Blumen im eigenen Blumentopf, können Kinder sie sehr gut von Ungenießbarem unterscheiden.

Material

Blumentopf
Kies oder Tonscherben als Dränage
Blumenerde
4 Veilchen (*Viola odorata* oder *V. cornuta*)
1 Wiesenschlüsselblume (*Primula veris*)

Frühlingsblüten

1 *Eine Schicht aus Kies oder Tonscherben auf dem Topfboden dient der Dränage. Darauf kommt eine dicke Schicht Blumenerde.*

2 *Die Veilchen an den Rand des Blumentopfs setzen. Die Schlüsselblume kommt in die Mitte. Dann werden die Zwischenräume mit Blumenerde aufgefüllt und angedrückt. Gut angießen.*

3 *Regelmäßig gießen und feucht halten. Von der Mitte bis zum Ende des Frühlings belohnt Sie dann eine reiche Blütenernte.*

4 *Die Schlüsselblumenblüten im Frühling vor dem Verblühen ernten. Veilchen treiben bei regelmäßiger Ernte immer wieder neue Blüten.*

Sommerblüten

Für den Sommerblumengarten bieten sich Sonnenblumen und Duftpelargonien an. Die goldgelben Blütenblätter streut man über Salate oder gibt mit ihnen Kartoffelbrei und Sandwichs eine aromatische, farbige Note. Die Blüten der Duftpelargonien lassen sich kristallisieren und zum Dekorieren von Kuchen und Torten verwenden.

▲ Die leuchtenden Blüten der Kapuzinerkresse haben einen ganz typischen, scharf-pfeffrigen Geschmack und eignen sich für würzige Salate oder Sandwichs.

◄ Kristallisierte Blüten von Duftpelargonien sind eine tolle Deko für Törtchen oder Kuchen.

◄ ◄ Die Blütenblätter der Sonnenblume geben einem Kräuterquarkbrot einen raffinierten Farbtupfer.

Kristallisierte Blüten

In glitzernden Zucker gehüllt sind kristallisierte Blüten eine faszinierende Torten- oder Kuchendekoration. Schlüsselblumen-, Veilchen-, Rosen- oder Duftpelargonienblüten eignen sich besonders gut. Das Verfahren ist einfach und für alle Blüten gleich.

Material

Blüten

1 Eiweiß mit 1 Prise Salz

feiner Kristallzucker

1 *Man pflückt schöne und gerade aufgegangene Blüten, kurz bevor man sie kristallisieren möchte.*

2 *Das Eiweiß mit einer Prise Salz vermischen und diese Mischung innen und außen auf die Blüten streichen. Es ist einfacher, die Blüten am Stängel zu halten und diesen erst kurz vor dem Trocknen zu entfernen.*

3 *Die Blüten vorsichtig dicht mit Zucker bestäuben. An einem warmen Ort gut durchtrocknen lassen. Sie können die Blüten einige Tage vor dem Verzehr herstellen, sollten sie bis dahin aber luftdicht verpacken.*

4 *Geben Sie einen Klecks Zuckerguss auf den Kuchen und setzen Sie eine Veilchenblüte in die Mitte. Das Törtchen ist nun bereit für sein Königskind.*

Gemüsetunnel

Ist dieser Tunnel von Bohnen- und Zuckererbsenranken überwuchert, entsteht ein geheimer Gang. Ein Versteck, in dem einem die Zuckerschoten direkt in den Mund wachsen. Wird der Tunnel am Rand eines Beets aufgebaut, haben Kinder vom Rasen aus Zugang. Wie Farbtupfer leuchten die Blüten von Bohnen und Kapuzinerkresse über dem Tunnel.

Material

Unkraut unterdrückende Mulchfolie
Folienklammern
16 Bambusstäbe (70 cm lang)
Gartenschlauch (13,60 m)
Bindeschnur
16 Stangenbohnen in verschiedenen Farben (wir haben die Sorten 'Lady Di', 'Desiree' und 'Sunset' verwendet)
14 Zuckererbsen

1 *Gartenkompost dort in den Boden einarbeiten, wo der Tunnel stehen soll. Mit der Unkraut unterdrückenden Folie ein Areal von 2,70 m x 75 cm abdecken und mit den Folienklammern feststecken. Die Bambusstäbe im Abstand von 35 bis 40 cm jeweils einander gegenüber senkrecht in den Boden stecken (acht auf jeder Seite). Fest im Boden verankern.*

2 *Den Schlauch in 8 gleich lange Stücke von je 1,70 m schneiden. Die Enden über zwei gegenüberliegende Stäbe stecken, sodass ein Bogen entsteht. Die Schlauchenden bis ganz nach unten ziehen und in den Boden schieben.*

3 *Die Bindeschnur nun waagrecht zwischen die Bögen spannen. Immer einmal um jeden Schlauch wickeln und mit einem Knoten sichern. Fünf Schnüre, eine ganz oben und je zwei in gleichmäßigen Abständen an den Seiten, reichen aus. Nun kann der Tunnel bepflanzt werden.*

4 *Je eine Stangenbohne an den Fuß jedes Bogens setzen. Dazwischen, in den Platz zwischen zwei Bögen, kommen die Zuckererbsen. Man kann die Pflanzen auf der Fensterbank aus Samen vorziehen oder gleich gekaufte Jungpflanzen setzen.*

Das eigene Gemüsebeet

Wenn Sie genug Platz und Zeit haben, können Sie Ihren Kindern eine größere Fläche zum Gärtnern zur Verfügung stellen. Das bringt den Kindern eine Menge Spaß und versorgt gleichzeitig die ganze Familie mit einer bunten Gemüsevielfalt. Egal wie alt Ihre Kinder sind, ganz ohne die Hilfe der Erwachsenen geht es nicht – und sei es nur durch ein paar Ratschläge oder eine Ermunterung. Auch bei schwereren Gartenarbeiten brauchen Kinder Unterstützung.

◄◄ Wenn sich Ihre Kinder an der Gartenarbeit beteiligen, brauchen sie eigenes Werkzeug. Normale Gartengeräte sind zu groß für kleine Kinderhände.

▲ Mit Blüten, Ranken und Schoten überwuchert, wird aus dem kahlen Tunnel schnell eine kleine Höhle. Damit das Tunneldach schön dicht wird, muss man die eine oder andere Ranke von Hand an die waagrechten Schnüre leiten.

◄ Um die Seitenwände noch dichter zu bekommen, setzt man Ringelblumen und Mangold zwischen die Bohnen und Erbsen. Die Ringelblumen locken viele Insekten an, die auch die anderen Blüten bestäuben und ihre orangegelben Blütenblätter lassen sich schön zur schmackhaften Dekoration von Salaten verwenden.

▲ *Hier steht der Gemüsetunnel in der Mitte des Gemüsegartens. Er ist mit Holz eingefasst und von den Kindern mit bunten Trittplatten, einer Vogelscheuche (Seite 102) und einem glitzerndem Vogelschreck (Seite 108) gestaltet worden. Zusätzlich zu den Zuckerschoten und Bohnen im Tunnel wachsen hier noch Rotkohl, Walderdbeeren, Mangold, Ringelblumen und Kürbispflanzen.*

Warum winden sich Bohnen immer in die gleiche Richtung?

So ist es tatsächlich: Alle Stangebohnen sind darauf programmiert, sich um eine Stütze zu schlingen. Und zwar immer in die gleiche Richtung, nämlich links herum. Wenn man sich genau umschaut, wird man entdecken, dass sich manche Kletterpflanzen im Uhrzeigersinn winden und andere entgegengesetzt.

Tiere im Garten

Für viele Kinder ist der Garten der einzige Raum, in dem sie sich frei entfalten können. Tiere in den Garten zu locken, weckt das Interesse der Kinder für die Natur und Sie können ihnen einen respektvollen Umgang mit der Umwelt zeigen.
Nur wenige von uns leben in ländlichen Gegenden. Ein Garten, der auch Tieren Lebensraum bietet, ist aber nicht nur für Ihre Kinder sehr spannend, sondern ebenso ein wertvolles Rückzugsgebiet für seltenere Arten.
Häufig wirken Gärten ziemlich steril. Kurz geschorener Rasen und Blumen werden wegen ihrer Schönheit, nicht aber zum Nutzen für die Tierwelt gepflanzt. Wildkräuter werden meist ganz verbannt. Für einen tierfreundlichen Garten müssen Sie nicht auf Ihre Lieblingspflanzen verzichten oder Abstriche bei seiner Schönheit machen. Schon die kleinen Projekte in diesem Kapitel locken viele Tiere an und belohnen Ihre Kinder nach dem Basteln mit aufregenden Beobachtungen von Vögeln und Insekten.

Blumentopf für Schmetterlinge

Schmetterlinge, die an einem warmen Sommertag von Blüte zu Blüte flattern, ziehen schon ganz kleine Kinder in ihren Bann. Um diese zauberhaften Geschöpfe in den Garten zu locken, bietet man ihnen, wonach sie suchen: nektarreiche Blüten. Gefüllt mit Blumen, die Schmetterlinge lieben, ist diese Schale eine Zierde für die Terrasse und jeden Balkon.

Material

große Terrakotta-Schale
Bastelkleber (Poly-Vinyl-Acryl-Kleber)
Acrylfarben
Kies oder Tonscherben als Dränage
Blumenerde mit Tonanteil
2 Blaukissen *(Aubrieta*-Cultivars*)*
1 Majoran *(Oregano majorana)*
1 Zitronen-Thymian (*Thymus* x *citriodorus*)
1 Skabiose (*Scabiosa*-Cultivars)

1 *Zuerst wird der Topf verziert. Dazu wird die Oberfläche mit einer Mischung aus Bastelleim und Wasser (Verhältnis 1:1) bestrichen. Nach dem Trocknen die Außenseite ein oder zwei Mal mit Acrylfarben streichen. Danach den Topf mit bunten Schmetterlingen bemalen.*

2 *Wenn die Schmetterlinge trocken sind, kommt auf den Topfboden eine Dränageschicht aus Kies oder Tonscherben. Der Rest wird bis etwa 5 cm unter den Rand mit Blumenerde gefüllt.*

3 *Jetzt werden die Pflanzen in der Schale arrangiert. Wenn alles passt, werden sie ausgetopft und eingepflanzt. Die Zwischenräume mit Erde auffüllen und gut angießen. An einem sonnigen Ort aufstellen, an dem man die Schmetterlingsbesucher gut beobachten kann.*

Warum besuchen Schmetterlinge Blüten?

Schmetterlinge brauchen Blüten zu ihrer Ernährung. Wenn sie auf einer Blüte sitzen, benutzen sie ihren langen Rüssel; um Nektar aus der Blüte zu saugen. Wenn sie fertig sind, rollen sie den Rüssel wie eine Spirale unter dem Kopf zusammen.
Es gibt noch viele andere Blumen, die Schmetterlinge anlocken. Einige davon sind:

Astern • Chrysanthemen • Primeln • Fetthennen • Thymian • Margeriten • Schmetterlingssträucher • Grasnelken • Strohblumen • Schafgarben

Urwald-Farnbeet

Schon eine kleine Ecke mit totem Holz, das langsam verrottet, lockt viele Insekten an. Dort können Ihre Kinder sie ganz aus der Nähe beobachten. Eine solche Ecke muss nicht unordentlich aussehen. Im Gegenteil, mit sattgrünen Farnen bepflanzt ist dieser kleine Urwald ein besonders hübsches Arrangement für schattige Gartenecken.

Material

6 oder 7 unterschiedlich lange Baumstammstücke
5 Farne

Die richtige Pflanzenwahl

Farne für trockene Standorte:
Hirschzungenfarn (Asplenium scolopendrium)
Wurmfarn (Dryopteris filix-mas)
Weicher Schildfarn (Polystichum setiferum)

Farne für feuchte Standorte:
Rippenfarn (Blechnum spicant)
Pfauenradfarn (Adiantum pedatum)
Frauenfarn (Athyrium filix-femina)

1 *Man gräbt an einer schattigen Stelle im Garten ein etwa 20 cm tiefes Loch, so groß, dass alle Baumstämme senkrecht nebeneinander hineinpassen. Wenn ein Stamm sehr lang sein sollte, muss das Loch noch etwas tiefer sein.*

2 *Die Stämme senkrecht im Loch platzieren. Eine stufenförmige Anordnung ist besonders attraktiv. Zwischen den Stämmen genug Platz für die Farne lassen. Wenn alles passt, die Zwischenräume mit Erde auffüllen und gut antreten.*

3 *Die Farne austopfen und in die Lücken zwischen den Baumstümpfen setzen. Durchdringend angießen.*

4 *Wenn die Baumstümpfe anfangen zu verrotten, werden viele Insekten angelockt. Sie legen ihre Eier ins morsche Holz. Wenn man die Rinde vorsichtig anhebt, kann man die Larven darunter beobachten.*

Funkelndes Mosaik-Vogelbad

Badende Vögel sind aufregende Beobachtungsobjekte. Die gefiederten Gartenbesucher lieben das ganze Jahr über frisches, klares Wasser. Nicht nur zum Baden, sondern auch zum Trinken und Abkühlen im Sommer. Ein Topfuntersetzer aus Ton, der von Kindern fantasievoll mit funkelnden Glasmurmeln belegt wird, ist ein tolles Vogelbad.

Material

Topfuntersetzer aus Ton
hell- und dunkelblaue Glasperlen oder -murmeln
Fliesenkleber auf Zementbasis
Fugenmasse auf Zementbasis

1 *Zuerst malt man mit einem Bleistift ein Wellenmuster auf den Topfuntersetzer.*

2 *Mischen Sie etwas Fliesenkleber an und tragen Sie ihn mit einem Spachtel auf einen kleinen Streifen auf. Die Glasperlen dicht nebeneinander in den Kleber drücken. Nach und nach die ganze Fläche bekleben. Anschließend gut trocknen lassen.*

3 *Rühren Sie etwas Fugenmasse nach der Anleitung auf der Verpackung an. Drücken Sie sie mit einem weichen Tuch oder einem feuchten Schwamm in die Zwischenräume der Glasperlen.*

4 *Entfernen Sie überschüssige Fugenmasse mit einem trockenen Tuch. Wenn alles gut durchgetrocknet ist, ist das Vogelbad einsatzbereit.*

5 *Stellen Sie die Schale auf einen umgedrehten Blumentopf. So sind die Vögel sicherer vor sich anschleichenden Räubern. Das Wasser regelmäßig auffüllen.*

Luftiges Vogelrestaurant

Vögel sind sehr leicht zu beobachtende Wildtiere und Kinder können sie mit etwas Futter leicht in den Garten locken. Diese witzige Alternative zu einem normalen Futterhäuschen bietet viele unterschiedliche Futtersorten und lockt so eine ganze Schar verschiedener Vögel an. Dieser Ständer für Rasen oder Blumenbeet ist einfach zu bauen.

Material

3 Kupferrohre (2 m lang)
Seile (aus Seegras, Jute-, Sisal- oder Kokosfasern)
2 Tontöpfe
1 Tonuntersetzer
Meisenglocke
Erdnüsse und Vogelfutter

1 *Binden Sie ein Seil um die Kupferrohre, ungefähr in der Mitte, und verknoten Sie es fest.*

2 *Jetzt kann man die Rohre gleichmäßig auseinander drehen, so dass ein dreifüßiger Ständer entsteht. Stellen Sie ihn an seinen endgültigen Platz auf und drücken Sie die Enden fest in den Boden.*

3 *Ein Stück Seil um den Rand der Töpfe und des Untersetzers wickeln. Knoten Sie dann lange Schlaufen von Schnur so daran, dass die Töpfe leicht schräg hängen. Am Untersetzer werden drei Schnüre befestigt, damit er waagrecht hängt.*

4 *Nun werden die Töpfe, die Meisenglocke und ein Ring aus Erdnüssen (Seite 85) so am Ständer befestigt, dass alles im Gleichgewicht ist. Noch das Vogelfutter in die Töpfe und Schalen füllen, fertig.*

▲ und ▲ ▲ *Eine solche Auswahl an Futter lockt viele verschiedene Vögel an: Unterschiedliche Samenmischungen, aber auch Nüsse oder Apfelschnitze.*

▲ *Für diese hell glänzende Variante sprühen Sie die verwendeten Metallrohre, Untersetzer und Töpfe mit Silberfarbe an.*

Erdnussring

Auch zur kalten Jahreszeit lassen sich Vögel in den Garten locken. Erdnüsse sind dabei besonders beliebt. Für Finken und Meisen sind sie ein Leckerbissen. Sie lassen sich bei ihren Flugmanövern, beim Picken und Fressen stundenlang beobachten.

Material
ungeschälte Erdnüsse
Bindedraht, etwa 1 m lang
Raffia-Bast

1 *Zuerst wird ein Loch in die Schale jeder Erdnuss gebohrt*

2 *Den Draht zu einem Kreis biegen, dann das eine Ende wie den Haken eines Kleiderbügels formen. Vorsicht, die Enden können scharfkantig sein! Nun werden die Erdnüsse auf den Draht gefädelt. Am Ende 10 cm freilassen.*

3 *Das freie Ende wird um den Haken gewickelt und gut verdreht. Mit dem Raffia-Bast umwickeln. Jetzt kann der Ring in einen Baum oder Strauch, an eine Pergola oder an das Vogelrestaurant (Seite 82) gehängt werden.*

Sumpfpflanzen im Trog

Aus bunten Kunststofftrögen oder -wannen und Kieseln lassen sich schnell robuste und sichere Mini-Teiche für Kinder basteln. In diesen können sie sich ihren eigenen kleinen Sumpfgarten schaffen, die eine Menge Wasser liebender Insekten anlocken. Eine Gruppe verschiedengestalteter Tröge ist das ganze Jahr über ein Blickfang.

Material

3 Kunststofftröge oder -wannen
2 Säcke Kies oder Schotter
verschiedene Wasser- oder Sumpfpflanzen
Gestreifte Palmwedelsegge (Carex muskingumensis 'Variegatus')
Gefüllte Sumpfdotterblume (*Caltha palustris* 'Flore Pleno')
Bachminze *(Mentha aquatica)*
Schachtelhalm *(Equisetum hyemale)*
Graskalmus (*Acorus gramineus* 'Ogon')
Blutweiderich *(Lythrum salicaria)*

Tipp

Die Mini-Teiche gleich am endgültigen Platz aufbauen! Einmal mit Steinen gefüllt, kann man sie nur schwer bewegen.

1 *Eine dicke Schicht Kies sollte bis etwa 20 oder 30 cm unter den Rand des Trogs gefüllt werden. So bleibt genug Platz für die Wurzelballen und noch 15 cm Wasserstand darüber.*

2 *Nun platziert man die Pflanzen im Trog. Wenn alles passt, werden sie ausgetopft und auf die Steine gesetzt.*

3 *Mit einem Schlauch den Trog vorsichtig bis etwa 20 cm unter den Rand mit Wasser auffüllen.*

4 *Vorsichtig noch ein paar Kiesel um die Wurzelballen der Pflanzen legen, bis diese bedeckt sind. Wenn nötig, noch einmal mit etwas Wasser auffüllen. Den Wasserstand rechtzeitig kontrollieren und nachfüllen.*

▲ *Der auffällige Schachtelhalm kommt in einem eigenen Trog am besten zur Geltung. Architektonische Pflanzen wirken besser, wenn sie einzeln stehen.*

▲ ► *Durch ihre ungewöhnliche Form sind viele Wasser- und Sumpfpflanzen für Kinder besonders interessant.*

► *Die hübschen, gefüllten Blüten der Sumpfdotterblume und der gestreifte Graskalmus passen gut zueinander und sind immer ein Blickfang.*

Andere Wasserpflanzen

◄ ▲ Im Hochsommer erscheinen die purpurroten Blütenkerzen des Blutweiderichs.

◄ Eine einzelne Zwergseerose kann in einen größeren Trog gepflanzt werden. Sie produziert im Laufe des Sommers viele Blüten.

▲ Die Weiße Scheincalla (Lysichiton camtschatcensis) ist besonders wüchsig und produziert viele Büschel auffälliger Blätter und weißer Blütenscheiden.

Regenwurm-Zucht

Wenn Kinder beobachten können, wie Regenwürmer organisches Material verdauen und verwerten, lernen sie, wie wichtig die Würmer für den Boden sind. Gefräßige Kompostwürmer verwerten Küchenabfälle am schnellsten. Der entstehende Kompost ist so nährstoffreich, dass Sie ihn zum Düngen erst mit normaler Blumenerde vermischen sollten.

Material

kleines Plastik- oder Metallgefäß mit Deckel
Kies
Plastikfolie
ein paar Hand voll Blumenerde
zerrissenes Zeitungspapier
Kompostwürmer *(Eisenia foetida)*

Tipp

Kompostwürmer bekommt man im Gartenversandhandel und in den meisten Gartencentern auf Bestellung. Sie fressen beinahe alle Küchenabfälle. Die Schalen von Zitrusfrüchten bekommen ihnen allerdings nicht. Fleisch- und Knochenreste gehören ebenfalls nicht in die Wurmzucht. Sie fangen schnell an zu stinken.

1 *Schlagen Sie mit einem Hammer und einem großen Nagel ein paar Abzugslöcher in den Boden des Gefäßes. Eine Kiesschicht dient als Dränage.*

2 *Die Plastikfolie wird mit kleinen Löchern versehen und über die Kiesschicht gelegt. So fallen keine Würmer oder Kompost zwischen die Steine.*

3 *Eine 2 bis 3 cm dicke Schicht Blumenerde auf der Plastikfolie dient als erste Einstreu für das neue Zuhause der Würmer.*

4 *Jetzt kommt die erste Portion Küchenabfälle in das Gefäß, darüber eine Schicht aus feuchtem, zerrissenem Zeitungspapier. Dadurch bleibt der Kompost locker und gut belüftet.*

5 *Nun können die Kompostwürmer einziehen. Den Deckel auflegen und das Gefäß auf einen Untersetzer stellen. Die heraussickernde Flüssigkeit gibt einen tollen Blumendünger.*

Die Pflege der Wurmzucht

Das Gefäß mit den Würmern muss an einem kühlen, vor Sonne und Frost geschützten Platz stehen. Wenn die erste Portion an Küchenabfällen aufgefressen ist, kommt die nächste dran. So geht das ungefähr zwei Monate. Dann kann man herrlichen Kompost absieben. Etwas davon lässt man auf dem Boden der Wurmzucht, denn er enthält viele Wurmeier für die nächste Generation.

Würmer im Visier

Regenwürmer bauen organisches Material zu Dünger ab und sorgen durch ihre unterirdischen Gänge für die Belüftung des Bodens. Mit dieser Wurm-Beobachtungs-Station kann man Würmer bei ihrer Tätigkeit beobachten. Der hohle Kern ist wichtig, damit man die Würmer überhaupt sehen kann. Sie ziehen sich sonst gern ins Innere eines Behälters zurück.

Material

1 großes, durchsichtiges Gefäß oder eine Flasche
1 etwas kleineres Gefäß oder eine Flasche
Kies
Blumenerde
Sand
Laubhumus
Rasenschnitt
Regenwürmer

1 *Das kleine Gefäß wird in das Größere gestellt. In den Hohlraum zwischen den Gefäßen kommt auf den Boden des größeren Gefäßes eine Schicht Kies.*

2 *Als nächstes kommt eine 2 bis 3 cm dicke Schicht Blumenerde auf den Kies. Dann eine Schicht Sand und eine Schicht Laubhumus. Immer abwechselnd, bis man etwa 4 cm unter dem Rand angelangt ist.*

3 *Auf die Oberfläche etwas geschnittenes Gras und ein paar alte Blätter streuen. Anfeuchten und vier oder fünf Regenwürmer einsetzen. Mit schwarzer Plastikfolie oder einer dicken Lage Zeitungspapier umwickeln und an einen dunklen Ort stellen.*

4 *Nach einer Woche kann man die Hülle abnehmen und beobachten, was die Würmer geleistet haben. Nach dem Experiment entlässt man sie einfach wieder in den Garten.*

Insekten-Hotel

Diese Unterschlüpfe aus trockenen Pflanzenstängeln, Moos und Tontöpfen fallen im Garten kaum auf. Sie dienen vielen Nützlingen wie Marienkäfern oder Florfliegen als Winterquartier. Wildbienen legen in hohle Stängel ihre Eier und verschließen sie mit Lehm. Die Larven überwintern in einem Kokon und im Frühling schlüpft eine neue Biene.

Material

Tontöpfe
hohle Pflanzenstängel (Bambus, Schilfrohr, Fenchel, Distel)
Moos
Seil oder Schnur

1 *Die Stängel alle auf dieselbe Länge schneiden – so lang wie der Topf hoch ist. In jeden Topf kommt eine Hand voll davon.*

2 *Mit Moos werden die Stängel im Topf fixiert, so dass sie nicht herausfallen können.*

3 *Die Schnur um den Topfrand binden und dann den Topf mit dem losen Ende der Schnur an einen Baum oder in einen Strauch hängen.*

Spannende Projekte

Der Garten ist der perfekte Platz für Kinder, um ihre Kreativität und Vorstellungskraft auszuleben und originelle, dekorative oder praktische Objekte zu basteln – ohne die Einschränkungen, die ihnen im Haus gegeben sind. Ihre kleinen Kunstwerke geben dem Garten eine persönliche Note und den Kindern eine Möglichkeit, ihren Beitrag zur Gartengestaltung zu leisten. Ein Großteil der Bastelmaterialien hält der Witterung mindestens einen oder zwei Sommer stand, manche, zum Beispiel Mosaike, halten sogar jahrelang. Viele Farben sind speziell für den Außenbereich konzipiert, aber auch die meisten Acryl- und Emulsionsfarben halten einige Jahre, Experimentieren lohnt sich also durchaus.

Die vorgestellten Projekte müssen nicht bis ins kleinste Detail kopiert werden (obwohl dem nichts entgegensteht). Lassen Sie Ihren Kindern ausreichend Gelegenheit, ihre eigenen Ideen mit dem Material, das ihnen zur Verfügung steht, zu verwirklichen.

Bunte Kappen für Stützstäbe

Stützstäbe sind eine große Hilfe im Garten. Ihre spitzen Enden können aber beim Gärtnern und Spielen für die Augen oder das Gesicht gefährlich werden. Mit selbst gebastelten dekorativen Kappen verhindert man dies und macht sie gleichzeitig zu einem attraktiven Blickfang. Sicher macht es Ihren Kindern Spaß, dem Garten eine eigene Note zu verpassen.

Material

Tischtennisbälle
Acrylfarben
wasserfeste Filzstifte
Rundholzstäbe (etwa 1 cm stark)

1 *Die Tischtennisbälle in unterschiedlichen Farben anmalen. Nach dem Trocknen mit wasserfesten Filzschreibern individuell verzieren.*

2 *Ein Erwachsener kann auf der Unterseite des Balls ein Kreuz einschneiden, damit der Ball auf den Stab gesteckt werden kann.*

3 *Die Rundstäbe auf die gewünschte Länge zurechtschneiden. Die verzierten Bälle auf die oberen Enden stecken, bis alle Stäbe geschützt sind.*

4 *Wenn man die Kappen austauschen will, kann man schnell ein paar neue Bälle verzieren.*

Wetterstation

Schon das Aufbauen dieser Wetterstation macht Ihren Kindern Spaß. Später wird mit einem kalibrierten Messbecher die Regenmenge gemessen, der Windmesser zeigt, wie stark der Wind bläst und an den Bändern kann man erkennen, aus welcher Himmelsrichtung er kommt. Zukünftige Meteorologen können alle Daten in einem Tagebuch festhalten.

Material

3 Schaschlikstäbchen
3 Tischtennisbälle (bunt bemalt)
Streifen von Drachengewebe oder bunte Bänder
Rundholzstab (1,70 m lang, die Wetterstation der Größe des Kinds anpassen!)
Isolierband
leere Plastikflaschen
Klettband

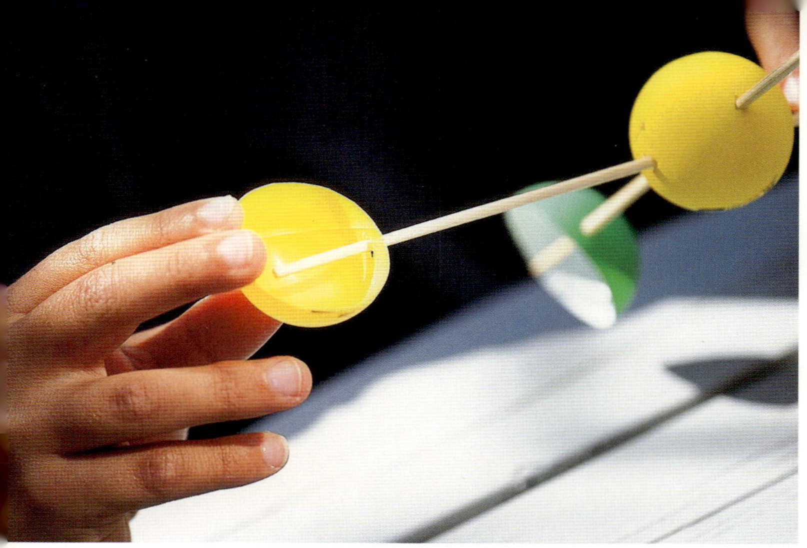

1 *Für den Windmesser steckt man zwei Schaschlikstäbchen so durch einen Tischtennisball, dass ein Kreuz entsteht. Kreuz waagrecht halten und auf der Unterseite ein weiteres Loch für ein Schaschlikstäbchen machen. Dieses wird später am Rundholzstab befestigt. Die anderen beiden Bälle schneidet man in zwei gleiche Hälften. Durch zwei gegenüberliegende Löcher am Rand kann man sie auf die Enden der Spieße stecken. Alle Öffnungen müssen in dieselbe Richtung zeigen.*

2 *Die Streifen aus Drachengewebe an dem dritten Schaschlikstäbchen befestigen. Da das Drachengewebe so leicht ist, flattert es schon bei der leichtesten Brise, man kann aber auch andere bunte Bänder verwenden. Mit dem Isolierband befestigt man das Stäbchen am Rundholzstab.*

3 *Jetzt kommt der Regenmesser dran. Schneiden Sie die obere Hälfte der Plastikflasche ab. Mit einem Lineal und wasserfesten Filzschreibern werden gleichmäßige Messmarken angezeichnet.*

4 *Die Wetterstation ist nun fertig zum Zusammenbau. Der Rundholstab wird in den Boden und der Windmesser auf die Spitze des am oberen Ende gut befestigten Stäbchens gesteckt.*

5 *Mit dem Klettband wird zuletzt der Regenmesser am Stab befestigt. So kann er zum Ausleeren leicht abgenommen und anschließend wieder sicher befestigt werden.*

Grünhaarige Vogelscheuche

Ob diese Vogelscheuche ihren Zweck, nämlich Vögel aus dem Gemüsegarten zu vertreiben, wirklich erfüllt, wollen wir nicht garantieren. Aber der Spaß, den das Zusammenbasteln macht, ist es allemal wert. Für Kinder ist ebenso lustig, ihre alten Kleidungsstücke einer ganz neuen Verwendung zuzuführen, wie den grünen Haarschopf zu frisieren.

Material

dicker Rundholzstab (2,80 m lang)
Schnur
altes Hemd und Latzhose oder andere Kleidungsstücke
großes Taschentuch
Tontopf (15 cm Durchmesser)
3 Nägel oder Klammern
etwas Blumenerde
ein paar Grassamen

1 *Sägen Sie den Holzstab in zwei Teile (eines 1 m und das andere 1,80 m lang). Mit der Schnur werden sie kreuzförmig zusammengebunden. Das kürzere, waagrechte Stück ergibt die Arme und sollte etwa 20 cm vom oberen Ende des langen Stabs befestigt werden.*

2 *Nun wird die Vogelscheuche mit alten Klamotten angezogen. In den Schritt der Hose muss man vielleicht ein Loch schneiden, damit sie über den Stab passt. Entweder gleich am endgültigen Platz oder zunächst dort aufstellen, wo man am besten arbeiten kann.*

Warum ist Gras grün?

Pflanzen verwandeln das Sonnenlicht in Nahrung. Das machen sie mit Hilfe vieler winzig kleiner Minifabriken in den Zellen, den so genannten Chloroplasten. Diese enthalten einen grünen Farbstoff, das Chlorophyll. Deshalb sind Pflanzen grün.

3 *Das Taschentuch wird fest um den „Hals" gebunden und der Topf auf das obere Ende gesteckt. Hat der Kopf der Vogelscheuche durch das Taschentuch nicht genügend Halt, kann man ihn mit drei Nägeln oder Klammern unter dem Boden zusätzlich abstützen.*

4 *Auf den Topf wird ein einfaches Gesicht gemalt. Wenn die Farbe trocken ist, kann man die Erde in den Topf füllen und Grassamen darauf streuen. Vorsichtig angießen. Später muss man das Büschel grüner Haare regelmäßig gießen!*

5 *Jetzt kann die Vogelscheuche an ihrem endgültigen Platz aufgestellt werden. Sie muss so tief im Boden verankert sein, dass sie sicher steht. Schon nach kurzer Zeit beginnen die Grashaare zu sprießen.*

Mosaik-Sonnenuhr

Mit dieser Sonnenuhr ist es ein Kinderspiel, das Lesen der Uhrzeit zu lernen. An einem sonnigen Tag kann Ihr Kind selbst der Zeiger der Uhr sein. Der eigene Schatten fällt auf eine der nummerierten Mosaikplatten, an denen man die Uhrzeit ablesen kann. Wir haben die Mosaikplatten aus zerbrochenen Wandfliesen hergestellt, man kann aber die Ziffern auch einfach mit Farbe auf normale Trittplatten malen.

Material

9 Trittplatten, 20 x 20 cm
30 bis 40 zerbrochene Keramikfliesen
Fliesenkleber auf Zementbasis
Fugenmasse auf Zementbasis

⚠ Wenn Sie die Fliesen kaputtschlagen, müssen Sie eine Schutzbrille tragen! Vorsicht, die Scherben könnten scharfkantig sein!

1 *Mit Kreide werden die Ziffern 9 bis 12 und 1 bis 4 auf die Trittplatten gemalt. So zeigt die Sonnenuhr die Uhrzeit zwischen 9 Uhr morgens und 4 Uhr am Nachmittag an. Die letzte Platte wird das Zentrum der Uhr und bekommt ein besonderes Design (Seite 107). Zum Zerschlagen der Fliesen legt man diese auf ein Brett, deckt sie mit einem Handtuch gut ab und schlägt sie mit einem Hammer in etwa gleichgroße Stücke.*

2 *Mischen Sie etwas Fliesenkleber an, wie es auf der Packung steht. Mit einem Spachtel streichen Sie nun den Kleber in Form der ersten Nummer auf die Platte. Die Scherben werden dann dicht an dicht (mit etwa 5 mm Abstand) auf die Platte geklebt. Wenn die Nummer fertig ist, kommt der Hintergrund dran. Die übrigen sieben Platten werden genauso belegt.*

3 *Wenn der Kleber trocken ist, mischt man die Fugenmasse an und streicht sie mit einem feuchten Schwamm in die Ritzen zwischen den Scherben.*

4 *Mit einem Tuch kann man die überschüssige Fugenmasse von der Oberfläche der Mosaikplatte abwischen, sobald sie etwas angetrocknet ist. Zum Schluss noch einmal nachpolieren.*

5 *An einem sonnigen Platz wird die mittlere Platte auf den Boden gelegt. Nun zu jeder vollen Stunde von 9 Uhr bis 16 Uhr mit nach oben gestreckten Armen auf die mittlere Platte stellen und die Mosaikplatte mit der Nummer am Ende des Schattens hinlegen.*

6 *Wenn alle Platten an ihrem Platz liegen, kann man den Rasen unter ihnen ausstechen und die Platten mit etwas Sand auf Höhe der Grasnarbe fest einlassen.*

7 *Die Position der Mosaikplatten legt man am besten mit einem Team von Freunden fest. Wenn alles passt, ist jeder einmal an der Reihe, die Uhrzeit abzulesen.*

▲ *Die Sonnenuhr ist ideal geeignet, Ihren Kindern den Lauf der Sonne am Himmel und die Drehung der Erde zu erklären.*

◄ *Malt man den Umriss der Füße auf die zentrale Trittplatte, entsteht ein ganz persönliches Motiv für Ihr Kind. Natürlich gibt es noch viele andere schöne Gestaltungsmöglichkeiten.*

Blinkender Vogelschreck

Wenn man bedenkt, wie viele Stunden man mit der Pflege seines Obst- und Gemüsegartens verbracht hat, möchte man natürlich die Ernte nicht anderen – den Vögeln – überlassen. In manchen Bereichen des Gartens sind sie willkommene Gäste, von anderen halten wir sie lieber fern. Dieses blinkende Mobile vertreibt Vögel sicher aus dem Gemüsegarten.

Material

CD-Rohlinge
Lackfarbe in 2 Farben
Bastelkleber oder Fugensilikon
Rundholzstab (1 m lang, 5 mm Durchmesser)
Gummiseil
Holzspieß oder Schaschlikstäbchen
Materials

1 *Mit der Lackfarbe wird die reflektierende Seite der CDs verziert, aber nicht völlig bemalt. Die blitzende Oberfläche soll noch erkennbar sein.*

2 *Die unbemalte Seite einer CD wird mit Bastelkleber oder Silikon am Ende des Holzspießes befestigt.*

3 *Auf der anderen Seite wird eine weitere CD genauso befestigt. Wenn die beiden Scheiben festgetrocknet sind, klebt man ein zweites Paar im rechten Winkel weiter unten an den Spieß.*

4 *Das Gummiseil wird mit dem einen Ende am Rundholz, mit dem anderen an dem CD-Spieß befestigt. Es sollte etwa 10 bis 15 cm lang sein.*

5 *Zum Schluss steckt man den Rundholzstab schräg in den Boden, so dass das Mobile frei im Wind schwingen kann.*

Reifensitz

Dieser bunte Sitzplatz ist ideal für Kinder. Die duftenden Kräuterpolster verströmen bei jeder Berührung ein betörendes Aroma. Die Reifen können in jeder erdenklichen Farbe angemalt werden – ein perfektes Recycling. Der Feigenbaum und auch die Kräuter bevorzugen einen warmen, gut geschützten Platz.

Material

2 alte Autoreifen
rosa Sprühfarbe
grüne und blaue Acrylfarbe
Schotter
Blumenerde mit Tonanteil
Feigenbaum
5 Thymian- oder Kamillepflanzen

1 *Zuerst werden die Reifen dekoriert. Nach einer gründlichen Reinigung sprüht man sie von außen mit rosa Farbe an. Wenn die Farbe trocken ist, weitere Verzierungen aufbringen. Wir haben mit einfachen Pinselstrichen Gras und Blumen aufgemalt.*

2 *Legen Sie die Reifen an ihrem endgültigen Platz übereinander. Später lassen sie sich nicht mehr bewegen. Eine Schotterschicht auf dem Boden dient als Dränage. Dann die Reifen zu drei Vierteln mit Blumenerde auffüllen.*

3 *Der Feigenbaum wird in die Mitte gepflanzt. Mit Blumenerde bis an den Rand des oberen Reifens auffüllen. Die Kräuter werden außen um den Stamm des Feigenbaums herum gepflanzt.*

Den Reifensitz in Schuss halten

▲ *Die attraktiven Feigenblätter werden nach und nach ein Schatten spendendes Laubdach über dem Reifensitzplatz formen.*

◄ *Thymian regelmäßig geschnitten, bildet ein dichtes Polster.*

Weiden-Iglu

Ein verstecktes Lager, durch dichtes Laub vor neugierigen Blicken geschützt, ist für Kinder in jedem Alter ein toller Platz – zum Spielen oder um in einem spannenden Buch zu lesen. Zwischen Bäumen und Sträuchern fällt das Weiden-Iglu gar nicht auf. Unser Iglu hat einen Durchmesser von drei Metern, Sie können es aber auch kleiner oder größer bauen.

Material

Unkraut unterdrückende Folie
6 dickere Weidenäste
50 dünne Weidenzweige
Raffia-Bast
Spielplatz-Rindenmulch

In Form schneiden

Die Weidenzweige werden im Herbst in den Boden gesteckt, also in der Ruhezeit. Im Frühling bilden sie dann neue Wurzeln und frische Schösslinge. Damit die Wände dichter werden, sollte man die Triebe in das Gerüst einflechten. Im folgenden Winter werden unerwünschte Zweige einfach zurückgeschnitten.

1 *Mit einem Pflock und einer Schnur markiert man einen Kreis mit einem Durchmesser von 1,50 m. Wie das geht, steht auf Seite 19. Die oberste Bodenschicht innerhalb des Kreises wird ausgehoben und in die äußeren 30 cm entlang des Rands wird Kompost eingearbeitet.*

2 *Der Kreis wird mit der Unkraut unterdrückenden Folie ausgelegt. Die Folienstreifen sollten sich an den Rändern etwa 20 cm überlappen und werden gut verankert. Am Rand in der Form des Kreises abschneiden.*

3 *Jetzt ist der Eingang dran: Schneiden Sie zwei Löcher in die Folie und stecken Sie in jedes einen dünneren Weidenzweig. Führen Sie die Enden zu einem Bogen zusammen. Sie werden miteinander verflochten und mit Raffia-Bast festgebunden.*

4 *Die sechs dickeren Weidenäste werden nun in gleichmäßigen Abständen um den Kreis gesteckt und zur Mitte gebogen. So entsteht ein kuppelförmiges Zelt.*

5 *Jetzt werden die dünnen Weidenzweige in den Boden gesteckt. Eine Reihe schräg ringsum in der Richtung, in der man sich voranarbeitet. Die nächste Reihe zurück in die andere Richtung. So entsteht ein verwobenes Netzmuster.*

6 *Wenn die Zweige fest im Boden stecken, kann man sie nach und nach kreuzförmig miteinander verweben, bis ein kuppelförmiges Gerüst entsteht.*

7 *Weiter oben am Iglu sollte man die dünnen Zweige mit Raffia-Bast an den dickeren Ästen befestigen.*

8 *Zum Schluss werden noch einige Zweige waagrecht in die Kuppel eingeflochten, etwa bis zu drei Viertel der Gesamthöhe. Eine Schicht Spielplatzmulch im Inneren macht das Weiden-Iglu komplett.*

▲ *Mit einfachen Baumstumpf-Hockern ist die Höhle am schnellsten eingerichtet. Scharfe Kanten sollte man vorher entfernen. Und den Rest seinen Kindern überlassen.*

▶ *Diese Weidenhöhle ist von Anfang an ein toller Platz zum Spielen. Wenn sie erst richtig angewachsen ist, wird sie noch robuster und braucht bis auf gelegentliches Gießen wenig Pflege.*

Blumentopf-Accessoires

Hübsche Einstecker für Blumentöpfe sind einfach herzustellen und geben vielen Topfpflanzen Pep, wenn diese selbst noch nicht so toll ausschauen. Und sie sind eine lustige und individuelle Dekoration für den Garten. Geben Sie Ihren Kindern eine Auswahl an Bastelmaterial und die Ideen werden nur so aus ihnen heraussprudeln.

Material

Papier
3 Lagen Moosgummi zum Basteln (eine davon in Gelb)
Bambus- oder Schaschlikstäbchen
Bastelkleber

Vorsicht: Wenn man Spieße zur Topfverzierung verwendet, darf die Spitze später nicht hervorragen.

1 *Mit Hilfe einer Schablone die Blüten aus dem Moosgummi ausschneiden. In der Mitte einen gelben Kreis aufkleben.*

2 *Pflanzen Sie ein paar Hyazinthenzwiebeln so tief in Tontöpfchen, dass die Spitze aus der Erde schaut. Nach ein paar Wochen beginnen sie zu blühen.*

3 *Mit etwas Bastelleim eine fertige Blüte an ein Holzstäbchen kleben und in die Erde stecken. Auf diese Weise bekommt der Blumentopf eine zusätzliche Blüte.*

◄ *Diese zierliche Libelle aus Moosgummi sitzt zwischen den Grashalmen. Auch in einem Mini-Teich würde sie toll aussehen – einer echten Libelle vielleicht sogar täuschend ähnlich! Einfache Formen sind am leichtesten auszuschneiden. Entweder die Kinder machen sich eine Schablone oder sie zeichnen die Form freihändig mit einem Filzstift auf das Moosgummi. Geht einmal etwas daneben, verwendet man diese Seite später als Rückseite, oder man bemalt sie einfach.*

▼ *und* ◄ ► *Glitzernde Glassterne funkeln zwischen den Blättern verschiedener Kräuter. Mit etwas Silikon an ein Holzstäbchen geklebt, kann man simple, aber auffällige Verzierungen basteln.*

▲ *Sogar so prächtige Blüten wie die der Gerbera kommen mit einer Verzierung noch besser zur Geltung. Bunte Plastikperlen werden auf Holzstäbchen gefädelt und in die Erde gesteckt. Sie passen gut zu den leuchtenden Orangetönen der Gerbera. Schon mit ganz billigen Perlen kann man tolle Effekte erzielen, achten Sie nur darauf, dass die Löcher groß genug sind.*

▶ *Für diese Verzierung haben wir bunte Strohhalme in Stücke geschnitten, in der Mitte durchbohrt und auf ein Holzstäbchen aufgefädelt. So entsteht ein bunter Quirl, der auch als Mobile von einem Stock oder direkt von der Decke herabhängen kann.*

Selbst bemalte Gummistiefel

Wenn man seine Gummistiefel mit bunten Tier- oder Pflanzenmotiven selbst verziert, hat man etwas ganz Besonderes. Auch kleine Kinder können ihre Stiefel selbst bemalen, vielleicht mit einem Schwämmchen oder einem Stempel. Gut getrocknet hält die Bemalung mindestens so lange, wie Ihre Kinder die Stiefel tragen können.

Material

Gummistiefel
sehr feines Schmirgelpapier
Lack- oder Acrylfarben

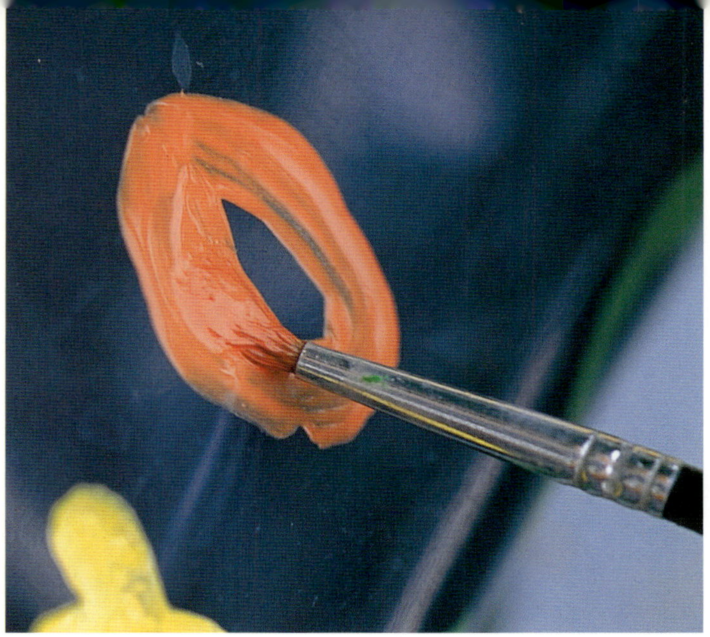

1 *Die Gummistiefel werden zur Vorbereitung mit dem feinen Schmirgelpapier aufgeraut. Mit einem Filzstift kann man das gewünschte Muster aufmalen.*

2 *Wenn man unterschiedliche Farben benutzt, muss man den Pinsel auswaschen und die erste Farbe über Nacht trocknen lassen.*

Lustige Muster

Der Garten bietet eine Fülle von Inspirationen, Margeriten zum Beispiel sind eine ideale Vorlage. Zu Regenkleidung passen alle Motive, die mit Wasser zu tun haben. Da es eine Weile dauert, bis die Farbe auf dem Gummi getrocknet ist, braucht man für mehrfarbige oder komplizierte Motive etwas mehr Geduld.

Schilder und Etiketten

Pflanzen und Sämlinge mit einem Schild zu versehen, auf dem der Name und vielleicht noch das Aussaatdatum stehen, ist eine wichtige Aufgabe für Kinder. Mit einer Fülle an alltäglichen Gegenständen und Materialien können Ihre Kinder stundenlang lustige und kreative Etiketten basteln. Schilder für Aussaatschalen müssen nicht lange halten, sollen sie aber an ausdauernden Pflanzen befestigt werden, kann man ruhig etwas mehr Zeit investieren.

▸ *Ein Schneckenhaus aus dem Meer als Namensschild für einen Hauswurz (Sempervivum) bringt maritimes Flair in den Garten. Damit die Beschriftung nicht verblasst, einen wasserfesten Filzstift verwenden.*

▲ Ein mit Acrylfarbe bemalter blaugrauer Kiesel liegt zwischen Thymianpflanzen. Er harmoniert schön mit dem Farbton der Kräuter.

▶ Aus einem Holzschild, das an einem Geschenk hing, wird mit etwas Farbe eine pfiffige Plakette für dieses Lavendelbäumchen.

▶ ▶ Eine Wäscheklammer aus Holz lässt sich prima am Topfrand befestigen. Mit einem wasserfesten Filzstift beschriftet, wird daraus ein haltbares Etikett.

▲ *Mit bunter Tafelkreide braucht man sich über Etiketten keine Gedanken mehr zu machen. Man schreibt den Namen einfach direkt auf den Topf. Diese Beschriftung hält natürlich nur, solange der Topf trocken bleibt. Kommt eine neue Pflanze in den Topf, wäscht man den alten Namen einfach ab.*

◀ *Schilder aus Moosgummi, die man auf ein Schaschlikstäbchen steckt, sind tolle Hingucker. Das Hellgrün setzt einen schönen Kontrast zu den gelben Narzissenblüten.*

▶ *Immer wieder beliebt: Alte Eisstiele werden mit etwas Farbe zu praktischen und poppigen Steckschildchen.*

HYACINTHUS

Gartenparties voller Ideen

Mit ein paar simplen Aktivitäten wird diese Gartenparty Ihre Kinder einen ganzen Nachmittag beschäftigen und eine Menge Spaß bringen. Wenn Sie die Kinder in die Vorbereitungen einbeziehen, haben sie noch mehr Freude daran und ein schönes Erfolgserlebnis. Der Garten ist der Ort, an dem die Party stattfindet, und auch das Motto des Fests.

Kronen für die Gartenparty

Das Basteln einer Krone für die Party ist perfekt geeignet, früh ankommende Gäste zu beschäftigen, während man auf die übrigen Besucher wartet. Die Kinder sollten sich ihre Ideen zur Gestaltung im Garten suchen.

Material

dünne Kartonstreifen (lieber 2 - 3 pro Kind)
viele bunte Filzstifte
Geschenkbänder für Schleifen
Blumen und Blüten zum Ausstecken

Sind die Kronen fertig gebastelt, heftet man sie um den Kopf des Kindes passend zusammen.

Schmetterlings- und Blütenbaum

Mit bunten Blüten und attraktiven Schmetterlingen behängt, sieht dieser Baum aus, als stünde er im Wunderland. Alle Kinder haben zusammen viele Blumen und Schmetterlinge aus Papier gebastelt, mit denen der Baum dekoriert wurde. Ein wirklich toller Abschluss jeder Gartenparty, auf den die Kinder nach einem langen und aufregenden Tag stolz sein können.

Material

buntes Tonpapier
Scheren mit stumpfer Spitze (Für kleinere Kinder schneiden Sie die Formen lieber selbst aus).
Filzstifte
Locher
feinen Bindfaden zum Befestigen der Kunstwerke am Baum

Blätterjagd

Auch in einem kleinen Garten findet sich eine überraschend große Vielfalt an Blättern verschiedener Farben und Formen. Die Kinder sollten so viele verschiedene Blätter wie möglich sammeln und auf ein großes Blatt aus Karton kleben. Das wird sie eine Weile beschäftigen. Die Herausforderung, die meisten Blätter zu finden, bringt viele Kinder vielleicht zum ersten Mal dazu, sich die Pflanzen im Garten genauer anzuschauen.
Kontrollieren Sie vorher, ob der Garten Pflanzen enthält, die für die Kinder gefährlich werden könnten. Wolfsmilchgewächse (Euphorbia) zum Beispiel gehören zu den giftigen Pflanzen (Seite 138). Sie enthalten einen Milchsaft, der zu Hautreizungen führt. Auch zarte Jungpflanzen sollten nicht unbedingt von kleinen Fingern zu sehr abgezupft werden. Sie können abgezäunt werden.
Bevor die Kinder ankommen, können Sie aus dünnem Pappkarton große Blätter in verschiedenen Formen ausschneiden. Nach der Blätterjagd sollten sich die Kinder die Hände waschen.

Festessen

Keine Party ist komplett ohne ein richtiges Festessen, denn nach ausgiebiger Toberei sind alle Kinder hungrig und durstig. Platzkärtchen oder Namensschilder können Sie mit Ihren eigenen Kindern ein paar Tage vor der Party vorbereiten. Hübsche Blumen aus dem Garten werden dazu zwischen Löschpapier gelegt und gepresst. Auf kleine Kärtchen kleben, die mit den Namen der Gäste beschriftet sind. Alles sollte mit dem Thema Garten zu tun haben: Kuchen und Törtchen können Sie mit kristallisierten Blüten (Seite 67) verzieren, Kräuter und essbare Blumen (Seite 64) auf das Essen streuen und Getränke mit Blütenblättern versehen. Vielleicht gibt es ja auch schon ein paar Beeren oder ein paar Radieschen, die die Kinder direkt aus dem Garten ernten können (Seite 52 ff.).

Disco-Mobile

Dieses Mobile bringt Farbe in den Garten, wenn es in einem Baum oder an der Pergola hängt. Und zwar das ganze Jahr über! Moosgummi lässt sich leicht verarbeiten und schon der kleinste Windhauch genügt, damit sich die Scheiben drehen. Sie können das Mobile so lang machen, wie Sie möchten. Oder gleich mehrere aufhängen, das wirkt noch besser.

Material

4 Lagen Moosgummi zum Basteln in verschiedenen Farben
Nylonfaden
Strohhalme
Bastelkleber

Tipp

Reste des Moosgummis können für andere Projekte verwendet werden (Seite 116)

1 *Zwei konzentrische Kreise mit einem Durchmesser von 12 und 15 cm mit Filzschreiber auf den Moosgummi malen. Kleine Kinder können das am besten um eine Tasse oder einen Teller herum. So ausschneiden, dass ein Ring entsteht. Man braucht zwei Ringe von jeder Farbe.*

2 *Einen Ring mit Klebstoff bestreichen. Zwei kleine Strohhalmstücke (maximal 2,5 cm lang) auf die gegenüberliegenden Seiten des Rings legen und den zweiten Ring aufkleben. Fest zusammendrücken. Mit den anderen Ringen genauso verfahren, bis man vier Doppelringe hat.*

3 *Nun schneiden Sie zehn runde Scheiben in der Größe aus, die das Loch der Ringe hat. Schneiden ältere Kinder die Ringe so aus, dass das Innere ganz bleibt, kann man es hier verwenden. Ein Stück Nylonschnur zwischen zwei Scheiben legen und diese aufeinander kleben.*

4 *Die Nylonschnur wird durch die Strohhalme des ersten Rings gesteckt und wieder zwischen zwei Scheiben geklebt. So verfährt man, bis alle Scheiben und Ringe aufgebraucht sind und das Mobile komplett ist.*

Potpourri

Die intensiven Düfte von Blüten oder zerriebenen Blättern ziehen Kinder magisch an. Beim Herstellen eines Potpourris lernen Sie, Pflanzen zu trocknen und ihre Düfte zu konservieren. Geben Sie etwas ätherisches Öl oder Gewürze wie Zimtstangen, Gewürznelken oder Muskatnuss dazu. Getrocknete Beeren, Samenkapseln und Zitrusschalen sorgen für Farbe.

Material

Blüten und Blätter zum Trocknen
Ätherische Öle
Fixierstoffe (siehe unten)

Fixierstoffe

Damit das Aroma länger erhalten bleibt, kann man Fixierstoffe zugeben. Sie halten den Duft länger als die getrockneten Blüten allein. Am häufigsten verwendet man Gewürznelken, Kamillenblüten, Muskatnuss oder Zimtstangen.

1 *Blüten und Blätter sammelt man im Garten. Die Blüten sollten ein Stück Stiel haben und nicht feucht, welk oder faulig sein.*

2 *Die Blätter von den Blütenstängeln zupfen und zu kleinen lockeren Sträußchen zusammenbinden.*

3 *An einem warmen, trockenen Platz ohne direkte Sonne werden die Sträußchen zum Trocknen aufgehängt. Sie sehen schon jetzt hübsch aus. Die Trockenzeit hängt von der Größe der Blüten und dem Trockenplatz ab.*

4 *Sind die Blüten trocken, werden ein paar Tropfen ätherisches Öl mit dem Fixiermaterial und den Blütenköpfen in einer großen Schüssel vorsichtig vermischt. In einer luftdichten Box oder Plastiktüte für einen Monat dunkel aufbewahren. Dann ist das Potpourri fertig.*

Weihnachtsgirlanden

Eine Girlande aus getrockneten Samenkapseln und silbern angesprühten Zapfen ist ein bezaubernder Schmuck für kahle Bäume und Sträucher. Sie sind schnell und unkompliziert zu basteln. Das Material dazu – getrocknete Samenkapseln, Fruchtstände und andere Dinge – finden die Kinder im Garten. So lernen sie, was sich zu dieser Jahreszeit im Garten tut.

Material

getrocknete Samen- und Fruchtstände
Tannen- oder Kiefernzapfen
Draht
Silberspray

1 *Sammeln Sie Samenstände und Zapfen im Garten. Wenn sich nichts Passendes findet, wird man an Heckensäumen, Wegrändern oder bei einem Spaziergang über Land sicher fündig.*

2 *Die Stängel der Samenstände auf etwa 10 cm Länge einkürzen. Mit den Tannenzapfen silbern ansprühen. Trocknen lassen.*

3 *Drehen Sie ein Stück Draht in unregelmäßigen Abständen in Schlaufen. In diese werden die Samenkapseln gesteckt. Dazwischen werden dann die Tannenzapfen gesteckt und verdreht.*

4 *Jetzt ist die Girlande fertig und jeder Baum oder Strauch im Garten, der ein bisschen Weihnachtsstimmung braucht, kann verziert werden.*

Sicherheit

Unermüdlich erforschen Kinder ihre Umwelt. Dass bei soviel Ausdauer und Hartnäckigkeit kleine Verletzungen und Missgeschicke passieren, bleibt nicht aus. Ein Garten, in dem Kinder spielen, muss aber so sicher wie möglich sein, damit sie sich frei entfalten können. Die Gefahren ändern sich jedoch mit dem Alter der Kinder, und jedes Kind ist anders.

Um den Garten zu sichern, braucht man gesunden Menschenverstand: Scharfe oder schwere Werkzeuge und Gartengeräte dürfen nicht unbeaufsichtigt liegen bleiben, auch wenn man nur schnell ans Telefon muss. Gartenteiche müssen gesichert sein und Dünge- und Pflanzenschutzmittel gehören hinter verschlossene Türen. Spielzeuge und Klettergeräte müssen regelmäßig auf Schwachstellen untersucht werden.

Nicht ganz so augenfällig sind Gefahren, die von Pflanzen ausgehen. In diesem Buch werden Kinder dazu animiert, sich mit Pflanzen zu beschäftigen – Obst und Gemüse anzubauen, Blüten zu essen und sich am Duft von Blumen und Blättern zu erfreuen. Es ist dabei von allergrößter Wichtigkeit, dass sie lernen, dass viele Pflanzen giftig sind und dass sie nur das essen und anfassen dürfen, was ihnen Ihre Eltern als sicher und genießbar gezeigt haben. Viele Gartenpflanzen sind giftig oder haben Pflanzensäfte, die die Haut reizen oder schwere Allergien auslösen können. Scharfe Stacheln und Dornen und spitze Blätter können zu Verletzungen führen. Listen mit gefährlichen Pflanzen sind überall erhältlich (zum Beispiel im Internet nach „Giftpflanzen“ oder „giftigen Pflanzen“ suchen).

Die Bastelprojekte in diesem Buch regen die Kinder zur Verwendung verschiedener Materialien und Werkzeuge an. Auch hier ist Sicherheit eine Frage des gesunden Menschenverstands und des Grads der Beaufsichtigung. Wenn möglich, sollten Sie ungiftige Farben und Klebstoffe kaufen und Werkzeuge, wie zum Beispiel Kinderscheren mit abgerundeten Spitzen, verwenden.

Register

Danksagung

Mein Dank gilt: Harriet, Nancy, Joshua, Molly, Florence, Jemima, Robbie, Jessica, Nicholas, Connie, Ollie, Jessie, Roma, William and Carragh, die die Seiten dieses Buchs mit ihrem strahlenden Lachen füllen.

Clive Nichols für seine fantastischen Fotos und endlosen Enthusiasmus.

Meinen Eltern, Ruth und Geoffrey Smee, die mir wieder einmal auf vielfältige Art und Weise geholfen haben.

Sarah Ford, Jessica Cowie und allen bei Hamlyn, die an diesem Projekt mitgearbeitet haben.

Richard Kerwood von Windrush Willies (www.windrushwillow.com), der uns kurzfristig mit tollen Weidenruten versorgt hat.

Bob Hussein von Gardenscape Supplies, Playhatch für all seine Unterstützung.

Und zum Schluss meinen Kindern, Harriet und Nancy für ihre Inspiration, Ideen und Kritik.

Executive Editor Sarah Ford
Project Editor Jessica Cowie
Design Peter Garrish
Production Manager Ian Paton

Alle Projekte und Ideen stammen von Clare Matthews

Richard Wawrzyniak

HISTOIRE(S) DES JEUX OLYMPIQUES

130 ans entre périls, gloires et universalité

Mareuil
Éditions

Pour vous tenir informé des prochaines publications de Mareuil Éditions, rendez-vous sur : www.mareuil-editions.com

SOMMAIRE

PRÉFACE

par David Douillet

En me retournant sur le chemin olympique qui a été le mien, de nombreuses images me traversent l'esprit. Ce jour, où, enfant, je nouais pour la première fois une ceinture de judo autour de ma taille. L'atmosphère des compétitions, avec ce plaisir permanent ressenti dès que je montais sur le tatami. Toujours donner le maximum, être fier de soi, prendre du plaisir, ne jamais avoir de regret. Les victoires bien sûr, avec mes trois médailles olympiques, dont les deux titres de 1996 et 2000. L'émotion évidemment, lorsque sur la plus haute marche du podium des Jeux d'Atlanta et de Sydney j'écoutais *La Marseillaise*. En Australie, je faisais mes adieux au monde sportif et savais que se tournait alors une page importante de ma vie. Le sport m'avait forgé en tant qu'homme, avait édifié mes fondations, mes valeurs, mes réflexes. La fierté aussi, au moment de porter le drapeau devant la délégation française lors de la cérémonie d'ouverture des Jeux de Sydney ou comme porteur, à deux reprises, de la flamme olympique.

Mais là n'est pas l'essentiel à mes yeux. Ce qui me reste aujourd'hui réside dans le message d'espérance véhiculé par l'olympisme. Ce message de paix, de fraternité entre les peuples. Voir des personnes venant de plus de deux cent pays différents, qui se retrouvent tous les quatre ans pour vivre dans le partage et la passion, qui ressentent des émotions communes autour du sport et de ses valeurs, n'a pas d'égal. La plus belle image de cette réunion des peuples réside dans le village olympique. Quelle magnifique idée du rénovateur des Jeux olympiques (JO), le baron Pierre de Coubertin, d'avoir voulu ce village pour les Jeux de 1924 à Paris ! Près de cent ans plus tard, l'idée perdure et demeure plus forte que jamais. Le monde se réunit en un seul endroit, faisant fi des croyances, des religions, des origines, des clivages politiques et des couleurs de peau. Cette richesse de nos différences qui composent notre planète.

Accéder à ce village n'est pas donné à tout le monde. C'est l'aboutissement pour chaque athlète d'années d'efforts et de sacrifices, d'échecs et de blessures, d'humilité et de persévérance. Avoir la chance de pouvoir entrer dans le village olympique, c'est avoir su s'accomplir en tant qu'homme ou femme. C'est avoir réussi à dépasser les difficultés, à surmonter les obstacles, à vaincre le doute et la peur de l'échec. Une fois réunis, les dix mille athlètes olympiques présentent alors le plus beau des spectacles. Ils démontrent au monde l'harmonie vers laquelle notre société peut tendre. Ils prouvent que la richesse de l'humanité vient du respect des personnes qui la composent.

En se retournant sur l'histoire des Jeux olympiques, comme le propose Richard Wawrzyniak dans ce livre, ce sont cent trente ans d'histoire que l'on redécouvre page après page. Guerres, propagandes, menaces, catastrophes, tensions politiques, problèmes d'organisation, les Jeux olympiques ont dû surmonter de multiples obstacles et périls pour devenir ce modèle d'universalité que l'on connaît aujourd'hui. L'histoire des Jeux olympiques, c'est aussi et surtout les histoires d'hommes et de femmes qui ont un jour décidé de partir à la conquête d'un idéal. Découvrez ces destins prodigieux et tragiques, ces personnalités qui ont changé leur époque, fait avancer leur société, émerveillé la planète, révolutionné leur sport, procuré des émotions inégalables, et aussi ces héros entrés dans la légende par leurs exploits.

La perspective des JO de Tokyo sera une bouffée d'oxygène après plus d'un an de pandémie mondiale. Notre quotidien a été si chamboulé, nos repères tant bouleversés, que nous avons perdu l'habitude de nous réunir autour de ces moments uniques, tellement fédérateurs. À n'en pas douter, les prochains Jeux de Tokyo seront particuliers, peut-être sans public, avec des conditions sanitaires strictes, et un village olympique probablement aseptisé de son atmosphère habituelle. Mis à part à l'occasion des deux guerres mondiales, jamais l'événement n'aura été si impacté. Mais les Jeux continuent, et c'est bien là le plus important.

Restons confiants en l'avenir, l'horizon s'éclaircira prochainement. En 2024, la France accueillera les Jeux olympiques d'été pour la troisième fois de son histoire après ceux de 1900 et 1924. Le public, les athlètes et les organisateurs s'uniront alors pour créer cet égrégore olympique, pour faire émerger cette agrégation d'énergies positives qui resplendira sur la société, cette communion d'individus unis dans le seul but de vivre avec passion et de partager ces moments uniques. Le cadre sera sublime et nous, Français, aurons alors la chance d'être aux premières loges pour accueillir le monde.

I

LA RECONSTRUCTION OLYMPIQUE

1

ATHÈNES 1896

La renaissance olympique

La foule se presse de toutes parts vers le gigantesque Stade panathénaïque. L'enthousiasme règne dans les rues d'Athènes, comme si les habitants de la capitale hellène partaient à la rencontre d'une vision vivante ressuscitée d'un glorieux passé. La Grèce s'est unifiée autour de ce projet. Fière, elle profite de l'aubaine pour bomber à nouveau le torse. Cette journée est à marquer d'une pierre blanche, de la même couleur que ce marbre pentélique qui orne à nouveau les gradins éblouissants de l'épicentre de l'histoire antique.

Les Athéniens ne se rassemblent pas ici pour rendre hommage à Lycurgue ou Hérode Atticus, à l'origine de l'érection du stade des Jeux pythiques qu'ils ont vu renaître ces derniers mois. Non, alors que les Jeux de la Ire olympiade vont débuter dès le lendemain, celui qui va être célébré aujourd'hui jouit d'une notoriété majeure auprès de la population, lui qui a déjà doté la cité de tant de monuments sur ses deniers personnels. Il a mis une nouvelle fois la main à la poche pour l'un des plus grands projets de restauration du patrimoine national. Avec sa contribution de près d'un million de drachmes, une véritable fortune pour l'époque, le richissime Georges Avéroff a sauvé le projet d'une nation, mais aussi la réputation du prince héritier de Grèce, Constantin, président du comité des Jeux olympiques de 1896, totalement investi dans l'organisation de cette Ire olympiade de l'ère moderne, qui voit se matérialiser ici un défi si compliqué à faire aboutir.

C'est le 16 juin 1894, dans l'amphithéâtre de la Sorbonne, devant 2 000 invités et 79 officiels, issus de 13 pays, que l'aventure des JO grecs débute. Après plusieurs jours de travaux de différentes commissions sur le sport amateur et le projet olympique, Athènes obtient officiellement l'organisation de la Ire olympiade le samedi 23 juin 1894. Pierre de Coubertin s'était imaginé cette renaissance olympique pour 1900 en France, la faisant parfaitement coïncider avec la cinquième exposition universelle programmée à Paris la même année. Il dut pourtant se convaincre d'anticiper la première édition de quatre ans. Alors que Londres et Budapest sont aussi pressenties comme villes hôtes, la proposition de Dimítrios Vikélas, un homme d'affaires grec, venant à peine d'être élu quelques heures plus tôt premier président du Comité international olympique (CIO), est votée par acclamation. La Ire olympiade est attribuée à Athènes, pour un retour dans le berceau olympique.

Le soulagement princier est bien gardé aux yeux du public, mais l'hommage rendu doit être à la hauteur du sauvetage qu'Avéroff a accordé à Constantin. Le prince, au moment de tirer la languette faisant tomber le drapeau grec et dévoilant une somptueuse statue de marbre représentant le mécène, clame devant la foule en transe : « Je souhaite, pour le bien du pays, de longues années à ce généreux patriote, et je suis heureux de lui exprimer, comme témoignage d'honneur, le bonheur que j'éprouve de présider à l'inauguration de sa statue. »

Le Stade panathénaïque est le centre névralgique de l'olympiade. Ce site antique est dans un état de délabrement inouï. Désert, informe, il est déshabillé de son marbre originel, couvert de ronces, de pierres et d'ordures, lorsque la Grèce hérite des Jeux de 1896. Construit en –330 à l'initiative de Lycurgue, homme politique et fervent admirateur de l'idéal spartiate, « le stade de tous les Athéniens » était le théâtre de jeux hippiques et athlétiques grandioses. Les siècles filent, et ce n'est qu'en 1836 que des fouilles archéologiques sont entreprises et mettent à jour des vestiges du stade d'Hérode Atticus. En 1869-1870, Ernst Ziller, architecte d'origine allemande, développe des explorations plus systématiques. C'est un véritable bond en avant qu'accomplit l'archéologie grecque. C'est l'ère des grandes fouilles et des trouvailles spectaculaires qui suscitent la curiosité et l'enthousiasme d'un large public, nourri de culture classique.

L'entreprise de rénovation pour accueillir un tel événement est incommensurable. Les membres du comité d'organisation en ont conscience, il faut rapidement trouver une solution pour rassembler l'argent nécessaire. Naît alors l'idée de faire appel à Georges Avéroff. Lui qui a déjà été le mécène à l'origine du financement de l'école polytechnique, de l'école militaire, des prisons pour enfants à Athènes, ou encore du gymnase et de l'institution des demoiselles à Alexandrie. Le prince héritier rédige alors une missive à destination du richissime habitant d'Alexandrie, que Timoléon Philémon, secrétaire du comité olympique, se charge de lui apporter en mains propres. Touchant sur la corde sensible, le prince fait appel au patriotisme d'Avéroff pour sauver la face. Dès réception, le mécène donne son accord plein et entier pour prendre à sa charge la totalité de la somme des travaux de reconstruction du stade. Grâce à 920 000 drachmes, il va rendre aux Grecs leur stade, faire renaître les fondations d'il y a dix-sept siècles, et poser ainsi les jalons du mécénat privé qui perdure encore aujourd'hui pour financer les olympiades.

Les Jeux débutent officiellement le 6 avril 1896 : 241 athlètes provenant de 14 pays se lancent dans les différents concours. Neuf sports sont au programme : athlétisme, cyclisme, escrime, gymnastique, haltérophilie, lutte, natation, tennis et tir.

Plusieurs sports auraient pu être présentés pour ces premiers Jeux mais, faute d'installations ou de participants, le football, le rugby, l'équitation, le polo, le golf, le croquet et le patinage artistique ont été écartés par les organisateurs ou le CIO.

Le premier drapeau d'un vainqueur olympique hissé sur le haut mât du stade est la bannière étoilée des États-Unis. L'Américain James Connolly remporte l'épreuve du triple saut avec 13 m 71, devant une foule déchaînée par le spectacle. Le Français Tufféry accroche la deuxième place avec une longueur de 12 m 70, devant un Grec, Persákis, à 12 m 52. Point de médaille d'or pour le vainqueur, mais une médaille faite d'argent, une couronne de lauriers et un diplôme symbolique.

En cette année 1896, les conditions météorologiques sont assez exécrables en Grèce. La voile et l'aviron en mer sont donc annulés. Mais cela n'empêche pas les organisateurs de maintenir les épreuves de natation. Attention, on ne parle pas ici de piscines olympiques comme on peut en connaître aujourd'hui, avec des équipements modernes et une eau idéalement chauffée. En ce 11 avril 1896, une dizaine de courageux montent sur des barques qui les mènent jusqu'au milieu de la baie de Zéa du Pirée. Il leur faudra rejoindre le rivage au milieu des vagues et des courants. Quatre épreuves de natation sont au programme : 100 m nage libre, 500 m nage libre, 1 200 m nage libre et 100 m nage libre « matelots ». Le roi de Grèce est aux premières loges sur un baleinier, accompagné de ses deux princes de fils. L'eau est à 12 °C ! Ce n'est pas une épreuve de sport mais une mission de survie qui les attend. À peine après avoir plongé, un Américain décide dans la seconde d'abandonner, trop frileux sans doute… Un Danois, inscrit également dans une épreuve de tir le même jour, décide de ne pas braver le danger aquatique et de se concentrer sur l'épreuve plus terre à terre du tir, et moins dangereuse surtout !

Le parcours est balisé par des citrouilles évidées qui flottent à la surface de l'eau. Autre temps, autres moyens… Les cucurbitacées n'étant pas accrochées, le tracé ne devient très vite plus rectiligne mais mouvant. Le Hongrois Alfred Hayos remporte l'épreuve en 1' 22", bien loin des 46" 91''' du record du monde actuel enregistré par le Brésilien César Cielo le 30 juillet 2009 à Rome…

Même pas le temps de souffler que le départ du 500 m est donné dans la foulée. Le Grec Efstáthios Chorafás est le seul à enchaîner les deux courses. Sur les 29 nageurs enregistrés pour la course, ils ne sont au final que trois à plonger. Vu la distance, c'est un coup de canon qui fait office de starter. Chorafás termine troisième, loin derrière Paul Neumann (8' 12" 6'''), qui n'a aucun lien de parenté avec son homonyme acteur américain. Hélas pour le Hellène, seuls les deux premiers étaient à l'époque récompensés.

La troisième course propose une compétition exclusivement entre marins grecs, remportée par Malokinis de Spetzia en 2' 20", près d'une minute de plus que le Hongrois dans la course précédente... La quatrième et dernière course proposée est le 1 200 m, pour laquelle neuf nageurs se jettent à l'eau. Le public installé sur le port espère voir un de ses six compatriotes remporter enfin une course. Tous observent avec attention les flots, attendant avec curiosité et impatience l'apparition des concurrents. Une clameur frénétique s'élève alors dans un coin de la tribune. Les supporters hongrois reconnaissent Alfred Hayos arrivant avec une bonne centaine de mètres d'avance sur le Grec Ioánnis Andréou. Coup double pour le Hongrois qui remporte deux des trois épreuves internationales.

Le dépit du public grec est manifeste, mais sera de très courte durée. Un héros digne de l'*Iliade* s'apprête à entrer dans l'histoire olympique et, plus encore, à conquérir tout un pays. Après avoir passé la nuit dans la ville éponyme de l'épreuve qu'ils s'apprêtent à accomplir, 25 concurrents, dont 21 Grecs et 4 étrangers – un Français, un Américain, un Hongrois et un Australien –, se présentent sur la ligne de départ située sur le pont de Marathon. Pour la foule de spectateurs répartis sur le tracé, réunis dans les villages et amassés le long des routes, nulle autre épreuve ne revêt plus d'importance que cette course si hautement symbolique. Les curieux sont aux fenêtres, les plus chanceux dans les gradins du stade, proches de la ligne d'arrivée. Le colonel Papadiamantopoulos joue le rôle de starter en lançant la course d'un tir de revolver. Les courageux s'élancent sur le parcours, suivis de près par des spectateurs à bicyclette, des officiers et des soldats à cheval qui surveillent le bon déroulement de la course. Plus loin, installés dans des véhicules, des médecins sont prêts à intervenir pour porter si besoin les premiers secours aux concurrents.

Très vite le Français Lermusiaux prend les rênes, talonné par l'Australien Flack. À mi-chemin, dans la ville de Karpati, des paysans placent une couronne de fleurs sur le crâne du Parisien au moment où celui-ci passe sous l'arc de triomphe de la cité. Mais le Français s'essouffle, tout comme Flack. Derrière, le Grec Loúis poursuit le rythme. Au 32e kilomètre, Lermusiaux chancelle, puis s'effondre. Il est pris en charge par les médecins d'une voiture suiveuse. Le Grec dépasse l'Australien dans la foulée et parcourt les derniers kilomètres sous les acclamations du public. Plus loin, au stade, les spectateurs hellènes n'en peuvent plus d'attendre. Ils n'ont aucune information sur le déroulé de la course. Comment obtenir des informations sur le scénario qui est en train de se jouer ? Un cycliste allemand pénètre dans l'enceinte olympique et la rumeur se répand qu'il apporte dans sa besace l'information que l'Australien va pénétrer le premier dans le stade. Le silence tombe littéralement dans les travées. Les spectateurs sont sous le choc, déçus.

Papadiamantopoulos arrive à son tour dans les gradins et vient annoncer la nouvelle à la famille royale : c'est bien le Grec Loúis qui s'approche à toute vitesse de la victoire. En une poignée de secondes, l'annonce du starter fait le tour des tribunes et une immense clameur retentit au moment où résonne le canon qui annonce l'arrivée du leader de la course. Loúis entre dans le stade athénien, la foule est en délire. Le prince héritier Constantin et son frère Georges courent à sa rencontre pour savourer l'hystérie collective et s'accaparer une partie des vivats. Le roi Georges Ier se lève et agite, ému, sa casquette. Immédiatement le drapeau grec est hissé dans le stade. L'ivresse du moment n'épargne personne, même Coubertin, qui racontera plus tard : « Sa victoire fut magnifique de force et de simplicité [...] il sembla que toute l'antiquité hellénique entrait avec lui. Des acclamations inouïes montèrent. Ce fut un des spectacles les plus extraordinaires dont je me souvienne. »

Cette victoire fait entrer Spyrídon Loúis au Panthéon du sport grec. Issu d'une famille pauvre, Spyrídon accompagnait son père, qui transportait sur un chariot de l'eau minérale pour approvisionner Athènes, en courant à ses côtés. Papadiamantopoulos, le fameux starter du marathon olympique, connaissait le talent de Spyrídon et, chargé d'organiser les sélections grecques pour la course olympique, sélectionne le jeune paysan. Victorieux de la plus grande course du monde pour ses compatriotes, Spyrídon Loúis devient le premier héros national issu du sport et sera célébré dans de nombreuses villes du pays. Il pénètre tant le cœur des Grecs que son nom est depuis utilisé dans une expression grecque : « Courir comme un Loúis ». Quarante ans plus tard, lors de l'ouverture des JO de Berlin en 1936, le champion grec remet au chancelier Hitler un rameau d'olivier venu du bois d'Olympie. Loúis remporte également une coupe d'argent à l'issue de son succès. Précieusement conservé de génération en génération, le superbe trophée refait surface le 18 avril 2012, au cours d'une vente aux enchères chez *Christie's*. Il est acheté pour la somme de 544 000 euros par la fondation Stávros-Niárchos, un centre culturel situé aux abords d'Athènes.

En marge de ce premier marathon moderne, une déconvenue incroyable survient au deuxième Italien qui prétendait participer aux JO de 1896, Carlo Airoldi. Cet athlète renommé – notamment pour avoir remporté plusieurs courses dont Milan-Barcelone en 12 étapes en 1895, pour laquelle il gagna la récompense de 2 000 pesetas – souhaite concourir au marathon athénien. Faute de moyens pour accomplir le voyage, il doit se résoudre à trouver un « sponsoring » particulièrement original avec le journal *La Bicicletta.* L'accord est simple : pour relater l'épopée de son champion, la gazette lui subventionne le voyage, non pas en train ou en bateau comme la plupart des autres Olympiens, mais à pied ! Il marche ainsi de Milan à Split, en passant par Trieste et Rijeka et le long des côtes adriatiques. À raison de 70 km par jour, Airoldi traverse ainsi l'Europe sur quasiment 2 000 km. Arrivé à bon port, il se rend, sûr de lui, au palais royal, où il est reçu par le prince Constantin. Mais l'information du prix reçu en monnaie par Airoldi pour sa victoire lors de Milan-Barcelone arrive jusqu'au prince. Pour le président du comité d'organisation, Airoldi est un sportif professionnel, il ne peut donc pas être considéré comme un athlète olympique. Les télégrammes envoyés de l'Italie par des associations et comités sportifs ne servent à rien : Airoldi ne peut s'inscrire officiellement au marathon. Vue d'Italie, cette décision est d'une iniquité sans nom, les organisateurs sont soupçonnés de vouloir exclure un futur champion en puissance, et de favoriser les athlètes grecs. Vexé de ce qu'il considère comme une terrible injustice, Airoldi souhaite défier le néochampion olympique dans un face-à-face pour prouver aux yeux de tous qu'il aurait été légitime de l'inscrire à cette course, qu'il était le plus fort. Il veut humilier le Grec devant son peuple. Loúis ne relèvera jamais le défi, et Airoldi se résout à rentrer dans sa belle contrée, penaud et cette fois-ci en bateau…

Cette olympiade connaît un succès populaire indéniable. Le peuple s'est rallié à ce rassemblement « international » de sportifs amateurs. La renaissance olympique est aussi celle de la Grèce. Le roi Georges Ier est conquis. Il convie lors d'un dernier banquet les organisateurs, les champions et la presse étrangère, durant lequel il tente de convaincre l'assemblée que les Jeux olympiques, comme lors de la période antique, sont nés et doivent demeurer en terre hellène. C'est ici qu'ils doivent se dérouler tous les quatre ans. Coubertin n'en a cure, il fait la sourde oreille, feint de ne pas avoir compris le message royal. Pour les Grecs, le baron est « un voleur » qui prive le pays d'un de ses joyaux. Mais il va bien falloir s'y résoudre, les Jeux ne sont plus le monopole des Grecs, ils seront dorénavant organisés tous les quatre ans dans un pays différent. Et Coubertin attend avec impatience l'édition de 1900, promise à Paris…

2

PARIS 1900

La foire chaotique

Coubertin s'était imaginé des Jeux olympiques grandioses pour l'édition de 1900 à Paris. Athènes avait posé les jalons d'une fête du sport sans commune mesure, une concurrence entre athlètes, masculins, voués à la performance et à l'exploit. Il doit toutefois se résoudre à l'évidence, rien ne se passera comme il l'avait imaginé.

Le calendrier fait coïncider la IIe olympiade avec la tenue de l'Exposition universelle de 1900 à Paris, un événement si important pour le pays qu'il permet de présenter au monde entier ses dernières évolutions technologiques, de prouver sa modernité, d'exposer son progrès : la première ligne de métro parisien, le cinéma des frères Lumière, le moteur Diesel à l'huile d'arachide, la plus grande lunette astronomique du monde longue de soixante mètres, des concours artistiques, des expositions par centaines, des débats, des conférences… Une place est toutefois accordée au sport, bien trop infime pour le baron de Coubertin et surtout dénaturant totalement à ses yeux l'esprit olympique.

Les organisateurs de l'Exposition, avec à leur tête Alfred Picard, le commissaire général, proposent les concours internationaux d'exercices physiques et de sports avec comme objectif

« d'imprimer à des œuvres destinées à améliorer la force physique et morale du pays un prodigieux élan, en démontrant par des concours internationaux l'importance et l'utilité de ces exercices et en leur donnant une large publicité ».

Après des mois de débats, de conflits ouverts par presse interposée, de coups de bluff et de tentatives infructueuses, Coubertin doit s'y résoudre : « Les concours de l'Exposition tiennent lieu de Jeux olympiques pour 1900 et comptent comme équivalent de la deuxième olympiade. » Les compétitions ne se tiendront donc pas sur une période courte – comme à Athènes sur neuf jours –, mais étalées sur la durée de l'Exposition universelle, du 14 mai au 28 octobre, soit sur plus de cinq mois !

Selon le rapport officiel de l'Exposition, 477 épreuves sont disputées dans 34 disciplines. Tous les sports et épreuves sont comptabilisés pêle-mêle dans ce chiffre, tant la liste des sports que le nombre de participants donnent le vertige. Voici le programme complet :

- jeux athlétiques : courses à pied et concours athlétiques, football rugby (ancien nom donné au rugby), football association (ancien nom donné au football), hockey, croquet, lawn-tennis, jeux de boule, base-ball, crosse canadienne, longue paume, balle au tamis, courte paume, jeux de golf, pelote basque ;
- gymnastique : XXVIe fête fédérale de l'Union des sociétés de gymnastique de France, concours-fête de l'association des sociétés de gymnastique de la Seine, championnat international de gymnastique ;
- escrime : concours de fleuret, concours d'épée, concours de sabre ;
- tir : tir à la cible, tir au fusil de chasse, tir aux pigeons, tir à l'arc et à l'arbalète, tir au canon ;

- sport hippique : concours hippique, polo hippique ;
- vélocipédie : courses vélocipédiques ;
- automobilisme : concours de tourisme, concours de motocycles, courses de vitesse, concours de voitures de place et de livraison, concours de poids légers, concours de poids lourds ;
- sport nautique : régates à l'aviron, concours de yachting à la voile, concours de bateaux à moteurs mécaniques, concours de natation, concours de pêche à la ligne ;
- sauvetage : concours de manœuvres de pompes à incendie, concours de sauvetage sur l'eau, concours de premiers secours aux blessés civils et militaires ;
- aérostation : concours de ballons (vingt-quatre concours de natures diverses : durée, altitude et distance), concours de colombophilie ;
- exercices militaires préparatoires : fête et concours d'exercices militaires préparatoires ;
- concours scolaires : jeux athlétiques scolaires, aviron scolaire, gymnastique scolaire, fête des écoles communales de la ville de Paris, concours de fleuret interscolaire, championnat de tir des écoles supérieures, championnat de tir des lycées et collèges, championnat de tir des écoles primaires.

À cela il faut ajouter des compétitions proposées mais écartées pour diverses raisons par Picard et son administration : le patinage, trop peu pratiqué à Paris ; l'haltérophilie, apanage des professionnels ; la marche, non assimilée comme une pratique athlétique ; ainsi que la boxe, la canne et la lutte, estimées trop dangereuses et au caractère trop théâtral. Cette même boxe que le CIO souhaitait ajouter à sa liste pour les JO 1900, et que dire de la lutte, symbole olympique à part entière qui avait fait se lever le stade d'Athènes en 1896. Plusieurs années plus tard, le CIO fera le « tri » entre ces épreuves pour en écarter une immense majorité et classer certaines officiellement comme « olympiques ». Le CIO ne retient au final que 95 épreuves dans 19 sports, et 997 participants issus de 28 nations. Les 19 sports retenus sont : athlétisme, aviron, cyclisme, escrime, football, golf, gymnastique, natation, rugby, équitation, tennis, tir, tir à l'arc, voile, water-polo, cricket, croquet, jeu de paume, pelote basque. Les 4 derniers sports cités ne seront ensuite plus jamais pratiqués dans l'histoire des Jeux.

Certains athlètes réalisent de véritables exploits lors de ces Jeux de Paris 1900. Alvin Kraenzlein marque de son empreinte la compétition par ses performances éclectiques. L'Américain remporte la médaille d'or dans les épreuves de 60 m, 110 m, 200 m haies et le saut en longueur. Il bat le record du monde sur 60 m avec un temps de 7 secondes, égale le record du monde dans le 110 m haies avec un temps de 15" 24"'. Lors du saut en longueur, Meyer Prinstein, son principal rival qui se positionne en tête lors des éliminatoires, ne participe pas à la finale. Son entraîneur, quelque peu à cheval sur les principes religieux, lui interdisant de concourir un dimanche, il est contraint de laisser la victoire à Kraenzlein et son saut à 7,18 m. Son compatriote Ray Ewry remporte quant à lui trois compétitions la même journée dans les épreuves sans élan : la hauteur, la longueur et le triple saut ! L'exploit est d'autant plus remarquable qu'Ewry a perdu l'usage de ses jambes entre 12 et 17 ans, victime de la poliomyélite. Alors âgé de 27 ans, il remporte le saut en hauteur sans élan en battant le record du monde grâce à un saut de 1,65 m, devant Baxter, un Américain d'origine sioux. Il devance encore Baxter dans le saut en longueur sans élan avec 3,21 m, et saute jusqu'à 10,58 m lors du triple saut sans élan, toujours devant Baxter.

Époustouflé par l'agilité du champion, le public parisien le surnomme « l'homme caoutchouc ».

Preuve du côté totalement atypique de ces jeux d'un autre temps, les épreuves du lancer du disque et du lancer du marteau sont perturbées par la présence d'obstacles sur le site « olympique » : deux rangées d'arbres sur la zone d'atterrissage pour le disque et un chêne situé dans la zone de lancement pour le marteau !

Mais ces jeux de l'Exposition sont aussi avant-gardistes à plus d'un titre, en comparaison aux Jeux olympiques « traditionnels » de Coubertin. Ils permettent des évolutions historiques qui modifieront à tout jamais le visage du sport international. Athènes 1896 n'avait mis à l'honneur que des sportifs de sexe masculin, Coubertin estimant que « le véritable héros olympique est à [s]es yeux l'adulte mâle individuel. Les Jeux olympiques doivent être réservés aux hommes, le rôle des femmes devrait être avant tout de couronner les vainqueurs ».

Alfred Picard, œuvrant volontairement ou non contre la position de son cher « ennemi », autorise pour sa part aux femmes de participer aux compétitions. Ainsi, sur les vingt-deux représentantes de la gent féminine reconnues comme participantes à des épreuves « officielles » du CIO, certaines entrent dans la postérité.

La première médaillée olympique est une immense championne de tennis de son époque, quintuple vainqueur du tournoi de Wimbledon. Charlotte Cooper remporte le 11 juillet 1900, sur les courts en terre battue de l'île de Puteaux au milieu de la Seine, la finale du simple dames en battant la Française Hélène Prévost, 6-1, 6-4. L'exploit est d'autant plus remarquable qu'elle avait déjà gagné le double mixte avec R. F. Doherty, vainqueur pour sa part de trois médailles.

Margaret Abbott, jeune étudiante de Chicago, est venue à Paris avec sa mère visiter l'Exposition universelle. Elles s'inscrivent toutes deux au « tournoi international de golf » organisé sur le parcours de Compiègne. Le 4 octobre, Margaret réussit le meilleur score sur les 9 trous de la compétition et remporte la première place. Sa mère finit quant à elle à la septième place. Elle, qui pense alors avoir participé à un tournoi quelconque, devient ainsi la première championne olympique américaine, la seule titrée dans son sport pour les cent seize ans à venir, et également la seule sportive à avoir concouru avec sa mère dans une épreuve officielle.

Ces pionnières ont ouvert la voie. Cette première participation à Paris 1900 se développe ensuite à un très faible rythme tout au long de l'histoire des olympiades. Il faut attendre Amsterdam 1928 pour que le nombre de femmes participant aux JO atteigne les 10 % du total des athlètes, puis les 20 % à Rome 1960, et 1990 pour voir Flor Isava Fonseca devenir la première femme élue membre de la commission exécutive du CIO. En 1991, le CIO prend une décision historique : tout nouveau sport souhaitant être admis au programme olympique doit obligatoirement comporter des épreuves féminines. En 2019, 33 % des membres du CIO sont des femmes. En 2024, la parité sera enfin totale entre hommes et femmes à l'occasion des Jeux de Paris 2024 : sur 10 500 sportifs présents, 5 250 seront de sexe féminin. Comme quoi, la capitale française peut être une belle source d'inspiration dans la lutte pour le droit des femmes.

Le deuxième grand pas en avant, initié lors de Paris 1900, est la première participation aux JO d'un athlète de couleur. Constantin Henriquez de Zubiera, franco-haïtien arrivé en France en 1893, occupe le poste de trois-quart aile au sein de l'équipe de France de rugby. Le premier match de « football-rugby » prévu oppose la France à l'Allemagne, le 14 octobre. La rancœur est encore vivace du côté français, suite à la défaite de 1870, et d'autant plus chez les Parisiens qui avaient alors subi un long siège de leur ville par les troupes allemandes, de septembre 1870 à fin janvier 1871, lors d'un hiver particulièrement rugueux. La tension est tellement palpable les jours précédant la rencontre que le ministère de l'Intérieur songe à l'annuler, redoutant que les Parisiens ne souhaitent « venger Sedan », la bataille du 1er septembre 1870, synonyme de cuisante défaite française et de la chute de l'empereur Napoléon III. Pour la première fois de l'histoire des Jeux modernes, la rivalité politique entre deux nations transpire sur un terrain. Le match se tient sous des trombes d'eau. Les Allemands dominent de la tête et des épaules la première période devant des Français totalement dépassés, et rentrent aux vestiaires en menant 14-5 les Tricolores. Mais Zubiera et ses coéquipiers se réveillent en seconde période et inversent le cours du jeu pour l'emporter 27-17. Les 6 000 spectateurs réunis dans les tribunes de Vincennes exultent. L'animosité d'avant match est vite effacée par l'inégalable « esprit rugby ». Les joueurs se congratulent et se retrouvent le soir même dans un restaurant parisien dans une ambiance bon enfant.

Le 28 octobre, le match France-Angleterre représente le dernier rendez-vous sportif de l'Exposition. Les Anglais sont asphyxiés et s'inclinent 8-27 devant la furia française. Cette défaite britannique, alors que la nation de Shakespeare est largement dominatrice de ce sport à l'époque, s'explique aisément par le fait que le XV de la Rose avait disputé la veille un match à Birmingham, avant de faire dans la foulée le voyage jusqu'en France. Zubiera devient donc le premier athlète de couleur à participer à une olympiade, mais aussi le premier à remporter un titre olympique. Mieux, il avait décroché quelques jours auparavant la troisième place du concours de tir à la corde par équipes.

Avec 101 médailles au total (26 en or, 41 en argent et 34 en bronze), la France domine pour la première et unique fois de son histoire le palmarès olympique. Un résultat peu surprenant puisque la moitié des athlètes « olympiques » des épreuves reconnues ensuite par le CIO proviennent de France. Les États-Unis sont deuxièmes (19 or, 14 argent et 14 bronze), devant la Grande-Bretagne (15 or, 6 argent et 9 bronze). Au-delà des sports « traditionnels » qui ont traversé les olympiades, de nombreuses épreuves et incroyables anecdotes ont émaillé les concours internationaux d'exercices physiques et de sports de 1900.

Le 5 août, au bois de Boulogne, se tient une épreuve assez répandue à l'époque : le tir aux pigeons vivants. La règle du tournoi est on ne peut plus simple : un tireur est éliminé s'il manque deux pigeons d'affilée. Trente-quatre concurrents se présentent sur le pas de tir, pour ce qui apparaîtra plus tard comme un véritable bain de sang. Plus de 300 pigeons sont abattus en l'espace de quelques heures et, à ce jeu, c'est le Belge Léon de Lunden qui décroche la première place avec 21 pigeons abattus sur 21 lâchés ! Il devance un Français (20/21), un Américain et un Australien *ex aequo* (18/19). En 1988, l'historien Andrew Strunk rapporte dans un article, après de fines recherches documentaires, l'état du champ de tir à la fin de l'épreuve dans une vision où « les oiseaux estropiés se tordaient sur le sol, le sang et les plumes tourbillonnaient en l'air et les femmes assises à côté, sous leurs ombrelles, étaient en pleurs ». Cette pratique, que l'on peut maladroitement considérer comme l'ancêtre du ball-trap, a été interdite en France seulement en 1976.

Paris vit une relation particulière avec l'aéronautique, et plus particulièrement avec les ballons gonflables, depuis la démonstration des frères Montgolfier en août 1783 devant l'Académie des sciences et sous les yeux de Louis XVI à Versailles en septembre. La même année, le spectacle offert par le Pr Jacques Charles et Nicolas-Louis de Robert, s'envolant des Tuileries devant 400 000 personnes dans un ballon à hydrogène de leur fabrication, a émerveillé les Parisiens. C'est donc tout naturellement que l'Exposition de 1900 offre la part belle à la discipline avec 24 concours de ballons, au cours desquels 46 pilotes, tous français, effectuent 156 vols. La compétition la plus remarquable est indéniablement le concours final de distance, réunissant les meilleurs pilotes. Jacques Faure, sur le ballon Aéro Club, parcourt 950 km et atterrit à Schimitz-sur-Oder, en Allemagne, en 19 h 24'. Jacques Balsan fait mieux sur le ballon Saint-Louis, avec 1 345 km, jusqu'à Lubblin en Pologne, en 27 h 5'. Mais le grand vainqueur est le comte Henri de la Vaulx, sur le ballon Centaure : 1 925 km traversés en 35 h 45' pour finir à Kiev, en Russie. C'est alors non seulement le record du monde de distance qui est battu mais aussi la durée de vol.

Se confrontant sur la Seine, entre Courbevoie et le pont d'Asnières, les nageurs olympiques doivent aussi faire avec les bateaux qui ne cessent de circuler malgré les courses aquatiques. Deux épreuves de Paris 1900 sont organisées pour la première et dernière fois dans l'histoire des Jeux : le parcours sous l'eau et la course d'obstacles. Le parcours sous l'eau est une épreuve d'apnée pour le moins originale. Les participants plongent et nagent le plus loin et le plus longtemps possible en restant sous la surface de l'eau. Deux points sont attribués pour chaque mètre parcouru en ligne droite et un point pour chaque seconde. Le parcours, quant à lui, propose aux nageurs de franchir une barre horizontale, de passer par-dessus une rangée de bateaux et de nager sous une autre rangée de bateaux. Les épreuves de natation permettent également de vivre une véritable révolution dans l'histoire de ce sport. Le nageur hongrois Zoltán von Halmay plonge pour l'épreuve du deux cents mètres nage libre et utilise une technique jusque-là inconnue en Europe : le crawl. Offrant une position hydrodynamique et donc une meilleure propulsion, cette technique a été importée d'Australie. Selon la légende, c'est en observant des Aborigènes ramper (*to crawl*) que les frères Cavill ont eu l'idée de transformer la posture en nage.

Au terme de cinq mois et demi de sports en tous genres, le bilan est extrêmement disparate. Avec près de 51 millions de visiteurs payant sur l'intégralité de l'Exposition, il est impossible de conclure sur l'affluence réelle lors des rencontres sportives, ni sur leur écho auprès des visiteurs. Mais les organisateurs s'enorgueillissent de la réussite de l'événement. Cet enthousiasme est largement répercuté du côté de la presse, pour le journal *Le Vélo* : « Le sport en 1900 a gravité autour de cet unique foyer, Paris. » Le passage de 14 à 28 nations participantes est un réel symbole du chemin vers l'universalisme que prônent Coubertin et le CIO. La première participation de nations issues de contrées lointaines, telles que l'Argentine, Cuba, Haïti, l'Inde, l'Iran, le Mexique, le Pérou ou encore la Russie, est une avancée indéniable et une marche en avant inexorable pour réunir le maximum de peuples. De son côté, Pierre de Coubertin n'y va pas par quatre chemins en se souvenant de Paris 1900. Dans ses *Mémoires olympiques*, il fulmine : « Malheureusement, s'il y avait un endroit au monde où l'on s'y montrât indifférent, c'était avant tout Paris ! […] Des autres concours de 1900, je n'ai rien à dire ici. » Hélas pour Coubertin, Paris 1900 ressemblera à une réussite, tant les prochains Jeux olympiques en terre américaine franchiront le Rubicon…

3

SAINT-LOUIS 1904

Les Jeux de la honte

Dès 1894 et le fameux rendez-vous de la Sorbonne, l'idée est clairement posée : les Jeux olympiques doivent respecter un rythme quadriennal et, pour asseoir leur universalité, se dérouler sur tous les continents. Après le berceau grec puis l'incroyable olympiade parisienne, il va de soi dans l'esprit de Coubertin que la troisième édition traverse l'océan Atlantique pour se tenir aux États-Unis. « Grèce, France, États-Unis : trinité de début très propre à accentuer le caractère mondial de l'institution et à l'établir sur des bases indiscutables », écrit-il dans ses *Mémoires*. Plusieurs villes avancent leurs pions dans l'espoir d'accueillir l'événement de 1904 : Berlin, Stockholm, Londres et New York. Après un travail de lobbying auprès du CIO, les Américains parviennent à le convaincre. Les Jeux se tiendront sur les terres de la jeune nation, mais dans quelle ville exactement ? Philadelphie, Chicago, New York et Saint-Louis présentent tour à tour leur candidature.

Chicago avait reçu de belle manière l'Exposition universelle de 1893. La ville qui doit fêter ses 100 ans en 1904 fait l'unanimité, Coubertin est emballé par l'idée. En juillet 1902, le CIO publie dans sa *Revue olympique* le « manifeste-programme » des Jeux de Chicago. « Ce plan est grandiose.

Un stade contenant 50 000 places sera érigé sur les bords du lac Michigan. »

Le CIO en salive d'avance, les Jeux de Paris de 1900 seront vite oubliés avec la fête qui s'annonce à Chicago. Mais il était dit que les premières olympiades ne seraient jamais un long fleuve tranquille duquel découlerait une organisation huilée, sans vague, faisant l'unanimité du pays hôte. Une première voix s'élève face au projet chicagoan, celle du fondateur de l'Amateur Athletic Union américaine, James Edward Sullivan, qui défend le projet d'une autre ville. En 1903, Saint-Louis du Missouri prévoit d'organiser la Lousiana Purchase Exposition, pour célébrer le centenaire de la cession de la Louisiane par le premier consul Bonaparte à la république des États-Unis. Mais les organisateurs sont dans l'obligation de reporter d'un an les festivités pour optimiser la préparation d'un événement qui ne cesse de prendre de l'ampleur. Et un malheur n'arrivant jamais seul, la ville de Saint-Louis entretient une farouche rivalité avec Chicago. C'est donc une histoire entre deux villes qui se sont longtemps disputé le titre de capitale informelle du Midwest américain, deux villes au cœur des États-Unis. Bien que séparées par moins de cinq cents kilomètres, Chicago et Saint-Louis se sont affrontées, aux côtés de New York et Washington, pour accueillir l'Exposition universelle de 1893. Chicago l'emporta au nez et à la barbe de ses trois concurrents.

Les organisateurs de l'Exposition universelle de Saint-Louis ne veulent pas en démordre, ils auront leurs Jeux, quoi qu'il advienne. Si ceux-ci ne sont pas ceux placés sous l'égide du CIO, ils organiseront alors leur propre événement sportif, entrant ainsi dans une concurrence directe avec l'olympiade de Chicago. Refroidi par l'expérience parisienne, Coubertin est totalement réticent au mariage unifiant Exposition universelle/Jeux olympiques.

Toutefois, le 23 décembre 1902, le baron sollicite un vote du CIO, qui penche en faveur de Saint-Louis. Sur les 26 membres et 21 votants, 14 sont pour, 2 contre et 5 s'abstiennent. Coubertin subit une nouvelle fois un sacré camouflet mais ne s'avoue pas pour autant vaincu. Il sollicite officieusement l'arbitrage du président Roosevelt. Ce dernier officialise Saint-Louis comme ville hôte, pour donner un nouveau souffle à la cité gangrenée par la corruption et surtout par les tensions raciales. Chicago s'incline et s'avoue vaincue. Les grands régisseurs de l'Exposition sont évidemment ravis, et Sullivan, enthousiaste, promet dans une missive envoyée à Coubertin : « le plus splendide ensemble d'exploits sportifs que le monde aurait vu ».

Les organisateurs répètent donc les mêmes erreurs que leurs prédécesseurs de 1900. Les compétitions sportives sont dispersées sur une période de plus de quatre mois et demi, au beau milieu de l'Exposition universelle. Ces Jeux ne seront en rien olympiques, encore moins universels, mais « extra-européens ». En effet, la traversée de l'Atlantique est alors une réelle épreuve, très onéreuse, mais généralement un aller simple vers une « terre promise » pour des migrants en quête d'une nouvelle vie. Pour les sportifs européens, le ratio coût/avantages de ce périple leur permet de justifier leur non-participation. À quoi bon faire plus d'une semaine de mer dans des conditions compliquées et un coût prohibitif, pour se confronter à une génération de sportifs américains surentraînés qui vouent un culte à la pratique sportive ? Il est décidé de manière quasi unanime de n'envoyer aucun sportif européen à l'olympiade américaine. Résultat, seuls sept pays européens sont représentés pour cette IIIe olympiade – Allemagne (17 athlètes), Autriche (2), France (1), Grande-Bretagne (3), Grèce (14), Hongrie (4) et Suisse (1). Et encore, le seul « représentant » français, Albert Corey, ne sera même pas comptabilisé comme tel, car, résidant aux États-Unis, sa participation et ses deux médailles d'argent glanées en athlétisme seront enregistrées sous le drapeau de l'« équipe mixte ».

Les Américains sont furieux du camouflet infligé par les Européens. Ils considèrent avoir plus que contribué au succès des Jeux de Paris 1900, qui auraient pu tourner à la farce sans la présence des 73 athlètes concourant alors sous la bannière de l'Oncle Sam. La presse américaine parle « d'ingratitude » des Français et des Anglais. L'incident diplomatique est proche, d'autant que Pierre de Coubertin et la quasi-totalité du CIO annoncent à leur tour ne pas vouloir faire le voyage. Le Comité international olympique avance 651 participants, dont 645 hommes et 6 femmes originaires de 12 pays, dont 523 Américains !

La fête aurait pu être belle, mais le CIO ne voit pas venir ce qui peut être considéré comme le plus gros scandale de l'histoire des Jeux. Cette olympiade américaine réserve deux jours, les 12 et 13 août 1904, aux « journées anthropologiques ». Les organisateurs de l'Exposition mettent sur pied des compétitions spéciales réservées à ceux que l'Amérique du moment considère comme des « primitifs », voire des « sous-hommes », comme écrit dans le rapport final de l'Exposition. Une centaine d'entre eux, provenant des deux mille indigènes exhibés dans le cadre de la Louisiana Purchase Exposition, dans de véritables zoos humains, sont choisis *manu militari* pour participer aux « olympiades sauvages ». Huit « groupes culturels » sont composés par des tribus indiennes – Crow, Sioux, Pawnee, Navajo, Chippewa et « autres peuples des États-Unis » –, mais aussi des Ainus du Japon, des Cocopa « de Baja California au Mexique », des Syriens de Beyrouth, des « Patagoniens d'Amérique du Sud », des « Zoulous et Pygmées d'Afrique » et trois tribus originaires des Philippines – les Moros, Négritos et Igorots. Le célèbre chef apache, Geronimo, alors âgé de 75 ans, est sommé d'assister aux épreuves depuis les tribunes.

Pour James E. Sullivan, chef du département de culture physique et directeur des Jeux olympiques, les journées anthropologiques ont pour vocation de mettre à mal les rumeurs, selon lui non fondées, sur les capacités athlétiques des « sauvages » et de préserver l'intégrité des Jeux olympiques en leur réservant ces deux journées. Les prévisibles échecs sportifs indigènes annoncent, à ses yeux, le succès prochain des athlètes américains aux épreuves olympiques. Il s'agit de vérifier d'un point de vue « scientifique » les qualités physiques dites « naturelles » des autochtones et de les confronter au mythe existant de la supériorité des « gens de couleur » en leur faisant disputer des épreuves athlétiques anglo-américaines. Les performances sont alors comparées à celles enregistrées par les athlètes blancs.

Le premier jour, il est prévu que les participants s'affrontent entre eux à l'intérieur des huit groupes tribaux prédéfinis, dans des disciplines issues du programme olympique. Dès les premières épreuves, on s'aperçoit que les résultats sont très en dessous des « espérances ». L'épreuve du 100 yards est remportée par George Mentz, présenté comme « *Americanized Indian* », dans un temps (11" 4''') relativement médiocre. Le Pygmée nommé Lamba termine dernier en 14" 3'''. L'auteur du rapport de l'Exposition universelle, et donc des JO de 1904, fait remarquer, aussi hautain que perfide, que « le jeune Africain menait certes une vie au grand air, chassait, courait, nageait, sautait et utilisait l'arc et la lance, et que sa vie pouvait être qualifiée de "naturellement athlétique", mais que, malgré tout, "il lui fallait plus de quatorze secondes pour parcourir cent yards et que n'importe quel athlète américain l'aurait battu avec au moins quarante yards d'écart" ».

La seconde journée révèle « les sauvages » sous un meilleur jour dans certaines de leurs pratiques ancestrales. Un Igorot, originaire des Philippines, grimpe par exemple le long d'une perche de quinze mètres, en vingt secondes. Le lancer de javelot et le tir à l'arc, en revanche, déçoivent les observateurs qui espèrent retrouver dans cette épreuve l'hypothétique habileté des peuples sauvages. Les Pygmées offrent un spectacle improbable avec leur « passe-temps favori », le lancer de boue, qui est alors comparé aux batailles de boules de neige des enfants américains.

Selon les pseudo-scientifiques aux premières loges pour observer ces « piètres performances », la supériorité de la race de type caucasien sur les minorités ethniques est indiscutable, et elle est ainsi prouvée ! Le rapport Spalding l'atteste et offre une véritable leçon d'« ethnographie populaire ». Manque de motivation, morosité, incompréhension des épreuves, entraînement inadéquat ou inexistant et participation forcée sont autant de facteurs limitatifs de la performance des athlètes présents. Reste que ces facteurs, bien qu'identifiés par tous, sont minorés par la suite pour valider la thèse de la supériorité raciale des Blancs et la surestimation des capacités physiques des sauvages. La leçon est éclatante. Les partisans de la discrimination et de la ségrégation raciale, les chantres de l'eugénisme et les défenseurs de l'identité anglo-saxonne, puisent dans la pensée évolutionniste et ses dérivés des arguments pour renouveler l'idéologie raciste. Le sport leur fournit un terrain d'application favorable. L'hypothèse, prévalant alors, assure que les Européens sont la race dominante dans le monde, que ce soit sur les terrains de sport ou les champs de bataille, dans les débats scolaires ou les expertises scientifiques, dans la compétition économique ou les idées politiques. Les « Jeux sauvages » montrèrent, selon l'anthropologue américain McGee, ce qu'ils « savaient de longue date, à savoir que l'homme blanc dirigerait les races du monde, tant physiquement que mentalement ». Un seul représentant du CIO est présent à Saint-Louis. Le créateur du comité olympique hongrois et proche ami du baron de Coubertin, Ferenc Kemény, tente tant bien que mal d'exprimer sa désapprobation face à cette mascarade choquante, mais les organisateurs n'en ont cure. Le baron à particule exprimera quelques années plus tard un commentaire : « Je pressentais que l'Olympiade serait assortie à la ville. » Une « condamnation » bien maigrichonne pour celui qui rédigeait dans la charte olympique le commandement suivant : « Toute discrimination contre un pays ou une personne en raison de sa race, sa religion ou son régime politique est interdite. »

Saint-Louis 1904 propose un total de dix-huit sports, classés plus tard comme officiellement olympiques par le CIO : athlétisme, aviron, boxe, cyclisme sur piste, escrime, football, golf, gymnastique artistique, haltérophilie, lacrosse, lutte à la corde, lutte libre, natation, plongeon, roque, tennis, tir à l'arc et water-polo.

La boxe, le lacrosse, la lutte libre, le décathlon et l'haltérophilie entrent dans le programme olympique, alors que le rugby, l'équitation, la voile, le cricket, le croquet, le jeu de paume et la pelote basque en disparaissent. Pour la première fois dans l'Histoire sont officiellement remises les trois médailles décernées aux trois premiers de chaque épreuve : l'or, l'argent et le bronze.

Certains champions se distinguent tout particulièrement : l'Américain Archie Hahn, *alias* « la comète de Milwaukee », survole les courses de vitesse en remportant le 60 m, le 100 m et le 200 m, tandis que son compatriote James Lightbody domine le 800 m, le 1 500 m et la course de steeple.

Les plus belles performances sont à mettre au crédit de deux gymnastes. Anton Heida décroche six médailles en gymnastique, dont cinq d'or et une d'argent. Il devance son compatriote américain Georges Eyser qui en gagne autant, mais seulement trois en or, deux en argent et une en bronze… Petit détail, Georges Eyser est unijambiste depuis un accident de train survenu dans sa jeunesse. C'est donc avec une jambe de bois qu'il remporte en une seule journée, le 29 octobre 1904, l'or aux barres parallèles, en saut de cheval, au vingt-cinq mètres de grimper de corde, l'argent au cheval d'arçons, dans un concours sur quatre agrès, et le bronze à la barre fixe ! Premier sportif à participer aux JO avec une jambe artificielle, il a indéniablement ouvert une voie qui se conclura bien des années plus tard par la création des Jeux paralympiques.

Depuis Athènes en 1896, le marathon est aux premières olympiades, ce que le cent mètres en athlétisme ou en natation est aux Jeux actuels : l'événement que personne ne veut rater. Le marathon de 1904 entrera dans les annales de la pire mascarade sportive de tous les temps, avec une série d'anecdotes tout aussi improbables que stupéfiantes !

Décidément, les organisateurs américains ont eu tout faux du début à la fin. Ils décident, si l'en fallait, de compliquer un peu plus le marathon en donnant son coup d'envoi en plein après-midi à 15 h 03. Les 32 °C ambiants et les 90 % d'humidité ne leur suffisent pas et ils décident de n'organiser que deux points de ravitaillement d'eau durant les vingt premiers kilomètres, puis plus rien jusqu'à l'arrivée ! Le but est d'observer les effets de la déshydratation sur les athlètes. Et pour encore un peu plus faciliter les choses, le parcours réserve sept collines à monter, certaines avec des pierres fissurées éparpillées sur la chaussée, puis une partie au milieu du trafic routier interurbain, des wagons de tramway et de trains.

À cela, ajoutez-y un casting de trente-deux participants, déjà dégoulinants de sueur avant même le départ, pour obtenir la médaille d'or du plus grand désastre olympique.

La course s'élance et la poignée de marathoniens entraînés à l'exercice prend rapidement la tête durant les cinq tours de piste du Francis Field Stadium. Les charrettes à cheval et les voitures qui escortent la course sont une épreuve supplémentaire : à chaque accélération, les marathoniens mangent littéralement des kilos de poussière dans des nuages indescriptibles. Justement, en voulant éviter *in extremis* un coureur, caché par les volutes de poussière d'un véhicule le précédant, une voiture tombe dans un fossé causant deux blessés graves. Le relief de la course et les conditions cataclysmiques font abandonner les favoris les uns après les autres. À tel point que le Californien William Garcia s'effondre sur le bord de route, agonisant. À force de respirer de la poussière, ce forçat fait une hémorragie, l'œsophage bouché et la muqueuse de l'estomac déchirée. À quelques minutes près, il n'aurait pu être sauvé. Mais la dramaturgie de cette épreuve ne s'arrête pas là, loin de là… Dix Grecs, totalement inexpérimentés dans le marathon, abandonnent chacun leur tour, totalement épuisés. Un facteur cubain, Félix Carbajal, est arrivé aux Jeux après avoir collecté des fonds sur son île. Arrivé à La Nouvelle-Orléans, la félicité n'a pas souri à Félix qui a perdu tout l'argent amassé dans une partie de dés. Ne voulant pas s'avouer vaincu, Carbajal fit le parcours entre La Nouvelle-Orléans et Saint-Louis à pied et en auto-stop. Il se présente alors pour le départ du marathon, totalement affamé, en chaussures de ville et en pantalon. Il finit quatrième de la course, après de nombreuses haltes pour discuter avec des spectateurs et manger des fruits. Des pommes pourries cueillies sur le parcours le forcent à s'allonger de longues minutes pour ennuis gastriques !

Alors qu'ils sont exploités dans un zoo humain de l'Exposition universelle, deux Sud-Africains, Len Tau et Jan Maschiani, ont l'autorisation de se présenter au marathon. Leur rythme est incroyable alors qu'ils courent tous deux pieds nus. Mais à quelques kilomètres de l'arrivée, des chiens errants les prennent en grippe et les forcent à réaliser un détour de plus de deux kilomètres ! Ils finissent 9e et 12e sur 17 arrivants et auraient tout à fait pu prétendre à des médailles olympiques, qui auraient été les premières de l'Afrique. Fred Lorz, un maçon new-yorkais, pénètre dans le stade sous les acclamations de plus de 10 000 spectateurs déchaînés par cette victoire. « Un Américain a gagné ! » hurle la foule. Son triomphe est total, c'est le sommet de sa carrière. La fille du Président, Alice Roosevelt, s'apprête à lui passer la médaille d'or autour du cou quand l'entraîneur de Thomas Hicks, arrivé deuxième, décide de mettre un terme à la supercherie. Lorz, pris de crampes après dix kilomètres de course, a parcouru plus de la moitié de la course dans une voiture, se permettant même au passage de saluer la foule présente sur le bas-côté ! Évidemment mal à l'aise, Lorz essuie alors les huées et les cris de la foule et argue pour se justifier que ce n'était qu'une mauvaise blague ! Mais le vainqueur, Hicks, n'est pas en reste non plus. Il a ingurgité à plusieurs reprises de la strychnine, un équivalent de la mort-aux–rats, permettant de stimuler le système nerveux, accompagnée de blancs d'œufs et de brandy ! Il déclare à l'issue de ce triste spectacle : « Jamais je n'avais disputé une course aussi dure. » On veut bien le croire ! Auréolé de la médaille d'argent, le Français Albert Corey voit son exploit enregistré sous le drapeau de l'« équipe mixte ». Ce n'est qu'en janvier 2021 que le Centre d'études olympiques du CIO tranchera : « M. Corey est le seul participant et médaillé de nationalité française lors de cette édition des Jeux. »

Saint Louis, le roi de France, avait marqué l'Histoire en instaurant la présomption d'innocence, en atténuant l'usage de la torture, et en interdisant l'ordalie et la vengeance privée. Saint-Louis, l'olympiade de 1904, marquera l'histoire olympique par le racisme, la xénophobie, la triche et le dopage…

4

LONDRES 1908

Du Tibre à la Tamise

Nostalgique des Jeux de 1896 et souhaitant réparer ceux de 1900 et 1904, qu'il considère comme de cuisants échecs, le prince Constantin de Grèce souhaite la tenue d'une olympiade en 1906, baptisée les « Jeux de la décennie ». Le CIO ne s'y oppose pas, bien que le projet n'emporte pas l'enthousiasme de Coubertin. 578 athlètes, provenant de 19 pays, dont la France, s'y mesurent à près de 300 Grecs dans 13 sports répartis en 78 épreuves. Comme en 1896, les épreuves sont organisées dans un calendrier « compact », entre le 22 avril et le 2 mai 1906, contrairement aux deux précédentes éditions fiancées à des Expositions universelles et réparties dans un calendrier incompréhensible. Véritable succès, tant du point de vue sportif que de l'organisation, ces Jeux posent les jalons des traditions cérémoniales toujours en cours aujourd'hui, comme le défilé des athlètes par délégation lors de la cérémonie d'ouverture, et l'organisation de la cérémonie officielle de remise des médailles.

Ce n'est que quarante ans plus tard, en 1949, qu'une commission officielle du CIO se penche sur le sujet. Athènes 1906 ont-ils été ou non des Jeux à part entière ? Reconnaître le côté olympique de cet événement, c'est laisser la possibilité aux Grecs de renouveler l'expérience, c'est aussi briser le rythme quadriennal si cher au baron… Le rapport de la commission ne reconnaît pas ces Jeux comme officiels, et ils seront affublés du titre de « Jeux intercalaires » ou encore de « Jeux intérimaires ».

Et pourtant, les athlètes français y avaient particulièrement brillé, finissant sur la plus haute marche au classement des nations avec un total de 40 médailles (15 or, 9 argent et 16 bronze), loin devant les 24 médailles des États-Unis (12 or, 6 argent et 6 bronze) et les 34 grecques (8 or, 13 argent et 13 bronze). Ces Jeux grecs de l'entre-deux seront les premiers et les derniers à avoir lieu.

L'histoire de la « véritable » IVe olympiade de Londres débute par un drame survenu en Italie, plus précisément dans les alentours de Naples, près du Vésuve. Dans la nuit du 4 avril 1906, une terrible éruption volcanique ravage les villages voisins du monstre naturel. Les pierres, les cendres et la fange bouillante répandent la mort, tuant directement les gens ou les écrasant sous les ruines des maisons et des édifices. Le bilan est terrible : 216 morts, 34 000 blessés et des centaines de milliers de sans-abri. Naples et la région paient un très lourd tribut. De nombreux villages sont totalement rayés de la carte et des quartiers entiers de la deuxième cité méditerranéenne sont dévastés. La reconstruction sera longue et surtout très onéreuse. Face à ce constat et par solidarité nationale, Rome se retire de l'organisation des Jeux de 1908, qui lui avaient été attribués en juin 1904.

En novembre 1906, le CIO se réunit en urgence et désigne Londres pour accueillir l'olympiade.

Les Britanniques mettent immédiatement en place une organisation huilée et efficace face à un calendrier extrêmement contraint. L'olympiade est couplée avec l'Exposition franco-britannique, célébrant l'entente cordiale signée entre les deux pays en 1904. Les organisateurs du comité national olympique britannique ne veulent pas que les deux événements ne se fassent de l'ombre et imaginent quatre périodes distinctes pour la tenue des vingt-deux sports au programme. Les « Jeux de printemps » sont réservés de mai à juin au jeu de paume, au jeu de raquettes, au polo et au tennis. Les « Jeux d'été » font la part belle en juillet aux sports olympiques plus traditionnels : athlétisme, cyclisme, escrime, gymnastique, lutte, natation, plongeon, tir, tir à l'arc, tir à la corde et water-polo. Les « Jeux nautiques », soit la voile, l'aviron et le motonautisme, se tiennent de fin juillet à fin août, tandis que les « Jeux d'hiver », boxe, crosse, hockey sur gazon, football, patinage artistique et rugby, sont regroupés en octobre.

Tirant les enseignements des premiers Jeux et souhaitant rivaliser avec le succès d'Athènes 1896, les Britanniques savent que des JO ne peuvent être réussis sans un centre névralgique digne de ce nom. À l'image du Stade panathénaïque, qui fut le cœur des exploits de la Ire olympiade moderne, ils lancent la construction de l'immense White City Stadium dans l'Ouest londonien. Sorti de terre en moins de dix mois, il révolutionne les enceintes sportives. Avec 68 000 places assises et 23 000 places debout, il propose le tout en un : une piste de cyclisme en béton au plus proche des tribunes, suivie d'une piste d'athlétisme, elle-même adjacente à une piscine et un plongeoir face à la tribune d'honneur, et évidemment une immense pelouse en son centre.

Les Jeux s'apprêtent à être lancés. Un membre du CIO, Eugenio Brunetta d'Usseaux, propose l'idée d'un classement officiel entre nations. Sûrs d'eux, les Américains avancent qu'ils remporteront haut la main ce « trophée du championnat olympique » en terre anglaise. Les locaux ne l'entendent évidemment pas de cette oreille et mettent eux-mêmes en place les règles de la quasi-totalité des épreuves et désignent les juges, tous Britanniques. Les Américains, offusqués par la démarche concurrente, contestent le système de ce classement par nations. Alors présent à Londres pour la cinquième conférence des évêques anglicans, l'évêque de Pennsylvanie, Mgr Ethelbert Talbot, prêche en ce 19 juillet 1908 en la cathédrale Saint-Paul et évoque le sujet de discorde entre les deux délégations. Il prononce alors une phrase qui restera gravée dans l'histoire olympique : « Notre récompense n'est pas corruptible mais incorruptible, et même si seule une personne peut porter la couronne de laurier, tout le monde peut partager la même joie de la compétition. » Coubertin est présent dans l'assistance et s'accaparera la formule en la réadaptant : « Le plus important aux Jeux olympiques n'est pas de gagner mais de participer, car l'important dans la vie ce n'est point le triomphe mais le combat. L'essentiel, ce n'est pas d'avoir vaincu mais de s'être bien battu. » Cette célèbre maxime, toujours résonnante de nos jours, est officiellement devenue le credo olympique à Los Angeles en 1932, où elle apparaissait en lettres géantes sur l'immense panneau d'affichage du stade lors de la cérémonie d'ouverture. Les Américains ont peut-être ainsi symboliquement souhaité rendre à César ce qui appartient à César…

Le White City Stadium est officiellement inauguré lors de la cérémonie d'ouverture le 13 juillet 1908. L'idée grecque de 1906 de faire défiler les délégations des athlètes est reprise. Les 22 délégations effectuent fièrement, derrière leur drapeau national, un tour de stade. Contrairement au cérémonial actuel, l'équipe grecque n'ouvre pas le défilé des athlètes, cette tradition verra le jour à Amsterdam en 1928. La géopolitique fait également son entrée dans le stade. Les Finlandais, alors sous suzeraineté russe, refusent de défiler derrière le drapeau russe et progressent à part, sans aucun drapeau. Leurs voisins suédois sont absents de l'événement, leur drapeau ayant été oublié, les 172 athlètes olympiques venant de Suède, vexés, refusent de participer à la cérémonie. Et pour « couronner » le tout, le porte-drapeau américain, certainement encore chafouin de la polémique précédemment évoquée mais à coup sûr particulièrement provocateur, refuse de se soumettre à la tradition de baisser son drapeau en passant devant le roi d'Angleterre, Édouard VII, arguant que la bannière étoilée ne s'incline devant aucun monarque temporel !

On passe près de l'incident diplomatique, mais le roi ne réagit pas à l'affront et déclare quelques instants plus tard les Jeux officiellement ouverts.

Quelques jours plus tard, la famille royale impose au monde sportif des desiderata incroyables. Selon la légende, les enfants de la famille royale souhaitent absolument voir le départ de la célèbre course du marathon depuis la pelouse du château de Windsor. Et comme la course doit s'achever sur la piste du stade olympique, il est décidé d'allonger la distance officielle du marathon de 40 km à 42,195 km. Ces 42,195 km deviendront en 1921 la distance officielle du marathon.

La fameuse course, qui a livré tant de péripéties lors des trois précédents olympiques, va entrer dans l'histoire des Jeux olympiques en ce 24 juillet 1908. Ils sont 55 à se présenter sur la ligne de départ devant le château royal, dont 13 Britanniques, 12 Canadiens, 7 Américains, et aucun Grec. Avec 26 °C au thermomètre en ce début d'après-midi, la course s'annonce splendide et les Londoniens ne veulent pas rater l'événement. Ils sont plusieurs centaines de milliers répartis sur le parcours, et le White City Stadium fait le plein. Jusqu'à la mi-course, 3 Anglais mènent les débats, pour la plus grande joie de leurs compatriotes. Au 20e kilomètre, un Sud-Africain, Charles Hefferon, s'empare de la tête devant un Italien, Dorando Pietri, et un Américain, John Hayes. Alors qu'il compte quatre minutes de retard sur Hefferon à 10 km de l'arrivée, Pietri livre un effort surhumain pour le rattraper à 3 km de la ligne d'arrivée. La course est sublime. L'Africain n'a plus d'énergie, il est dépassé par Hayes.

Pietri s'apprête à pénétrer dans le stade, la clameur est extraordinaire. Mais, alors qu'il n'est qu'à 200 m du sacre, l'Italien s'effondre sur le sol, la défaillance physique est terrible. Il est allé au bout de ses forces. Le public hurle « Aidez-le, aidez-le ! ». L'Italien haut comme trois pommes – il mesure 1 m 59 – se relève malgré tout. Le public frise l'hystérie collective et le porte par sa clameur pour le pousser jusqu'à son Graal. Patatra, Pietri retombe, cette fois-ci à une petite dizaine de mètres de la ligne. Immédiatement, des spectateurs, dont un certain Conan Doyle, le créateur de Sherlock Holmes, accourent lui porter de l'aide. La scène est surréaliste. Pietri, vacillant et agonisant mais n'ayant rien demandé à personne, est porté par plusieurs spectateurs sur les derniers mètres. Lorsqu'il coupe le fil de laine, symbole de sa victoire, Pietri n'est ni italien ni anglais, mais un champion olympique qui procure alors une émotion unique au public réuni, dont la reine Alexandra, émerveillée par la scène. Immédiatement, on place Pietri sur un brancard pour l'amener à l'hôpital. Hayes franchit à son tour la ligne d'arrivée, suivi d'Hefferon.

Les Américains portent immédiatement réclamation du fait que l'Italien ait bénéficié d'une aide extérieure. Après de longues tergiversations, les juges disqualifient Pietri. Hayes, également au bout de ses forces, est le nouveau champion olympique du marathon. Il est hissé sur une table pour réaliser son tour de stade. Ce qui devait être un honneur pour l'Américain devient un chemin de croix. Le public, furieux de ce qu'il considère comme une énorme injustice, préfère prendre parti pour l'Italien et conspue vivement le nouveau récipiendaire. Plus tard, le malheureux déclarera sur cette finale épique : « Quand j'ai entendu la foule crier et que j'ai su que j'avais pratiquement gagné, j'ai senti un frisson me parcourir et mes forces me quitter. Je suis tombé, j'ai lutté pour me diriger vers la ligne d'arrivée et je suis tombé à nouveau. Mais je n'ai jamais perdu connaissance et, si l'on ne m'avait pas aidé, je suis sûr que j'aurais pu terminer tout seul. » Le dernier jour des Jeux, la reine Alexandra tient à féliciter l'Italien pour sa performance et réparer en quelque sorte l'injustice en lui remettant une splendide coupe en argent. Pietri réalise alors un tour d'honneur sous les vives acclamations du stade, sorte de pied de nez aux Américains.

Les athlètes de l'Oncle Sam ne sont décidément pas des modèles de sportivité et de fair-play durant cette olympiade. Deux incidents illustrent l'état d'esprit de cette rivalité anglo-américaine. Lors de l'épreuve de tir à la corde, appelée officiellement lutte à la corde, deux équipes de huit athlètes s'affrontent. La règle est simple : la première équipe à tirer l'autre pour la faire franchir une ligne de six pieds depuis son point de départ est déclarée gagnante. Les Anglais présentent trois équipes en 1908, toutes composées de policiers : la « City of London Police », la « Liverpool Police », et la « Metropolitan Police "K" Division ». En quart de finale, l'équipe de Liverpool affronte les Américains. Ces derniers sont largement battus mais portent réclamation pour un prétexte incroyable : ils reprochent aux policiers britanniques d'avoir concouru avec leurs bottes de service, qui selon eux étaient bien plus propices à des appuis solides. Les juges, tous Anglais, rappelons-le, écartent la revendication. Au final, les trois équipes anglaises remportent les trois médailles de la compétition.

Départ de la finale du 400 m. Quatre athlètes se présentent sur la ligne de départ : un Britannique, Wyndham Halswelle, et trois Américains, William Robbins, John Carpenter et John Taylor. Halswelle est archifavori après avoir enregistré un nouveau record olympique en demi-finale avec 48" 4"'. Robbins effectue un départ fulgurant, suivi de près par son compatriote Carpenter et de l'Anglais. Il n'existait pas de couloirs pour les courses de 400 m et les coureurs avaient la possibilité de se placer où ils le souhaitaient sur la piste. Alors qu'Halswelle semble rattraper Robbins, Carpenter fait un écart, court en diagonale et coupe l'effort du Britannique. Bien que certains pays, comme les États-Unis, autorisent aux coureurs de se gêner durant la course, cela est interdit aux Jeux olympiques. Les juges décident d'annuler la course et de la refaire courir, tout en disqualifiant Carpenter. Pour éviter que ce genre d'incident ne se reproduise, ils demandent à l'organisation de tracer des couloirs pour la deuxième course en utilisant des cordes. Hors d'eux, les deux autres Américains refusent de repartir. Ils crient à l'injustice, encore. C'est donc un Halswelle, seul, mais dans un stade rallié à sa cause, qui accomplit en cinquante secondes la finale du 400 m olympique, pour ce qui sera la seule et unique victoire par abandon dans l'histoire olympique. Cet incident entraîne la mise en place systématique de couloirs pour le 400 m et est également à l'origine de la création de l'International Amateur Athletic Federation en 1912, qui œuvre depuis à l'homogénéisation des règles de l'athlétisme.

John Taylor, qui s'était retiré de la finale par solidarité avec ses compatriotes, va briller quelques jours plus tard. Il remporte la médaille d'or, avec trois autres relayeurs, dans l'épreuve du relais olympique. Cette discipline, disparue aujourd'hui, consiste à réaliser successivement, par quatre coureurs différents, deux 200 m, un 400 m et un 800 m. John Taylor survole le 400 m et devient ainsi le premier champion olympique afro-américain. Drôle de destin que le sien. Ce descendant d'une famille d'esclaves avait obtenu son diplôme de vétérinaire en 1902 après des études brillantes, tout en demeurant invaincu sur les pistes d'athlétisme. Vingt-huit ans avant le triomphe de Jesse Owens à Berlin, Taylor est le héros de l'Amérique d'avant-guerre, cette même Amérique où le racisme et la ségrégation sont encore si fortement ancrés. Alors âgé de 26 ans, il succombera cinq mois après les Jeux de Londres à une fièvre typhoïde.

Un autre héros de cette olympiade, tombé aujourd'hui dans l'oubli, a marqué à jamais le livre olympique de ses exploits. L'Américain Raymond Clarence « Ray » Ewry souffre durant son enfance de la poliomyélite et grandit dans un fauteuil roulant. Il vainc la maladie et se lance corps et âme dans le sport, se spécialisant dans les disciplines de saut sans élan. Il va exercer un règne sans partage sur ce sport défunt aujourd'hui. Ewry décroche l'or en saut en hauteur sans élan, en saut en longueur sans élan et en triple saut sans élan aux JO de Paris 1900, puis aux JO de Saint-Louis 1904. Aux Jeux « intermédiaires » de 1906, il poursuit sa mainmise dans les sauts en hauteur et en longueur et renouvelle la performance en 1908 à Londres dans ces deux mêmes épreuves. Avec huit médailles d'or, plus les deux non reconnues par l'olympisme en 1906, il fait partie des plus grands champions de l'Histoire. Il entre officiellement au Panthéon du sport américain en 1974 avec la création du Temple de la renommée de l'athlétisme des États-Unis, qui le reconnaît comme l'un de ses plus grands athlètes.

Au bilan des médailles, la Grande-Bretagne arrive largement en tête avec 146 médailles (56 en or, 51 en argent et 39 en bronze), devant les 47 des États-Unis (23 en or, 12 en argent et 12 en bronze) et les surprenants Suédois qui récoltent 25 breloques (8 en or, 6 en argent et 11 en bronze). La France finit quatrième avec 19 médailles (5 en or, 5 en argent et 9 en bronze).

5

STOCKHOLM 1912

Que les « vrais » Jeux commencent

La Vᵉ olympiade organisée en Suède donne l'occasion au baron de Coubertin de matérialiser un peu plus sa vision de l'olympisme moderne et d'écarter tout ce qu'il considérait comme néfaste à son bon fonctionnement. Premier obstacle enfin surmonté : les Jeux de Stockholm 1912 représentent un événement à part entière, et non plus juxtaposé et étouffé par une exposition universelle, transnationale ou commerciale comme lors des trois dernières éditions. La fête du sport se tient sur une courte durée, du 6 au 22 juillet 1912, dans un format maîtrisé et encadré par le CIO, que le Baron préside toujours.

Deuxième objectif atteint : l'universalité devient pour la première fois une réalité. Les cinq continents sont représentés. Aux vingt nations européennes et aux trois américaines, États-Unis, Canada et Chili, s'ajoutent l'Australasie, soit l'Australie et la Nouvelle-Zélande pour l'Océanie, le Japon et l'Empire ottoman pour l'Asie, ainsi que l'Afrique du Sud et l'Égypte pour le continent africain.

Le programme des sports et des épreuves est préparé bien en amont de l'événement et le fonctionnement de disciplines imposées et de sports additionnels prend corps. Comparé au programme londonien, le CIO écarte le rugby, le golf et le tir à l'arc. La boxe est également absente, mais pour une tout autre raison. Le « noble art » pâtit d'une très mauvaise réputation en Suède qui en a interdit sa pratique en amateur pour protéger la jeunesse du royaume. En 1969, la boxe professionnelle sera à son tour interdite et ne pourra rouvrir ses rings qu'en 2007.

Stockholm 1912 permet à Coubertin d'intégrer deux nouvelles disciplines incontournables à ses yeux. Après une tentative infructueuse en 1908 à Londres, le baron fait inclure au programme les jeux artistiques. Les participants doivent réaliser des œuvres s'inspirant du sport dans cinq catégories : architecture, littérature, musique, peinture et sculpture. Seuls trente-cinq artistes participent à la joute. Parmi eux, un certain duo dénommé Hohrod et Eschbach épate le jury de littérature par un poème en prose de neuf strophes bilingues en français et allemand, intitulé *L'Ode au sport,* dont voici la dernière strophe : « Ô Sport, tu es la Paix ! Tu établis des rapports heureux entre les peuples en les rapprochant dans le culte de la force contrôlée, organisée et maîtresse d'elle-même. Par toi la jeunesse universelle apprend à se respecter et ainsi la diversité des qualités nationales devient la source d'une généreuse et pacifique émulation. » Des mots dans les langues de Goethe et de Voltaire qui résonnent d'autant plus dans le contexte de tensions permanentes entre la France et l'Allemagne, qui amèneront à la déclaration de guerre entre les deux nations quelques mois plus tard. Les auteurs ont parfaitement compris l'esprit olympique, l'esprit de Coubertin, cet appel à la paix, à la fraternité par le sport, tandis que la diplomatie ne parvient pas à trouver de solution. La médaille d'or leur revient évidemment.

Mais qui sont-ils exactement ces Hohrod et Eschbach ? La vérité est rapidement révélée. Le duo n'est en fait qu'une seule et unique personne… Pierre de Coubertin ! Le baron a concouru, comme tout un chacun, préservant son anonymat pour être traité et jugé d'une manière identique et équitable comme ses concurrents. Le créateur des Jeux modernes et président du CIO jubile ! Son nom est inscrit à tout jamais au palmarès olympique. Un seul champion olympique parviendra ensuite à devenir président du CIO, Thomas Bach, médaillé d'or en fleuret par équipe aux JO de 1976 à Montréal. Mais pourquoi Hohrod et Eschbach ? Jean Durry, directeur du Musée national du sport en France et membre de la commission du CIO pour la culture et l'éducation olympique, découvrira fortuitement en 1996 le pot aux roses. C'est lors d'une balade dans la montagne vosgienne, là même où Coubertin se plaisait à se changer les idées en compagnie de femme et enfants, que Jean Durry apprend l'existence de ces deux stations estivales au panorama splendide. Tellement splendide que Coubertin se les remémora au moment de choisir un pseudonyme littéraire.

Lors de la 14e session du CIO en mai 1911 à Budapest, le pentathlon moderne est officiellement intégré comme sport olympique. Cette discipline trouve ses racines dans les Jeux olympiques antiques où les athlètes pratiquaient le pentathlon grec, soit l'enchaînement de cinq sports, faisant appel à des qualités précises : le lancer du disque, le lancer de javelot, le saut en longueur, la course d'un stade (soit près de deux cents mètres) et la lutte. Coubertin reprend l'idée en rendant la discipline encore plus improbable : épreuves de pistolet, d'escrime, de natation, d'équitation et de course. Une discipline qui, selon son créateur, est l'apothéose du sport, car faisant appel à des « qualités mentales, physiques et le talent d'un homme, faisant de ce dernier un athlète complet ». De 1912 à 1980, le pentathlon moderne se tenait sur cinq journées, à raison d'un sport par jour, alors que depuis 1980 la discipline se déroule sur une seule journée, laissant place à un enchaînement particulièrement exigeant pour les sportifs.

Le décathlon et le pentathlon font leur retour aux Jeux, après une première apparition à Saint-Louis en 1904. Certaines épreuves, comme le lancer du marteau ou la marche, sont écartées et ces combinés de sports prennent la forme qu'on leur connaît aujourd'hui, soit pour le décathlon le saut en longueur, le saut en hauteur, le saut à la perche, le lancer du poids, le lancer de disque, le lancer de javelot, le 100 m, le 110 m haies, le 400 m et le 1 500 m. Et pour le pentathlon : le saut en longueur, le lancer du javelot, le lancer de disque, le 200 m et le 1 500 m. C'est un Américain, d'origine indienne, Jim Thorpe, qui maîtrise ces deux épreuves en décrochant les deux médailles d'or. Cet incroyable athlète connaît plusieurs carrières : d'abord en football américain, il émerveille dans le championnat universitaire avec l'équipe de Carlisle. Le croisant comme adversaire sur un terrain, le futur Président américain, Dwight Eisenhower, le citera dans un discours en 1961 : « Ici et là il y a des gens qui sont suprêmement doués. Mes souvenirs remontent à Jim Thorpe. Il ne s'est jamais entraîné de sa vie, et il ne pouvait réussir mieux que n'importe quel autre joueur de football que je n'aie jamais vu. » Thorpe brille également dans le championnat universitaire de base-ball. Fort de bonnes bases en saut en longueur, il se prépare à cette discipline pour les Jeux de 1912, tout comme au cent dix mètres haies et au lancer de poids. Lorsqu'il apprend que le décathlon et le pentathlon sont au programme olympique, il découvre pour la première fois la perche, le javelot, le marteau et le disque quelques mois avant le début de l'événement. Son éclectisme en fait une des stars de Stockholm. Un an après les Jeux, des soupçons pèsent sur le fait que Thorpe aurait touché de l'argent dans des matchs de base-ball. Le CIO ne plaisante pas avec le sujet et, fervent défenseur de l'amateurisme de ses étendards, lui retire en 1913 ses deux médailles olympiques puis le radie à vie ! Pour 60 dollars récupérés après une victoire où il marqua tous les points de son équipe. C'est donc le Suédois Hugo Wieslander, pourtant relégué à près de 700 points au classement du décathlon, qui récupère le titre. Le champion indien devient alors professionnel en base-ball et évolue jusqu'en 1922 dans les meilleures équipes du pays, tout en continuant sa carrière en football américain. Il évolue aussi à très haut niveau en basket-ball. Une fois les crampons, battes et autres ballons rangés au placard, il se lance dans une carrière au cinéma. Il apparaît dans des seconds rôles ou comme figurant dans plus de 60 films hollywoodiens jusqu'à sa mort en 1953.

Après des années de réclamations, le CIO lui restitue ses titres olympiques en 1982, vingt-neuf ans après sa mort. Sa fille récupère les deux médailles de son incroyable champion de père. Cette exceptionnelle polyvalence, qui a vu Thorpe pratiquer quatre sports à haut niveau, lui vaut une reconnaissance du monde du sport américain en 2012. Suite à une enquête réalisée par le média *ABC Sports*, le champion est nommé « meilleur athlète du XXe siècle », devançant des figures du sport comme Mohamed Ali, Michael Jordan ou encore Jesse Owens.

Ces Jeux correspondent à une avancée technologique importante en athlétisme. Pour la première fois un système électromécanique à « fil coupé » est utilisé par les officiels, permettant une révolution dans la précision du chronométrage au 1/10 pour les épreuves sur piste. Stockholm 1912 regorge d'histoires incroyables, aussi stupéfiantes les unes que les autres. Le marathon de Londres et la dramatique arrivée de l'Italien Pietri ayant marqué les esprits, le comité d'organisation des Jeux suédois fait tout son possible pour réduire au maximum les risques pour les coureurs. Chaque concurrent se présentant sur la ligne de départ doit fournir un certificat en bonne et due forme, prouvant ses capacités physiques à relever le défi. Des postes de secours sont disséminés tout au long du parcours composés d'équipes médicales et d'ambulances prêtes à intervenir si un marathonien se sent mal. Les routes sont balayées et arrosées pour éviter la poussière, pour ne pas voir un concurrent, comme Garcia en 1904 à Saint-Louis, se retrouver asphyxié par les volutes décuplées par le passage des véhicules suiveurs. Ceux-ci sont d'ailleurs interdits à Stockholm et le trafic routier est paralysé une heure avant et une heure après le passage de la course. Mais rien n'y fait, la malédiction va s'abattre une nouvelle fois sur l'épreuve, la rendant toujours plus mythique.

Ils ont eu beau essayer de tout anticiper, les organisateurs ne pouvaient s'attendre à la chaleur écrasante pesant en ce début d'après-midi du dimanche 14 juillet 1912 dans la capitale suédoise. Une météo exceptionnelle mais rarissime. Les 68 participants se voient offrir une serviette imbibée d'eau fraîche pour refroidir tant que possible les organismes. Le départ est donné à 13 h 48, la foule exulte. Sur les 64 partants, le peloton s'amenuise petit à petit et la moitié des coureurs sont contraints à l'abandon. En tête de course, deux Sud-Africains, Kenneth McArthur et Christopher Gitsham, mènent les débats, suivis d'un Américain Gaston Strobino. Menant le train à un rythme d'enfer, ils ne voient pas les deux histoires incroyables qui sont en train de se nouer loin derrière eux. Au 30e kilomètre, Francisco Lázaro, Portugais de 21 ans, triple champion national en marathon, s'effondre alors qu'il n'avait jusque-là montré aucun signe de faiblesse. Les secours prépositionnés interviennent rapidement et le transportent à l'hôpital. Lázaro meurt quelques heures plus tard. Le monde sportif est sous le choc. Le lendemain, la presse portugaise lui rend un hommage grandiloquent : « Il est mort comme le soldat de Marathon, en combattant comme un héros dans l'accomplissement de son devoir. » La cause de sa mort n'est pourtant pas très glorieuse, la graisse que le malheureux s'était passée sur le corps pour se protéger du soleil a entraîné une asphyxie partielle.

Mourir dans la plus belle compétition sportive de la planète est d'une rareté absolue. Le cycliste danois Knud Enemark décède à 24 ans lors de l'épreuve de contre-la-montre des Jeux de Rome 1960, victime de la chaleur frisant les 42 °C, cumulée à l'absorption de produits dopants. En 1992, lors des Jeux d'hiver d'Albertville, le skieur suisse Nicolas Bochatay effectue un dernier entraînement avant la finale de ski de vitesse. Il percute de plein fouet une dameuse. Il laisse deux orphelins. En février 2010, lors des Jeux de Vancouver, le lugeur géorgien Nodar Kumaritashvili, 22 ans, perd le contrôle de son engin lancé à 140 km/h et heurte très violemment un pylône métallique. Il meurt sur le coup.

Les trois Japonais présents aux Jeux de 1912 sont des stars locales au pays du Soleil-Levant. Leurs concitoyens se sont même cotisés pour les aider à réaliser leur rêve de participer aux Jeux et de porter haut les couleurs nationales. Le voyage de dix-huit jours pour rejoindre la Suède est une épreuve en tant que tel. Shizō Kanakuri est le premier Asiatique de l'Histoire à participer au marathon olympique. La terrible course de Stockholm voit donc une suite d'abandons se succéder. Les officiels les enregistrent au fur et à mesure. Quand le Norvégien Ole Olsen franchit la ligne d'arrivée en 3' 36" 35, tout le monde est persuadé qu'il n'est pas le dernier, le Japonais manque encore à l'appel. Les organisateurs, les juges et le public attendent, attendent… point de Kanakuri à l'horizon. L'inquiétude commence à envahir l'assemblée. Une annonce est faite au micro du stade. On compte et recompte les abandons, des officiels refont le parcours en sens inverse, mais aucune trace. L'athlète a littéralement disparu. La police enquête mais ne trouve aucun indice. Un appel à témoins est lancé dans la presse. Aucun résultat. Kanakuri est le disparu de Stockholm ! D'abord inquiétante, son histoire tombe ensuite dans l'oubli pendant plusieurs décennies.

Ce n'est qu'en 1962, à l'occasion du 50e anniversaire de l'olympiade suédoise, que l'énigme va être résolue. Des journalistes mènent l'enquête au Japon et, après de minutieuses recherches, retrouvent Shizō Kanakuri, devenu professeur de géographie dans la ville de Tanama. Il livre alors une histoire stupéfiante. Usé par l'épreuve, il ne pense qu'à abandonner à partir du 30e kilomètre. Il remarque alors un couple qui observe la course, confortablement installé sur le seuil de sa maison en sirotant un jus. Kanakuri s'arrête et demande au local de lui servir un verre. En voyant l'athlète exténué, le Suédois lui offre non seulement la boisson mais lui propose aussi l'hospitalité et l'invite à s'allonger quelques minutes dans son lit, pour récupérer un peu et finir ensuite la course. Le Japonais accepte volontiers et s'effondre de fatigue. Il ne s'est pas ménagé entre son interminable voyage et cette course aux conditions dantesques ! Promis, cette pause ne sera que de quelques minutes. Kanakuri s'allonge donc aux alentours de 16 heures en ce dimanche, pour se réveiller le lundi matin !

Ses hôtes bienveillants, qui avaient pitié de lui et ne voulaient pas interrompre un sommeil qui semblait si apaisant, l'ont donc laissé dormir. Prenons quelques instants pour nous mettre à la place de Kanakuri et imaginer la réaction qui a été la sienne au moment du réveil. Pétrifié, ne sachant quoi faire, le Japonais enfile des vêtements offerts par le couple suédois, qui lui paie également un billet de train. Il rentre ainsi dans la plus grande discrétion vers son pays, couvert d'une honte absolue de devoir raconter son histoire. En 1967, alors qu'il est âgé de 76 ans, Kanakuri revient à Stockholm pour finir sa course inachevée. Devant une foule importante, il finit ainsi, au petit trot, les mètres qui l'obsédaient tant ! Son marathon s'achève donc, après 54 ans, 8 mois, 6 jours, 8 heures, 32 minutes, 20 secondes et 3 dixièmes !

Des athlètes russes connaissent également une drôle d'olympiade à Stockholm… Lors du premier tour qualificatif en football, la Russie s'incline contre la Finlande et affronte l'Allemagne au stade Tranebergs de Stockholm pour son deuxième match. Le football n'en est qu'à ses prémices en Russie, qui a rejoint la FIFA quelques mois plus tôt et participe en Suède à son premier tournoi international. Sous les yeux du tsar Nicolas II, la Russie se fait littéralement écraser par l'Allemagne sur le score de 16-0. Le tsar est vexé, d'autant plus que le duel entre la Russie et l'Allemagne est en train de s'affirmer sur le plan géopolitique, la Russie appartenant à la Triple Entente avec la France et le Royaume-Uni, et l'Allemagne à la Triple Alliance avec l'Autriche-Hongrie et l'Italie. En guise de punition, le tsar refuse de payer les billets de retour aux joueurs russes qui en seront de leurs roubles personnels. Quelques mois plus tard, la guerre des Balkans éclate et va dégénérer pour aboutir à la Première Guerre mondiale.

6

ANVERS 1920

Dans un monde à l'Anvers

Peu avant le début des Jeux de 1912, le CIO se réunit à Stockholm pour départager les villes candidates à l'organisation des Jeux de 1916. Budapest, Alexandrie et Berlin souhaitent accueillir la VIe olympiade. Cité phare de la culture physique, Berlin est désignée. Ce choix, largement appuyé par Coubertin, symbolise l'esprit que le CIO souhaite développer avec l'olympisme : dépasser les clivages diplomatiques et politiques par la neutralité du sport.

En 1914, le conflit mondial explose mais personne n'imagine alors qu'il s'éternisera. Les Cubains et les Américains se positionnent comme solution de repli, mais Coubertin et le CIO écartent cette proposition de secours. Comprenant en 1915 que le conflit s'enlise, Coubertin prend deux décisions majeures pour assurer la pérennité de l'olympisme. Il établit tout d'abord le siège du CIO à Lausanne en Suisse, symbole évident de neutralité, et non pas dans la ville hôte des prochains Jeux, Berlin, comme il est alors de coutume. Il assoit ensuite officiellement la chronologie des Jeux. Athènes 1896 sera à jamais la Ire olympiade, Paris la IIe, Saint-Louis la IIIe, Londres la IVe, Stockholm la Ve et Berlin la VIe, qu'elle ait lieu ou non. Ce choix qui peut paraître anecdotique rend en fait la chronologie et le calendrier des Jeux inexorables. Les Jeux de 1920 représenteront la VIIe olympiade, peu importe les événements politiques, tout comme ceux de 1924 la VIIIe et ainsi de suite. S'ancrer dans le marbre, devenir incontournable pour asseoir définitivement la légitimité de l'événement.

Le 28 juin 1914, le prince François-Ferdinand d'Autriche et son épouse la duchesse de Hohenberg, couple héritier du trône austro-hongrois, sont assassinés par un jeune nationaliste serbe, Gavrilo Princip. La guerre mondiale débute entre deux grands blocs, la Triple-Entente et la Triple-Alliance. Bien qu'elle bénéficie d'un statut de neutralité permanente, la Belgique va payer un lourd tribut dès les premières heures du conflit. L'Allemagne impériale, qui a placé la région de la Wallonie au centre de son plan d'invasion de la France, viole la neutralité belge, qui avait cours depuis 1830. L'armée allemande fait subir un calvaire à la population locale entre le 5 et le 26 août 1914. Plus de 5 000 civils sont fusillés dans une centaine de communes et plus de 15 000 maisons sont détruites. Ces exactions d'une extrême violence vont finir par convaincre l'opinion publique, notamment aux États-Unis et en Grande-Bretagne, qu'il est nécessaire d'entrer en guerre contre l'Allemagne. Le monde est sous le choc, des réfugiés belges parlent de massacres, de mains coupées, d'églises incendiées, de mises à sac… La guerre devient mondiale.

En 1915, le CIO se rend à l'évidence et annule définitivement la VIe olympiade de Berlin. L'olympisme ne peut être entaché par une telle abomination. La valeureuse et héroïque Belgique, alors sous occupation allemande, dépose sa candidature pour organiser les Jeux de 1920 à Anvers, si bien sûr les circonstances le permettent. Un accord est trouvé entre la cité flamande et la ville de Lyon, autre candidat affirmé aux

Jeux. Si Anvers se retire de l'organisation de la VIIe olympiade, Lyon prendra le relais. Si Anvers se maintient, Lyon ne se placera pas en concurrence et se positionnera pour la VIIIe olympiade. Les horreurs de la guerre devaient encore durer trois longues années avant que l'Armistice ne soit signé.

Très vite en 1918 Coubertin se rapproche du comité olympique belge. Il veut le convaincre que des Jeux à Anvers en 1920 sont possibles et peuvent être synonymes de vitalité pour l'aider à se relever du traumatisme de la Grande Guerre. Le 5 avril 1919, la commune belge est officiellement désignée comme ville hôte. Il lui reste alors seize mois pour tout mettre en œuvre avant la cérémonie d'ouverture. Le défi est considérable en sachant que les écorchures de la guerre sont encore vivaces. Anvers est en ruines, il n'y a plus de gare, ni tramway, ni logements pour les athlètes et encore moins d'hôtels. Le pays se met en branle et parvient à remettre la cité sur pied. Le Gouvernement met la main à la poche et finance la moitié de la somme prévue pour construire les infrastructures olympiques, comme le stade et la piscine. La ville d'Anvers, une aide de la commune de Bruxelles, et les dons de particuliers complètent le budget olympique. Les organisateurs belges font preuve d'une incroyable efficacité, s'appuyant sur l'expérience olympique des Suédois, des Britanniques et des Français. Les écoles anversoises sont mises à disposition pour héberger les sportifs, des particuliers prêtent leur logement pour les officiels, certaines délégations, à l'instar de celle des Pays-Bas ou une partie des Américains, auront leur pied à terre sur des navires mouillant dans le port de la cité. Beaucoup d'athlètes dormiront sur des lits de camp durant l'olympiade, mais est-ce bien là l'important ?

Vingt-neuf nations sont présentes, un record, et 2 626 athlètes, dont 65 femmes, sont inscrits dans les 20 sports et 154 épreuves olympiques. Aux disciplines obligatoires, le comité belge propose des sports optionnels : rugby, hockey sur gazon, hockey sur glace, tir à l'arc, polo, golf, patinage artistique et ski. Les disciplines de saut sans élan disparaissent du concours, tandis que le tir à la corde se dispute pour la dernière fois dans une olympiade. Les épreuves de ski et de golf sont finalement annulées et le tir à l'arc va faire sa dernière apparition avant 1972.

En 1913, le baron de Coubertin imagine un symbole représentant l'universalité de son si cher événement. Lui vient l'idée d'un drapeau représentant cinq anneaux de couleur, bleu, jaune, vert, noir et rouge, sur fond blanc. Dans l'inconscient populaire, chaque anneau représente en soi un continent. La vérité est un peu plus complexe. Pour Coubertin : « Ainsi dessiné, il est symbolique ; il représente les cinq parties du monde unies par l'olympisme et ses six couleurs reproduisent celles de tous les drapeaux qui flottent à travers l'univers de nos jours. » En résumé, chaque drapeau de n'importe quel pays du monde compte au moins une des six couleurs de ce symbole olympique. Initialement prévu pour être hissé pour la première fois dans un stade olympique à Berlin, le drapeau flottera au mât de la mairie de Lausanne de 1913 à 1920, profitant de la douce neutralité helvète, en attendant de retrouver les clameurs d'une olympiade.

La cérémonie officielle d'ouverture se déroule le 14 août 1920, alors que de nombreuses compétitions se sont déjà achevées. Après le lancement des Jeux par le roi des Belges, le drapeau olympique est hissé au-dessus du stade accompagné de trompettes thébaines au son si particulier, celles-là mêmes utilisées par Verdi dans son célèbre opéra *Aïda*. La solennité atteint son paroxysme quand des colombes, ou des pigeons selon les témoignages, sont lâchées dans le ciel anversois. Le porte-drapeau belge, Victor Boin, un héros de guerre médaillé en water-polo en 1908 et 1912 et qui décrochera l'argent à l'épée par équipes quelques jours plus tard, monte à la tribune du stade et devient le premier à proclamer le serment solennel des athlètes : « Nous jurons de prendre part aux Jeux olympiques en compétiteurs loyaux, d'observer scrupuleusement les règlements et de faire preuve d'un esprit chevaleresque pour la gloire de nos pays et pour la gloire du sport. » Ce serment a quelque peu évolué depuis, pour réunir aujourd'hui l'engagement des athlètes, des juges, des entraîneurs et des officiels, la cérémonie d'ouverture s'éternisant quelque peu avec autant d'engagements. Ce qui donne maintenant une version plus épurée et laïque : « Au nom des athlètes. Au nom de tous les juges. Au nom des entraîneurs et des officiels. Nous promettons que nous prendrons part à ces Jeux olympiques en respectant et en suivant les règles qui les régissent, et ce dans un esprit de sportivité. Nous nous engageons pour un sport sans dopage et sans tricherie. Nous le faisons pour la gloire du sport, pour l'honneur de nos équipes et dans le respect des principes fondamentaux de l'olympisme. » Il n'est donc plus question dorénavant de jurer mais de promettre, aux oubliettes l'esprit chevaleresque et place à la sportivité. À chaque époque son vocabulaire…

Alors que plusieurs nations font leurs premiers pas sur la scène olympique, Brésil, Estonie, Nouvelle-Zélande, Tchécoslovaquie, Monaco et Yougoslavie, d'autres manquent cruellement à l'appel. Gêné par le fait d'exclure *manu militari* les pays vaincus de la Première Guerre mondiale, tenus responsables du déclenchement du conflit, le CIO décide de ne pas « inviter » l'Allemagne, l'Autriche, la Hongrie, l'Empire ottoman et la Bulgarie. Les canons se sont tus sur les champs de bataille mais le terrain sportif apparaît pour la première fois très politisé. D'ailleurs le passage de la forte délégation française, composée de quatre cent neuf athlètes, est vivement ovationné par les spectateurs présents. Le magazine *La Vie au grand air* présentera, le lendemain dans ses colonnes, l'équipe tricolore comme « une véritable armée », c'est dire…

Même si de nombreux sportifs étaient quelques mois auparavant, l'arme au poing, sur les champs de bataille ou avaient subi de terribles drames causés par le conflit, les exploits sportifs ont été au rendez-vous d'Anvers. La grande salle du jardin zoologique est le théâtre du sacre du boxeur américain Edward Eagan dans la catégorie des mi-lourds. Ce boxeur de Denver, fils de cheminot, a jusque-là brillé sur les bancs universitaires en y menant avec brio des études de droit à Yale. Il sert en France dans l'armée américaine lors de la Première Guerre mondiale comme lieutenant d'artillerie. Eagan profite des vacances universitaires pour rejoindre le tournoi olympique de boxe. Après avoir dominé un Sud-Africain puis un Britannique, « Eddie » s'attend à un combat particulièrement difficile pour le titre olympique face au coriace Norvégien Sverre Sorsdal et l'emporte devant une belle adversité. Malgré ce titre, Eagan n'envisage nullement de se consacrer à la boxe et poursuit son admirable parcours universitaire en intégrant l'école de droit de Harvard en 1922 puis Oxford en Grande-Bretagne. En 1924 aux JO de Paris, il est vite éliminé dès le premier tour. Mais le fabuleux destin d'Edward Eagan ne s'arrête pas là. Devenu avocat, il met de nouveau sa carrière entre parenthèses le temps d'une olympiade. Il rejoint ainsi l'équipe de bobsleigh à quatre et participe aux Jeux olympiques d'hiver de Lake Placid de 1932. Les Américains écrasent la compétition. Edward Eagan devient ainsi le seul et unique athlète olympique à se parer d'or dans un sport d'été et un sport d'hiver. Jamais sa performance n'a été égalée. Lors de la Seconde Guerre mondiale, Edward sert à nouveau sous les drapeaux de l'Oncle Sam, cette fois-ci avec le grade de colonel. Décédé en 1967, il est introduit en 1983 au temple de la renommée olympique des États-Unis.

Autre destin tout aussi incroyable que celui de Philip Noel-Baker. Arrivé sixième sur le 1 500 m de Stockholm 1912, Noel-Baker décroche l'argent en 1920, derrière son compatriote Albert Hill. C'est sur le terrain politique et diplomatique que le Britannique remporte ensuite ses plus belles victoires. Élu au parlement anglais en 1929, il occupe de nombreux postes stratégiques, comme secrétaire d'État aux Relations du Commonwealth ou encore ministre de l'Organisation des Jeux olympiques de Londres 1948. Il fait partie de la délégation britannique de la future Organisation des Nations unies et contribue à la rédaction de la Charte des Nations unies. Son engagement permanent pour le désarmement lui vaut le prix Nobel de la paix le 10 décembre 1959. À la réception du prix, il délivre ces mots forts : « Que reste-t-il des principes de moralité sur lesquels a été édifiée notre civilisation occidentale ? Comment la course aux armements peut-elle prendre fin ? J'aborde le sujet par une affirmation sans détour : c'est un non-sens de parler de désarmement si l'on ne croit pas que la guerre, toute guerre, peut être abolie. » Il est le seul médaillé olympique à avoir été récipiendaire d'une telle distinction.

« Duke » Kahanamoku est un nageur américain né à Hawaii. Surnommé « l'homme poisson », « Duke » grandit en passant la majeure partie de son temps dans et sur l'eau. Surfeur intrépide, il est l'un des premiers sportifs à avoir utilisé une planche à voile. En 1912 à Stockholm, il s'approprie la nage du crawl et règle très vite les débats en décrochant le titre du 100 m. Huit ans plus tard, il renouvelle la performance à Anvers. La piscine olympique est assez éloignée du stade central, mais la natation attire toutefois la grande foule. La piscine est située dans le fossé d'un bastion des fortifications de la cité belge, dont le talus est transformé en gradins étagés où plus de 5 000 spectateurs se pressent. Kahanamoku doit se frotter à l'élite du moment, dont deux de ses compatriotes, Kehuola et Norman Ross. Le nageur hawaïen surclasse la concurrence en battant à l'occasion le record du monde. La légende raconte que le « Duke » se permet, lors d'une finale nationale, un geste, que seul Usain Bolt a eu un jour l'audace de rééditer en mondovision lors d'une finale de championnat du monde d'athlétisme : il relève la tête à 20 m de l'arrivée pour évaluer son avance sur ses poursuivants ! En 1924, il n'y a qu'un Tarzan qui peut le battre sur le 100 m. Kahanamoku est battu, pour la première et seule fois lors d'une olympiade, par son compatriote Johnny Weissmuller, qui revêtira ensuite le « court » costume de Tarzan au cinéma. « Duke » tape aussi dans l'œil des producteurs hollywoodiens. Il jouera ainsi de nombreux rôles et donnera même la réplique au fameux John Wayne. Il entre dans la légende en étant le héros d'un incroyable sauvetage en 1925 au large de Newport Beach. Alors qu'il est comme à son habitude sur sa planche de surf à braver les rouleaux, « Duke » voit un yacht en perdition sur le point de couler. Ni une ni deux, il se lance à toute allure en direction du drame. Il sauve les huit membres du yacht, qui auraient pu périr sans l'intervention du champion. Les techniques de surf et de nage qu'il a inventées sont toujours pratiquées de nos jours, notamment en Australie où un culte est toujours voué au nom de Kahanamoku.

En ce 23 août 1920, l'ambiance est électrique au stade de tennis d'Anvers. Le gazon, coupé au millimètre, s'apprête à devenir l'arène du duel entre deux lauréates du renommé tournoi de Wimbledon. D'un côté, la Britannique expérimentée Winifred McNair, 43 ans, victorieuse à Wimbledon en double et finaliste en simple en 1913. Elle représente l'école de tennis britannique, efficace au style baroque. De l'autre côté, la Française Suzanne Lenglen, que le journal *L'Écho de Paris* présente ainsi le 25 août 1920 : « Voilà donc une femme – une jeune fille, devrions-nous dire, car elle n'a pas franchi le cap de ses vingt ans – dont la célébrité égale, si elle ne surpasse, celle des vedettes les plus connues du théâtre et du cinéma [...]. Ce qui différencie Mlle Lenglen de toutes les autres grandes raquettes féminines, c'est un jeu qu'elle est parvenue à masculiniser, sans toutefois lui rien faire perdre de sa grâce. Elle joue comme un homme, qui joue très bien. » Effectivement, la Britannique ne fait pas le poids et se fait dominer 6-0, 6-0 par le style virevoltant, rythmé et stylisé de celle qui deviendra la première star internationale du tennis et la première joueuse professionnelle de l'Histoire. Suzanne Lenglen ne concède en tout et pour tout que trois jeux dans l'olympiade contre Edith Dorothy Holman en finale (6-3, 6-0). Mieux, elle remporte l'or en double mixte avec son partenaire Max Decugis et ne s'incline qu'en demi-finale du double féminin avec Élisabeth d'Ayen, avec qui elle décroche le bronze. Ces trois médailles olympiques sont les seules décrochées par celle qui a rendu la préparation physique et les entraînements incontournables à la performance. Entre 1919 et 1926, date de sa retraite chez les amateurs, la « diva magnifique » ne concède qu'une seule défaite en simple. Son palmarès est sans égal : 241 titres remportés dont 13 majeurs en simple, dont 6 victoires à Roland-Garros entre 1920 et 1926 et autant à Wimbledon entre 1919 et 1925. Ce symbole avant-gardiste de la libération féminine s'éteint le 4 juillet 1938 à Paris à l'âge de 39 ans, foudroyée par le premier adversaire beaucoup plus fort qu'elle : la leucémie. En 1985, la Fédération française de tennis lui rend hommage en baptisant le deuxième central de Roland-Garros « court Suzanne Lenglen ».

Une bande de frêles gamins suédois aux visages angéliques se présente à la piscine olympique pour les épreuves de plongeon. Nils Skoglund vient à peine de souffler ses quatorze bougies quelques jours auparavant, tandis qu'Aileen Riggin a tous les airs d'une petite fille du haut de ses 14 ans, 3 mois, 1 m 40 et 29,5 kg. Helen Wainwright est de deux mois son aînée. Derrière les expérimentés Américains, la classe biberon suédoise fait tout de même des merveilles. Skoglund prend la deuxième place du plongeon ordinaire, soit quatre plongeons à réaliser en courant et debout à 5 m et à 10 m, en devançant le champion olympique de 1912, son compatriote Erik Adlerz. Chez les femmes, Riggin décroche l'or en tremplin et Wainwright l'argent.

Les records de précocité pour des médaillés olympiques sont détenus par un gymnaste grec âgé de 10 ans et 218 jours, Dimitrios Loundras, qui décroche le bronze aux barres parallèles par équipes aux JO de 1896, et par l'Italienne Luigina Giavotti avec l'argent en gymnastique par équipes en 1928 à l'âge de 11 ans et 302 jours !

7

PARIS 1924

Du fait du prince au « roi de la jungle »

Coubertin n'a qu'une idée en tête, attribuer à sa ville de naissance, Paris, l'organisation de la VIIIe olympiade. L'édition de 1900 reste une désillusion pour le baron. Le retour de sa progéniture sportive dans la capitale française bouclerait la boucle et il quitterait la présidence du CIO par la grande porte, comme il l'a prévu pour 1924. Mais beaucoup ne l'entendent pas de cette oreille et les candidatures adverses affluent. La ville de Lyon n'avait-elle pas passé un pacte olympique pour laisser les Jeux à Anvers en 1920 ? Rome ne peut-elle pas rattraper son histoire après l'édition avortée de 1908 finalement transférée à Londres ? Et pourquoi pas Amsterdam, Los Angeles, Prague ou Barcelone, elles aussi très intéressées et aux arguments solides ?

Coubertin est parfaitement conscient que les choses ne seront pas aussi simples et il profite du congrès olympique, se tenant à Lausanne du 26 mai au 12 juin 1921, pour réaliser ce qu'il appellera plus tard « un coup d'État dans toute sa beauté ». Profitant de son statut présidentiel et de son aura historique sur l'événement, Coubertin joue ce que l'on appelle aux échecs un *zugzwang*, un coup contraint que l'on est logiquement obligé de jouer. Il raconte, à la troisième personne, dans ses *Mémoires* ce moment : « à l'heure où il juge son œuvre personnelle près d'être achevée, nul ne contestera au rénovateur des Jeux olympiques le droit de demander qu'une faveur exceptionnelle soit faite à sa ville natale, Paris [...]. Je veux donc, loyalement, vous prévenir, mes chers collègues, que lors de notre prochaine réunion, je ferai appel à vous afin qu'en cette grande circonstance vous me consentiez le sacrifice de vos préférences et de vos intérêts nationaux et que vous acceptiez d'attribuer la IXe olympiade à Amsterdam et de proclamer Paris siège de la VIIIe ».

Qui peut alors s'opposer à cette requête si chère au créateur de l'œuvre ? Qui peut avoir la hardiesse de lui refuser cette faveur ? En plus de programmer pour la première fois l'organisation de deux olympiades consécutives, Coubertin décide qu'il est temps de scinder officiellement en deux les épreuves olympiques en Jeux d'hiver et en Jeux d'été. À Paris l'olympiade estivale, à Chamonix l'hivernale. De nombreux représentants olympiques étrangers sont sidérés par l'habile manœuvre, d'autres sont excédés, à l'image des Italiens qui quittent, sans un mot, la session olympique en signe de protestation. Trop tard pour s'opposer au baron, les « jeux sont faits ».

De 1896 à 1920, les athlètes olympiques, accueillis par la ville hôte, ont connu de véritables casse-tête s'agissant du logement, tantôt hébergés dans des hôtels, des bâtiments publics ou militaires, tantôt chez des particuliers, ou même sur des bateaux. Le CIO prend alors le sujet à bras-le-corps et rédige un document fondateur : « Les règlements et protocole de la célébration des olympiades modernes et des Jeux olympiques quadriennaux ». Outre les principes fondamentaux de la Charte olympique, le cérémonial d'ouverture et de clôture, ou encore la définition précise de l'amateurisme sportif autorisé à concourir, le document contient une nouveauté majeure dans son chapitre « Logement » : « Le comité organisateur des Jeux olympiques est tenu de fournir aux athlètes des logements, les objets de couchage et la nourriture, à un prix forfaitaire qui devra être fixé préalablement par tête et par jour ; les frais doivent être supportés par les nations participantes qui seront également responsables des dégâts occasionnés par leurs athlètes. » Le village olympique est né !

À son arrivée dans la capitale parisienne, l'athlète olympique est invité à se rendre à Colombes pour prendre ses quartiers. Bien qu'elle porte l'intitulé de « Paris 1924 », c'est bien dans la commune des Hauts-de-Seine que bat le cœur de la VIIIe olympiade. L'ancien champ de course, devenu stade du Matin en 1907, est alors le plus grand complexe sportif jamais construit en France. Le Racing Club de France, locataire des terrains, s'engage à porter la capacité du stade de Colombes à 60 000 places, en échange de 50 % des recettes de l'événement. Soulagement des politiques parisiens qui ne voulaient pas entreprendre des travaux pharaoniques sur le seul terrain disponible dans la capitale, à l'emplacement de l'actuel parc des Princes. C'est donc un stade et un village olympiques qui permettent à Colombes d'être officieusement ville hôte de cet événement.

Sur le boulevard de Valmy, juste à côté du stade olympique, les athlètes sont hébergés dans des baraquements de bois, meublés, prévus pour trois personnes. Dans les ruelles, de nombreux services sont mis à disposition : bureau de poste, bureau de change, garde d'objets, blanchisserie, kiosque à journaux, salon de coiffure, service télégraphique et téléphonique… Tout est prévu pour rendre le séjour le plus agréable possible, même des lavabos à eau courante et des douches chaudes sont à disposition. Le grand luxe en résumé d'autant plus que partout l'électricité fonctionne parfaitement !

Côté popote, le menu est le même pour tous, quelle que soit sa terre de provenance. Le petit déjeuner est au choix, composé de café au lait ou chocolat ou thé avec pain, beurre, confiture ou deux œufs avec jambon et thé ; le repas du midi consiste en un hors-d'œuvre – poisson, ou entrée ou un œuf – d'un plat de viande, de légumes, d'un fromage et d'un fruit. Pour les boissons, l'athlète de 1924 peut choisir entre une demi-bouteille de vin rouge ou de vin blanc, ou une canette de bière, ou de l'eau minérale. Le repas du soir est assez similaire à celui du midi, avec un potage en plus. Le tout pour 55 francs quotidiens. Ce village est un progrès indéniable dans l'histoire olympique, et année après année, le concept ne cessera de se développer, comme un reflet matériel de la société. Ce n'est qu'à Melbourne 1956 que les femmes disposeront pour la première fois d'un quartier spécifique dans le village olympique, interdit aux hommes. En 1984 à Los Angeles, les sportifs seront logés par délégations et la séparation des sexes disparaît. En 1924 à Paris, les 135 sportives engagées doivent se résoudre à trouver des hôtels parisiens. Certaines délégations jouent les difficiles et refusent de séjourner au village. Les Américains prennent leurs quartiers à Rocquencourt, et des automobiles doivent venir les chercher chaque jour pour les conduire sur les sites olympiques. Les Suédois ont quant à eux loué 4 villas à Bois-Colombes où ils poussent le luxe d'installer dans l'un des jardins un bain de vapeur, dont eux seuls connaissent alors les bienfaits. D'autres sites franciliens accueillent des épreuves olympiques, comme le stand de tir national de Versailles pour le tir de chasse, l'hippodrome d'Auteuil pour l'équitation, le Vélodrome d'hiver pour la boxe, la lutte et l'haltérophilie, ou encore le bassin d'Argenteuil pour l'aviron. Plus loin, Reims reçoit les épreuves de tir et Meulan et Le Havre les régates de voile.

C'est la foule des grands jours en ce samedi 5 juillet 1924. Les plus fortunés paradent dans leurs automobiles dernier cri. On voit ici quelques « Quadrilettes » de Peugeot, ou là des « Petites Citrons » de Citroën. D'autres optent pour les autobus, mais aussi les bateaux, profitant d'un service de liaison entre Colombes, Saint-Denis et Argenteuil. Et comme l'administration des chemins de fer de l'État a eu la bonne idée de créer une halte olympique à quelques encablures du stade, la majorité a privilégié le train. La liesse populaire qui se dégage de la foule se rendant au stade est décuplée par l'esprit de fête régnant dans la Cité de la Seine, où tout est fait pour appâter le chaland : marchands de cartes postales et d'insignes aux couleurs des nations participantes, kiosques à journaux, bars, cafés et même dancings ! Colombes a des airs de fête foraine géante, où les odeurs de barbecues côtoient un brouhaha permanent. Une fois à l'intérieur du stade, l'heureux spectateur découvre alors une enceinte aux dimensions gigantesques : 2 tribunes de 20 000 places chacune aux extrémités de la piste d'athlétisme, et 2 autres de 10 000 places, couvertes, le long du stade. Au-dessous des tribunes, plus de 40 vestiaires peuvent accueillir jusqu'à 1 200 athlètes simultanément, et proposent douches chaudes et électricité.

Le rituel olympique peut alors débuter. La France apporte une petite nouveauté en inaugurant la cérémonie d'un survol d'avions. Le public exulte ! Les 3 089 athlètes font alors leur entrée dans le stade, réunis derrière les 44 drapeaux des nations engagées. Le chef d'État du pays hôte, en l'occurrence le président de la République française, Gaston Doumergue, proclame l'ouverture de la VIIIe olympiade. Dans la tribune officielle, le tout-Paris s'affiche. On peut y voir Gustave Doret, Ravel, Stravinski, Paul Claudel ou encore Paul Valéry. Six ans après la fin de la guerre, la capitale française est une fête quotidienne, et vibre d'une effervescence artistique permanente. Et comme les Jeux proposent aussi leurs joutes artistiques, les grands noms de l'époque veulent être aux premières loges.

Sur la pelouse s'avance une figure incontournable du sport français de l'époque : Georges André, *alias* Géo André, *alias* « Le bison du Racing », *alias* « l'homme complet ». Oui, beaucoup d'*alias* pour ce personnage qui participe à Paris à sa quatrième et dernière olympiade. Lui qui a été prisonnier des Allemands pendant la Première Guerre mondiale, et qui est enfin parvenu à s'échapper après sa sixième tentative d'évasion. Blessé par balle à la cheville, Géo a reçu la médaille militaire en 1918. Il se présente à la foule de Colombes, non pas comme un blessé de guerre, mais comme un sportif à l'éclectisme incroyable, qui est aujourd'hui porte-drapeau de la France et s'apprête à prononcer le serment olympique au nom de tous les athlètes engagés. Un innovant réseau de haut-parleurs installé dans le stade permet à chacun d'entendre les mots exhortés. André effectue le salut olympique, la main gauche tenant le drapeau aux 5 anneaux et la main droite tendue. Ce geste sera quelques années plus tard totalement dénaturé, accaparé par les nazis, qui en feront leur salut. Géo a connu 8 sélections avec l'équipe de France de rugby avant de se spécialiser en athlétisme, dans 13 disciplines différentes, et obtient 12 titres de champion de France, l'argent olympique en hauteur en 1908 et le bronze au relais 4 × 400 m aux JO de 1920. À 35 ans, ce moment solennel du serment est une reconnaissance de la nation du chemin accompli. Quelques jours plus tard, Géo finit à la malheureuse 4e place du 400 m haies. Vivant en Algérie lors de la Seconde Guerre mondiale, il s'engage alors dans l'infanterie des corps francs d'Afrique et meurt au combat le 4 mai 1943 près de Tunis.

Une fois le serment prêté, un immense drapeau olympique est hissé sur le mât du stade. Pour la première fois, et bien qu'ils aient été adoptés par le CIO dès 1894, trois mots latins, *Citius*, *Altius*, *Fortius*, deviennent officiellement la devise olympique. Le baron de Coubertin est ému d'observer ici la matérialisation d'un travail de plus de trente ans. Du côté des 44 nations présentes, plusieurs font leurs premiers pas olympiques : Équateur, Irlande, Lituanie, Lettonie, Pologne, Philippines et Uruguay. Les 5 continents sont une fois de plus représentés. Absentes en 1920, l'Autriche, la Hongrie, la Bulgarie et la Turquie sont de retour. L'Allemagne n'est, pour sa part, pas invitée par le comité d'organisation français, qui argue ne pas être en mesure d'assurer la sécurité de sa délégation durant les Jeux. Cent vingt-six épreuves dans 17 sports sont au programme. Le rugby, pourtant présent en 1900, 1908 et 1920, est disputé pour la dernière fois à Paris, avant son retour, sous la forme à VII et non à XV, en 2016 à Rio. *Idem* pour le tennis qui redeviendra olympique seulement en 1988. Quatre sports sont en plus proposés en démonstration et ne sont donc pas officiels : la savate, le canoë canadien, la pelote basque et la canne de combat.

Si un sportif a écrit son nom en lettres d'or lors des Jeux 1924, c'est bien Paavo Nurmi, le Finlandais. Déjà célèbre pour ses 4 médailles glanées à Anvers – or en cross individuel, en cross par équipes et sur le 10 000 m et argent sur le 5 000 m –, il va stupéfier le public parisien. Le 10 juillet, Nurmi s'impose en menant de bout en bout la finale du 1 500 m. Moins de deux heures plus tard, il est de retour sur la piste pour la finale du 5 000 m. Son plus coriace adversaire est un compatriote, Ville Ritola, qui a remporté quelques jours plus tôt le 10 000 m et le 3 000 m steeple. Nurmi remporte la course à 2/10 de seconde de Ritola au terme d'un sprint final haletant. Deux jours plus tard, il fait près de 45 °C dans la plaine de Colombes quand 38 concurrents se présentent sur la ligne de départ du cross-country, longue de 10 650 m. Nurmi, qui compare la course à pied à de la mathématique, avance sans être atteint le moins du monde par les conditions infernales et suffocantes. Alors qu'il trace sa route sans se soucier de l'adversité, derrière c'est l'hécatombe ! Ses concurrents s'écroulent les uns après les autres, 23 abandonnent la course. Alors qu'il franchit le premier la ligne d'arrivée, la tête haute et ne montrant quasiment aucun signe de fatigue, Nurmi pense déjà à sa course du lendemain. Il s'adjuge encore la victoire sur 3 000 m par équipes et réalise l'incroyable exploit de remporter 5 médailles d'or en l'espace de sept jours de compétition !

Stadionin jumalat ovat suomalaisia, « les dieux du stade sont Finlandais » ! Le marathon est remporté par Albin Stenroos en 2 h 41' 22", avec près de six minutes d'avance sur l'Italien Romeo Bertini (2 h 47' 19"). Entre 1912 et 1936, ceux que l'on surnomme alors les « Finlandais volants » vont exercer un règne sans partage sur le demi-fond olympique : 5 médailles en 1912, 6 en 1920, 12 en 1924, 10 en 1928, 5 en 1932 et 7 en 1936. Soit l'époustouflant total de 45 médailles glanées par les coureurs finlandais en 6 olympiades !

Autre figure incontournable de Paris 1924, entré au panthéon des sportifs olympiques : Johann Peter Weissmuller, plus connu sous le prénom de Johnny. Né en 1904 en Hongrie d'une famille allemande, le futur « Tarzan » du cinéma a pourtant failli ne jamais connaître la renommée. Sa famille émigre aux États-Unis alors qu'il n'a que 7 mois. À la chute de l'Empire austro-hongrois en 1918, Johnny est considéré comme apatride et ne peut donc porter les couleurs de son pays d'adoption lors des épreuves internationales. Il se fait alors passer pour son frère cadet, Peter Jr, qui, lui, est bien né sur le sol américain, pour participer aux Jeux de Paris. Alors âgé de 19 ans et venant de battre le record du monde du 100 m, le faisant passer pour la première fois de l'Histoire sous la barre symbolique de la minute, Weissmuller va devenir la vedette incontestable de Paris. Il n'égale pas l'incroyable performance du taciturne et discret Nurmi, mais parvient tout de même à rafler 3 médailles d'or en trois jours sur 100 m, 400 m et sur le relais 4 × 200 m et 1 médaille de bronze en water-polo. Il ajoutera deux autres titres olympiques en 100 m et 4 × 200 m en 1928, où il est porte-drapeau de la délégation américaine lors de la cérémonie d'ouverture des Jeux d'Amsterdam. Durant sa carrière de nageur, il n'a jamais perdu une seule course ! Il remporte 52 titres de champion des États-Unis et établit en tout et pour tout 28 records du monde, dont certains demeureront plus de dix ans !

À son retour de Paris, le champion baigne dans la gloire. La nationalité américaine lui est officiellement reconnue. C'est en 1932 qu'il est choisi pour incarner au cinéma le « seigneur de la jungle », le premier parlant à l'écran. Il endosse à 19 reprises le rôle de Tarzan entre 1932 et 1947 et impose sa plastique impeccable. Son fameux cri va traverser les décennies. Il achève sa carrière cinématographique à 51 ans et sombre, perdu dans la folie et ruiné par les pensions alimentaires de ses 5 ex-femmes. Il finit interné dans un hôpital psychiatrique d'Acapulco, où il meurt en 1984 à 79 ans.

8

AMSTERDAM 1928

Tout feu tout flamme

Le feu a toujours été revêtu d'une force symbolique. Les vestales de la Rome antique entretenaient son culte. Dans le Mexique ancien, allumer un feu au début de la nouvelle année représentait un acte sacré. Chez les Grecs anciens, le feu occupait une place fondamentale dans la culture, dans les cultes et dans leur mysticisme. Le feu était à l'origine la propriété des dieux, que Prométhée est un jour venu leur dérober pour l'offrir aux hommes dans le but de les éclairer, devenant de la sorte le créateur de toute civilisation. Un « feu sacré » perpétuel brûlait dans le Prytanée au sanctuaire d'Olympie, où des grands banquets étaient offerts aux athlètes olympiques à la fin des Jeux. Les Grecs honoraient leurs dieux durant les lampadédromies, des courses aux flambeaux qui consistaient en un relais depuis un feu sacré jusqu'à un autel. À Athènes, durant les Panathénées, une course était également organisée en hommage à Prométhée. Cinq équipes d'une quarantaine d'hommes se confrontaient dans une course, un flambeau dans la main, qui devait rester allumé jusqu'à la ligne d'arrivée. La première équipe arrivée avait l'honneur d'allumer l'autel de Prométhée. Le feu, force assimilée à celle de l'esprit et à la lumière, est aussi cette flamme intérieure qui monte à travers le corps pour porter l'homme vers le divin.

Toute cette symbolique est matérialisée pour la première fois le 28 juillet 1928 durant la cérémonie d'ouverture des Jeux d'Amsterdam. Le cérémonial habituel précédant l'olympiade débute devant les 40 000 spectateurs de l'Olympisch Stadion. L'entrée des délégations a évolué et ce sont les Grecs qui ouvrent désormais le défilé des athlètes, achevé par la délégation du pays hôte. Après la proclamation officielle de l'ouverture des Jeux par le prince consort Henrik de Hollande, et le serment olympique par Harry Dénis, capitaine de l'équipe de football olympique des Pays-Bas, une grande nouveauté apparaît, rendant l'instant encore plus solennel. Sur une idée de Coubertin, grand helléniste dans l'âme, la flamme olympique fait son entrée dans l'enceinte. Après un tour de piste du flambeau, la vasque située sur la grande tour du stade est embrasée, et restera flamboyante durant l'intégralité de l'olympiade. Cette symbolique du feu demeure aujourd'hui encore un passage incontournable et un moment clé des Jeux.

Deux grands absents sont toutefois à noter lors de cette cérémonie. Le premier est Pierre de Coubertin. Le baron, qui a passé en mai 1925 le témoin de la présidence du CIO à un autre aristocrate, le comte belge Henri de Baillet-Latour, adresse tout de même un message qui est lu à tous les athlètes et participants de la IXe olympiade : « C'est avec un regret profond que je dois renoncer, étant malade, à me trouver au milieu de vous [...]. Je vous demande de conserver et d'entretenir parmi vous la flamme de l'olympisme rénové et de maintenir les principes et les institutions qui lui sont nécessaires. »

Seconde grande absente, et non des moindres, au défilé des nations : la délégation française. La défection des athlètes tricolores à la grande messe olympique résulte d'incidents successifs avec le… gardien du stade ! L'édition du journal *Excelsior* du 28 juillet 1928 relate le premier accrochage : « Sur une autorisation officielle, des athlètes français s'étaient rendus au Stade olympique en vue, non de s'entraîner, mais d'essayer la piste et les sautoirs. Alors que les équipes étrangères s'entraînaient et d'autres pénétraient au même moment, le gardien empêcha l'équipe française d'entrer. À la suite de protestations, le gardien a frappé M. Méricamp, secrétaire de la fédération d'athlétisme, qui fût sérieusement blessé sous l'œil droit. » L'affaire prend d'énormes proportions quand la rumeur circule que la bagarre avait opposé les sportifs français aux Allemands, de retour dans le cercle olympique à Amsterdam et présents au moment de l'incartade dans l'enceinte du stade. Le comte Justinien Clary, alors président du comité olympique français, exige des excuses et des sanctions contre le Cerbère fautif, mais celles-ci n'arrivent pas immédiatement. Contrairement à ce qui est affirmé ici et là, l'absence des Français à l'ouverture des Jeux ne résulte en rien d'un boycott de leur part suite à la réintroduction de l'Allemagne. Le lendemain du pugilat, les Français se rendent en car, comme toutes les autres nations, pour la cérémonie. *Le Petit Provençal* du 29 juillet 1928 relate les faits : « Les athlètes français étaient arrivés cet après-midi pour participer à la cérémonie. Ils trouvèrent le même gardien qu'hier qui refusa de laisser pénétrer leurs voitures à l'intérieur du stade, allant même jusqu'à exiger que les équipiers français défilent devant lui. » C'en est trop pour les Bleus. Les deux cent trente et un athlètes descendent de leurs cars – et oui il y a bien eu des Français capables un jour de descendre d'un bus ! – et laissent là le drapeau tricolore et le panonceau « France » devant servir pour la cérémonie. Les commissaires olympiques tentent de les convaincre, en vain. Le mal est fait. Après les Finlandais, ce sont les Haïtiens qui les suivent lors du défilé des délégations, et non les Français. On frise l'incident diplomatique, certains hurlent à la francophobie. Le soir même, l'affaire trouve son épilogue avec les excuses officielles du baron Schimmelpfenninck, président du comité olympique néerlandais, et le déplacement d'office du fautif. Pierre Lewden, médaillé de bronze en saut en hauteur à Paris et porte-drapeau français désigné pour la cérémonie d'Amsterdam, est invité au siège du comité d'organisation. Il proclame le serment olympique au nom des athlètes français devant des officiels penauds et soulagés. On n'entendra plus jamais parler du gardien caractériel ni des raisons qui l'avaient poussé à être si agressif avec les Français…

Le comité d'organisation hollandais apporte plusieurs nouveautés à l'événement. Face à la démocratisation de l'automobile et l'utilisation déjà très importante des bicyclettes par la population locale, les organisateurs réservent un immense espace à proximité du stade olympique pour le parking des véhicules. Le rapport des Jeux de 1928 détaille le sujet : 13 400 bicyclettes et 26 028 autos données en garde durant l'intégralité de l'événement. En coordination avec la police locale, des cartes de stationnement sont imaginées pour faciliter l'accès à leurs heureux détenteurs. Les Néerlandais souhaitent informer en temps réel les spectateurs présents dans le stade des résultats des différents concours se déroulant sous leurs yeux. À Paris, ce sont 25 hommes qui s'occupaient en permanence du tableau du stade de Colombes qui avait parfaitement accompli sa mission. De nombreux essais et expériences sont menés en amont des Jeux d'Amsterdam pour moderniser le système, mais la solution électrique n'est pas satisfaisante et le comité d'organisation doit se résoudre à employer le moyen le plus efficace : la force manuelle. Les dimensions de ce tableau sont telles que 560 lettres et chiffres peuvent être affichés en même temps. Une organisation militaire est donc mise en place pour sa gestion : un détachement de matelots se charge d'y accrocher les bons panneaux et de hisser les drapeaux adéquats, sous les ordres d'un directeur de tableau, en contact téléphonique permanent avec la direction sportive. L'enjeu de la mission est primordial. Hisser le drapeau des trois premiers sur le mât central, informant ainsi immédiatement l'orchestre sur l'hymne national à jouer, n'est pas anecdotique. Hors de question de s'emmêler les pinceaux ou de commettre le moindre impair, les sentiments nationaux étant trop exacerbés et la cérémonie protocolaire des médailles trop symbolique.

1928 correspond aussi au mariage qui se scelle, et qui perdure jusqu'à aujourd'hui, entre l'olympisme et la marque de boissons gazeuses Coca-Cola. D'après le site de la multinationale, « un navire de fret est arrivé avec l'équipe américaine et 1 000 caisses de Coca-Cola. Les bouteilles étaient alors vendues dans des kiosques situés autour du stade olympique et le long du bassin d'aviron. Toutefois, à l'exception d'affichettes personnalisées créées par un étudiant américain en arts et placées au-dessus des entrées du stade, aucune publicité ni aucun matériel promotionnel ne reliait Coca-Cola aux Jeux ». Bien que critiquée par les opposants à la « malbouffe », la firme américaine se targue d'être partenaire de 204 comités nationaux olympiques et d'appartenir au programme The Olympic Partner (TOP) du CIO depuis 1986, le plus haut niveau de parrainage olympique. En 2019, l'union entre la compagnie et le mouvement olympique a été prolongée jusqu'en 2032.

Quarante-six nations et 2 883 athlètes, dont 277 femmes, participent à 14 sports répartis dans 109 épreuves. Les petits nouveaux sont Malte, Panama et la Rhodésie, une ancienne colonie britannique d'Afrique australe. Parmi les nations présentes, l'Inde, alors plus connue sous le nom de Raj britannique, car sous régime colonial britannique, n'avait jusque-là participé qu'à 2 reprises aux Jeux et récolté 2 médailles d'argent par l'intermédiaire de Norman Pritchard en athlétisme sur 200 m et 200 m haies en 1900.

En 1928, la lointaine péninsule débute un règne sans partage en hockey sur gazon olympique. Sur la route d'Amsterdam, les Indiens font escale à Londres et proposent à la sélection locale une partie. Les hockeyeurs britanniques, qui refuseront d'ailleurs de participer aux JO 1928, ne veulent surtout pas se mesurer à cette peuplade vassale. Tant pis pour eux ! C'est donc une drôle de sélection qui entame la compétition, avec à sa tête Dhyan Chand, déjà mégastar locale de son sport, qui a la particularité de jouer pieds nus. Leur parcours est incroyable, ils ridiculisent 5 nations européennes d'affilée : 6-0 contre l'Autriche, 9-0 contre la Belgique, 5-0 contre le Danemark, 6-0 contre la Suisse, et 3-0 en finale contre la Hollande ! Sur les 29 buts inscrits durant la compétition, 14 le sont par le seul Dhyan Chand.

Quatre ans plus tard, la sélection fait appel au Mahatma Gandhi pour lancer une souscription nationale lui permettant de participer aux Jeux de Los Angeles. Nouveau titre olympique dont une victoire mémorable contre les locaux 21-1. Comment les Indiens ont-ils encaissé ce but ? Alors que le match touche à sa fin, les Indiens lèvent le pied et les Américains marquent dans le but… vide, le gardien étant trop occupé à signer des autographes ! *Idem* en 1936 à Berlin, où après un 10-0 contre la France, l'Inde bat 8-1 l'Allemagne sous les yeux d'un Hitler admiratif du talent de Chand. De Djakarta à Bombay, en passant par Kuala Lumpur, la sélection fait la fierté de la patrie, chatouille l'orgueil national.

Chand, le « Pelé du hockey sur gazon », aurait surpassé la star brésilienne du ballon rond en inscrivant plus de 2 000 buts durant sa carrière, contre 1 281 pour la star de la Seleção. Entre 1928 et 1980, l'Inde remporte 8 titres olympiques, 1 médaille d'argent et 2 de bronze, gagne 35 matchs et inscrit un total de 243 buts. Elle aura même le toupet de battre 4-0 en finale les Britanniques sur leurs terres lors des Jeux de Londres 1948. Une incroyable hégémonie sur ce sport, qui sera ensuite dominé par les Allemands et les Hollandais.

De 135 en 1924, les femmes sont plus du double en 1928 avec 277 athlètes inscrites. Le mouvement est lent, mais devient inéluctable. Coubertin, toujours farouche opposant à leur présence sur les terrains olympiques, écrit même dans sa lettre lue à tous les athlètes et participants de la IXe olympiade lors de la cérémonie d'ouverture : « Quant à la participation des femmes aux Jeux, j'y demeure hostile. C'est contre mon gré qu'elles ont été admises à un nombre grandissant d'épreuves. » Pour la première fois à Amsterdam, des épreuves de gymnastique et d'athlétisme – le 100 m, le 800 m, le relais 4 × 100 m, le saut en longueur et le lancer de disque – sont ouvertes aux sportives, « un affront majeur à la grandeur et à la pureté originelle de cette compétition », selon le baron, pas toujours très fin dans ses analyses.

C'est une Américaine de 16 ans qui prouvera au baron l'énormité de ses préjugés sexistes. Sous le titre « Miss Elizabeth Robinson, championne olympique, ou la petite fille qui n'osait pas courir », le journal *L'Intransigeant* du 28 août 1928 relate une anecdote à son propos datant du début de l'année. Alors apprentie dactylo, la sœur aînée d'Elizabeth patiente dans l'antichambre de la Central Amateur Athletic Union, l'équivalent de la fédération française d'athlétisme. Lorsqu'un secrétaire la remarque, elle lui explique timidement :

« — Voilà… J'ai une petite sœur qui court vite. Très vite même, je crois… Alors je voudrais savoir si vous l'autorisez à prendre part à la course que vous organisez sur la piste des « Banquiers de Chicago » la semaine prochaine ? — Pourquoi votre sœur n'est-elle pas venue elle-même présenter sa requête ? — Oh… elle est si timide ! Encore plus que moi ! ajouta-t-elle en rougissant plus fort […]. Elle gagna avec une telle aisance, que les augures se regardèrent abasourdis, sans mot dire. Mais leurs regards signifiaient : C'est quelqu'un ! »

À peine quatre courses plus tard, « Betty » décroche l'or sur 100 m à Amsterdam devant deux Canadiennes expérimentées et enregistre le record du monde en 12" 2"'. Quelques jours plus tard, elle obtient l'argent sur le relais 4 × 100 m derrière le Canada et devant l'Allemagne.

À la suite de cette compétition, le CIO envisage de retirer l'athlétisme féminin du programme des Jeux de Los Angeles 1932. La nouvelle est très mal reçue par les différentes fédérations, et surtout par celle des États-Unis, qui menace de boycotter ses propres Jeux. Le CIO fait marche arrière et Betty peut donc se préparer à être de nouveau sacrée sur ses propres terres cette fois-ci. Le 28 juin 1931, à moins d'un an des JO, un cousin, pilote d'avion, la transporte dans son biplan. Mais le moteur cale et l'avion se crashe près de Chicago. Témoin de l'accident, un riverain trouve le corps de Betty inanimé. Il la croit morte et la transporte à la morgue la plus proche. Là, c'est la stupéfaction ! Le médecin légiste constate alors que la jeune femme est toujours vivante et respire bel et bien malgré ses nombreuses blessures. Membres cassés, commotion cérébrale, son état est pourtant très alarmant et Betty reste dans un coma profond durant de longues semaines. Il était dit que le destin de Miss Elizabeth Robinson serait exceptionnel. La championne olympique se réveille, sort de l'hôpital en fauteuil roulant avec une jambe désormais plus courte que l'autre et l'impossibilité de poser le genou. Mais Betty ne veut pas en entendre parler. Elle n'a qu'une seule et unique obsession : revivre l'émotion des Jeux olympiques. Le chemin sera pénible pour y parvenir. Après deux ans de convalescence, Betty torture son corps à l'entraînement. Si elle ne peut pas s'agenouiller, adieu le 100 m et son départ dans les starting-blocks, mais rien ne l'empêche de courir le relais… À quelques mois des Jeux de 1936, elle est prête, en forme. C'est alors que la Grande Dépression frappe les États-Unis. La fédération américaine d'athlétisme prend l'incroyable décision de financer uniquement le voyage vers Berlin pour les sportifs masculins. Si un crash d'avion n'a pu arrêter la championne, ce n'est pas cette décision totalement injuste qui la privera de son rêve. Betty vend tous ses trophées, fait des économies, récolte quelques soutiens de-ci de-là et peut se payer l'onéreux voyage vers la capitale allemande aux côtés de ses trois complices du 4 × 100 m, Harriet Bland, Helen Stephens et Annette Rogers.

En ce mois d'août 1936, c'est devant 100 000 spectateurs dans un stade olympique de Berlin archicomble que Betty fait son retour sur la piste olympique. Elle sera la troisième du relais. Après un très bon départ d'Harriett, et d'un honnête deuxième relais d'Annette, l'équipe américaine, en deuxième position, ne parvient pas à tenir la dragée haute à la solide Allemagne, archifavorite de la compétition. Le public exulte, le vacarme est assourdissant. Nous en sommes à mi-course quand Annette transmet le témoin à Betty. Notre championne ne pense à rien, uniquement à cette Allemande devant elle qu'elle ne peut rattraper. Elle enfile les mètres, mécaniquement, comme si elle courait après un train comme dans sa jeunesse. Quand un nouveau coup du destin survient. Le stress ? La peur de gagner ? La pression trop forte du public ? Impressionnées parce qu'Hitler les regarde ? Le passage du dernier témoin est une catastrophe pour les Allemandes, qui le laissent tomber dans ce moment si crucial. Betty, elle, ne se rate pas et l'offre délicatement dans le creux de la main d'Helen, qui file à toute allure vers la ligne d'arrivée. Les Américaines, en 46" 9''', devancent la Grande-Bretagne, 47" 6''', et le Canada, 47" 8'''. La petite, d'à peine 16 ans en 1928, devient championne olympique pour la seconde fois. Elle sera à jamais la grande pionnière de l'athlétisme olympique féminin et sera intégrée au temple de la renommée de l'athlétisme des États-Unis. Elizabeth Robinson meurt en 1999 à Denver à l'âge de 88 ans.

9

LOS ANGELES 1932

Strass, paillettes et fair-play

Paris, lundi 4 juillet 1932. C'est l'effervescence à la gare Saint-Lazare. On se presse sur le quai du train transatlantique de 9 heures pour Le Havre. Une foule multicolore d'officiels, de parents, d'amis, d'athlètes et surtout de Parisiens curieux tente là d'apercevoir la délégation française, qui entame aujourd'hui son périple vers la Xe olympiade de Los Angeles. Soudain, les 67 sélectionnés olympiques apparaissent. Ils ont fière allure dans leur tenue officielle, complet gris clair en flanelle sur le dos et béret basque vissé sur la tête. Les photographes et les dessinateurs se précipitent pour capter au mieux l'instant. On entend des cris, des rires, des encouragements. Des exclamations jaillissent au passage de la nageuse Yvonne Godard, très entourée et à qui on offre un bouquet de fleurs. Le comte Justinien Clary, président du comité olympique français, rameute la joyeuse troupe, il faut prendre place. Quelques heures plus tard, la délégation olympique arrive au port du Havre et embarque sur le paquebot *Lafayette*, direction New York. Les mouchoirs s'agitent sur le quai normand. Tous espèrent voir les sportifs tricolores rentrer dans quelques semaines avec le même sourire aux lèvres et une médaille autour du cou. La traversée de l'océan est alors une douce parenthèse. Les athlètes ont la possibilité de se maintenir en forme grâce à une salle de culture physique, un ring de boxe, une salle d'escrime, un home-trainer, ou même un cheval mécanique pour les cavaliers. Matchs de ping-pong, parties de bowling, de bridge, bal chaque soir, l'hôtel flottant permet aux sportifs de tisser des liens, de créer des amitiés.

Sept jours plus tard, le *Lafayette* arrive à New York. Il s'agit maintenant d'engloutir plus de 4 000 km en train pour rejoindre Los Angeles, à l'autre bout du pays. À peine arrivés, de nouveau une joyeuse cohue sur un quai de gare. Cette fois-ci ce sont 500 Californiens issus de la « colonie » française des Angelenos qui s'agglutinent. « Peut-être la plus grosse foule qui ait accueilli aucune des équipes », selon le reporter du magazine *Match* du 9 août 1932. Les visages ont les traits tirés après seize jours de voyage mais *La Marseillaise*, maladroitement jouée par une fanfare locale, donne de l'entrain. La traversée de Los Angeles donne l'occasion aux olympiques français de découvrir le *melting-pot* américain, cette fameuse société si bigarrée. Quartiers noir, chinois, mexicain, les rues s'enchaînent à un rythme effréné. Les sportifs aimeraient bien en voir un peu plus et allonger ce beau moment. Les motards de la police américaine ne l'entendent pas de cette oreille et font mener bon train au convoi pour rejoindre l'hôtel de ville. Le maire de Los Angeles réserve un excellent accueil aux Bleus, et lors de son discours de bienvenue se permet une hasardeuse référence aux « excellents vins français », alors que son pays est, depuis douze ans, plongé en pleine prohibition ! Et le défilé de repartir direction le village olympique. Les 20 km restant à engloutir donnent une parfaite idée de l'enthousiasme de la cité des Anges à recevoir la Xe olympiade. Partout les façades sont pavoisées, des drapeaux aux couleurs des nations engagées flottent dans l'air, les anneaux olympiques sont partout. Yvonne Godard ne verra pas le superbe village olympique, composé de 700 cabanes avec vue sur l'océan Pacifique.

Comme les autres athlètes olympiques féminines, elle prend ses quartiers dans un hôtel du centre-ville.

En retrait, un fameux champion français est témoin de l'arrivée remarquée de ses compatriotes, mais c'est plus la tristesse et la déception qu'il laisse paraître plutôt que l'excitation des joutes olympiques à venir. Jules Ladoumègue, alors 26 ans, vice-champion olympique à Amsterdam en 1928 sur le 1 500 m, a été exclu quelques mois plus tôt par sa propre fédération pour professionnalisme. Il lui est reproché d'avoir touché quelques billets après une victoire. Jamais la preuve ne put être avancée. Aux yeux du sacro-saint amateurisme, cette fameuse règle érigée comme commandement par Coubertin, aucune exception ne peut être accordée, même au fameux Paavo Nurmi, également interdit de course à Los Angeles, deux jours avant le début des Jeux. Ladoumègue n'était pourtant pas n'importe qui, au contraire. Entre 1930 et 1932, il a conquis le cœur des Français en effaçant 6 records du monde, sur le 1 000 m, le trois quarts de yards, le 1 500 m, le 2 000 yards (1 828,80 m) et le 2 000 m. La presse est tellement scandalisée par l'injustice subie par « Julot », que le journal *L'Intransigeant* lui offre, tous frais payés, le voyage vers Los Angeles pour qu'il se montre aux Jeux. *Match* cite un de ses fans au moment du départ de la gare Saint-Lazare : « Ah il fallait que tu y ailles là-bas, Julot ! Quand il y aura un vainqueur olympique du 1 500, il faut qu'on te voie, au bord de la piste ! Ça les fera réfléchir. » La revanche pour Julot sonnera trois ans plus tard, elle sera même phénoménale. Toujours à l'initiative de la presse, cette fois-ci le journal *Paris-Soir*, une course unique lui est réservée. Le 10 novembre 1935, Ladoumègue court, seul, de la place Maillot à la place de la Concorde. Pas exactement seul, puisque 400 000 à 500 000 Parisiens « accourent » pour admirer sa foulée et honorer le champion. *Paris-Soir* dans son édition du lendemain : « Ce fut, sur les 3 kilomètres 500 du parcours, un long chapelet joyeux, plus que cela, un hommage fervent de la foule de Paris, dont le cœur bat toujours au spectacle de l'effort, de la volonté, et qui réagit toujours de façon spontanée contre les injustices. » Le tout-Paris l'applaudit, mais aussi des champions, comme le boxeur Georges Carpentier, des footballeurs, des rugbymen, et des vedettes de la scène et de l'écran, comme Raimu, Albert Préjean ou encore Jean Gabin. Julot se produira ensuite tour à tour dans des cirques, des spectacles de music-hall, et animera des émissions sportives à la radio dans les années 1950. Il meurt d'un cancer le 2 mars 1973 à 66 ans, sans jamais avoir pu atteindre son Graal olympique.

Le 31 juillet 1932, ce sont cette fois-ci des stars hollywoodiennes, telles que Gary Cooper, Charlie Chaplin ou encore Buster Keaton, qui ont pris place parmi les 105 000 spectateurs du Los Angeles Memorial Coliseum. La cérémonie d'ouverture offre un spectacle grandiose. Trois ans après le mardi noir, synonyme de krach boursier en octobre 1929 mettant près de 15 millions d'Américains au chômage et déstabilisant l'économie mondiale, l'Amérique n'a pas encore les moyens de s'offrir un tel événement, mais le pays en a tellement besoin. Faste, paillettes, le spectacle émerveille le public présent. Ce que Wall Street a pris aux Américains, Hollywood va le leur rendre le temps d'une olympiade. Il faut aussi faire oublier la tâche de Saint-Louis… S'inspirant de la Ire olympiade grecque, les organisateurs américains ont tablé sur seize jours de compétition, entre le 30 juillet et le 14 août. 1 332 athlètes, dont 126 femmes, provenant de 37 pays différents, vont se mesurer dans les 14 sports et 117 épreuves au programme. Entrent dans le bal des nations la Colombie et la république de Chine.

La Chine offre une scène assez surréaliste lors du défilé des délégations. Liu Changchun, coureur sur 100 m et

200 m, étant son unique représentant, il parade seul avec le drapeau national à la main. Nous sommes alors bien loin des 639 Chinois présents à Pékin 2008 et des 412 de Rio 2016. La toute première médaille remportée par l'empire du Milieu date de Los Angeles 1984, mais il s'est bien rattrapé depuis. Entre 1984 et 2016, soit neuf olympiades, la Chine a décroché la bagatelle de 473 médailles olympiques, dont 201 en or, 144 en argent et 128 en bronze. Ses cinq sports de prédilection : le plongeon (40 médailles d'or, 19 en argent, 10 en bronze), l'haltérophilie (31 or, 15 argent et 8 bronze), la gymnastique (29 or, 21 argent et 23 bronze), le tennis de table (28 or, 17 argent et 8 bronze) et le tir (22 or, 15 argent et 19 bronze). La Chine se place aujourd'hui cinquième au classement général des nations en termes de médailles cumulées sur toutes les olympiades, en ayant participé à seulement 12 éditions sur 30, 3 sous l'appellation « république de Chine » et 9 au nom de la Chine. Cette première participation olympique chinoise est loin d'être anecdotique en cette année 1932. La tension est palpable entre les États-Unis et le Japon, depuis l'invasion de la Mandchourie, région du nord-est de la Chine, par l'armée impériale japonaise en 1931. L'intervention nippone conduit le pays à glisser dans le militarisme total plutôt que la démocratie. Les préjugés antiasiatiques sont alors prégnants aux États-Unis, qui ont notamment fixé de fortes restrictions à l'immigration depuis cette région du monde. Cela n'empêche pourtant pas Nishi Takeichi d'endosser le costume de star des Jeux.

Le 14 août est le dernier jour des Jeux. Le stade est bondé pour la clôture de l'événement. Mais avant cela doit se tenir la dernière épreuve : le saut d'obstacles en équitation. La tension ? La chaleur ? Des chevaux mal acclimatés ? Six des huit premiers cavaliers sont vite éliminés. Il reste alors deux concurrents : l'Américain Harry Chamberlin et Nishi. Chamberlin se présente le premier, la foule s'exclame à chaque franchissement d'obstacle et s'abomine à chaque erreur. Douze fautes au total, le public exulte. C'est beau, les Jeux américains se clôtureront avec le titre d'un autochtone. Quand se présente Nishi Takeichi. Orphelin à 10 ans, ce dernier hérite de la fortune de son père, ancien ministre des Affaires étrangères. Il s'engage dans la cavalerie de l'armée japonaise et s'exile à Los Angeles en 1930. Il y mène la grande vie, traversant Hollywood au volant de décapotables, fréquentant les vedettes locales comme Charlie Chaplin et devenant même un intime du couple glamour de l'époque, Douglas Fairbanks-Mary Pickford. Sur son fidèle destrier, Uranus, Nishi s'élance. Le Los Angeles Memorial Coliseum se tait, époustouflé par la performance. Le couple a fière allure. Il franchit obstacle après obstacle, avec grâce et assurance. Avec un total de huit fautes, l'or est pour le Japon. Il rend immédiatement hommage à son compagnon équin devant la presse en s'exclamant : « On a gagné ! » Dans les journaux du lendemain, la presse américaine en vient à chanter les louanges de celui qu'elle appelle le « Baron Nishi ». Sa popularité est telle que la mairie de Los Angeles lui décerne le titre de Citoyen d'honneur. Nishi retourne à Tokyo et y mène encore la grande vie, invitant même ses amis américains lors de fêtes extravagantes. En 1936 aux JO de Berlin, le duo passe totalement au travers, finissant 20e du concours. Le destin de Nishi va alors connaître un tournant dramatique. En 1937, la seconde guerre sino-japonaise explose. L'armée a besoin d'hommes. Nishi doit répondre à l'appel et intègre une division de chars. En 1944, il est envoyé à Iwo Jima, qui sera un an plus tard le théâtre d'une des plus sanglantes batailles de la Seconde Guerre mondiale. Une légende raconte que les Américains, avertis de la présence de Nishi dans le camp ennemi, diffusaient chaque jour des appels *via* des haut-parleurs, exprimant tout leur respect pour ses exploits olympiques, déclarant que la reddition n'était pas un déshonneur et arguant que le monde regretterait la mort du « Baron Nishi ». Il meurt le 21 mars 1945 à l'âge de 42 ans. Hollywood ne pouvait pas en rester là et un immense hommage lui est rendu en 2006 par Clint Eastwood dans le film *Lettres d'Iwo Jima*, dont le Japonais est le personnage central de l'histoire. Uranus, quant à lui, meurt une semaine après Nishi, à 25 ans.

Le Japon récolte 18 médailles lors de cette olympiade et exerce un véritable leadership en natation. S'inspirant des différentes techniques pratiquées, l'équipe de natation du Japon crée un nouveau style de nage, « le crawl japonais », totalement adapté à la morphologie des nageurs locaux. Sur 6 épreuves de natation, le Japon obtient 5 médailles d'or, 5 d'argent et 2 de bronze. Une véritable moisson ! La palme revient à Miyazaki Yasuji. Ce petit bonhomme de 15 ans efface en demi-finale olympique le record du monde du 100 m de Johnny Weissmuller et obtient l'or dans la foulée, avant de décrocher deux jours plus tard un second titre dans le relais 4 × 200 m. Encore plus précoce, Kitamura Kusuo, 14 ans, est titré au 1 500 m nage libre. Il demeure à ce jour le plus jeune champion olympique de natation de l'Histoire. Chez les femmes, l'Américaine Helene Madison truste les titres avec l'or sur 100 m libre, 400 m libre et 4 × 100 m libre.

Los Angeles respire et vit l'olympisme. Partout dans la ville, on peut observer des dandys américains au panama ou au veston épinglés de l'insigne olympique. Les taxis arborent les cinq anneaux sur leurs portières. Même les nappes des restaurants sont brodées du symbole. Les Jeux deviennent une superproduction. Le soir venu, entre la cacophonie des automobiles et des concerts de jazz improvisés sur le trottoir, des ballons dirigeables et des avions affichent dans le ciel des messages invitant le spectateur à ne pas rater le spectacle du lendemain, non pas sur les écrans mais au stade. Dans les bars et restaurants, les médaillés olympiques fréquentent les stars américaines, comme pour cette danse entre Helene Madison et Clark Gable au Coconut Grove quelques heures après la troisième médaille d'or de la nageuse américaine. Désormais, la cérémonie des médailles devient un show à part entière. La remise des récompenses au tiercé gagnant s'effectue juste après les épreuves. Le lever des drapeaux et l'hymne national du champion complètent le protocole, toujours en vigueur aujourd'hui.

Plusieurs femmes ont été les stars de Los Angeles 1932, pour diverses raisons. En athlétisme, l'Américaine Mildred Didrikson-Zaharias, *alias* « Babe », a une solide réputation de sportive complète. Après s'être fait les dents au basket-ball, où elle parvient à marquer plus de 100 points dans un match, elle se lance dans l'athlétisme. En 1932 à Los Angeles, elle remporte 3 titres olympiques consécutifs sur 80 m haies, javelot et saut en hauteur, en battant à chaque fois le record du monde. Les Jeux achevés, elle s'oriente alors vers le base-ball où elle parvient à jouer dans un match masculin en tant que lanceuse, et fait surtout carrière en golf. Elle y remporte près de 51 tournois classés LPGA Tour, soit l'élite féminine de ce sport. En 1949 par le magazine *Associated Press*, puis en 1999 par *Sports Associated*, elle est par deux fois choisie comme athlète féminine du siècle.

Stanislawa Walasiewicz, *alias* Stella Walsh, n'a eu de cesse durant sa vie d'être dans l'entre-deux. Née en 1911, dans une Pologne qui n'existait pas encore, elle n'a que 1 an quand ses parents rejoignent la communauté polonaise de Cleveland aux États-Unis. Très jeune, Stella brille en athlétisme, au basket et au softball. En 1928, elle a 17 ans lorsqu'elle est sélectionnée dans le 4 × 100 m pour les Jeux d'Amsterdam, mais n'ayant pas la nationalité américaine et étant trop jeune pour la demander, elle doit décliner l'invitation. Le physique atypique de Stella lui vaut moqueries, quolibets et sobriquets humiliants. Beaucoup s'interrogent sur la masculinité de son apparence. En 1932, la Pologne lui propose un emploi et une bourse d'études à Varsovie, si elle accepte de courir sous ses couleurs. Elle se présente donc pour la finale du 100 m olympique sous le nom de Stanislawa Walasiewicz et remporte le titre en atteignant le record du monde. Stanislawa égale 20 fois le record du monde au cours de sa carrière et sera la première femme à passer sous la barre des onze secondes. En 1947, elle se marie, obtient la nationalité américaine et se fait de nouveau appeler Stella Walsh. Ce n'est qu'à son décès, le 4 décembre 1980 à Cleveland, que Stella révèle son secret. Assassinée par deux braqueurs, la mort de la championne nécessite une autopsie, comme il est de coutume pour les décès non naturels. L'examen révèle alors un pénis et des testicules, non fonctionnels, l'absence d'organes génitaux féminins, et la présence de chromosomes masculins et féminins. La stupeur est totale mais le titre olympique lui sera maintenu par le CIO.

Heather Seymour « Judy » Guinness, 21 ans, a appris l'escrime auprès de Lucien Mérignac, un maître d'armes français, comme beaucoup de jeunes filles britanniques de bonne famille. Elle concourt dans l'épreuve du fleuret aux Jeux de 1932. Après un parcours sans faute, elle est opposée en finale à l'Autrichienne Ellen Preis. Les adversaires sont d'un niveau similaire, le duel est indécis. Dernière touche : Judy Guinness atteint l'Autrichienne et décroche l'or. Elle s'avance vers les juges et survient alors l'un des plus grands moments de fair-play et de sportivité de l'histoire des Jeux. La Britannique explique que les juges ont omis à deux reprises de comptabiliser des touches de son adversaire. Le score s'inverse et c'est donc l'Autrichienne qui monte sur la plus haute marche du podium, et « Judy » sur la deuxième.

Preis déclarera bien plus tard, en 1984, au journal *The Times* : « Nous étions plus amicales – plus comme des *gentlewomen* – en ce temps-là. » Une finale à « fleuret moucheté » qui ne peut plus avoir lieu depuis 1936 pour l'épée et 1956 pour le fleuret avec l'intronisation d'un appareillage électrique comme aide à l'arbitrage.

Du côté du bilan, les États-Unis ont dominé les compétitions avec un total de 103 médailles (41 en or, 32 en argent et 30 en bronze), très loin devant l'Italie et ses 36 médailles (12 or, 12 argent et 12 bronze) et les 19 de la France (10 or, 5 argent et 4 bronze). Parmi les champions tricolores, le duo composé de Louis Chaillot et Maurice Perrin remporte une épreuve disparue aujourd'hui : le tandem cycliste. *Le Petit Marseillais* du 5 août 1932 décrit les derniers mètres de la finale face au tandem britannique : « Les Anglais à la corde lentement au dernier tour, décidés à ne pas être dépassés par leurs concurrents. Ils prirent de la vitesse et la victoire leur semblait assurée. Au dernier virage, la paire française les battit à dix mètres de la ligne d'arrivée et gagne par moins d'une roue. » Le tandem est apparu en 1908 aux Jeux olympiques et a été disputé pour la dernière fois en 1972. La France a souvent brillé dans cette discipline. Outre les champions de 1932, des duos français ont décroché l'or à Londres en 1908 – Maurice Schilles et André Auffray –, à Paris en 1924 – Lucien Choury et Jean Cugnot –, et en 1968 à Mexico avec la paire Daniel Morelon et Pierre Trentin.

Le 16 août 1932, la délégation française quitte Los Angeles pour regagner New York en train. Deux haltes touristiques sont prévues, au Grand Canyon et aux chutes du Niagara. Ils embarquent le 20 août à bord du *Champion*, cela ne s'invente pas, pour la traversée retour de l'Atlantique. Le sourire aux lèvres !

II

L'OLYMPISME POLITIQUE

10

BERLIN 1936

Une odeur de haine et de fureur

C'est au cours de la 29e session du Comité international olympique de 1931 que l'organisation de la XIe olympiade est attribuée à Berlin, au détriment de Barcelone, par 43 voix à 16. De notre regard actuel, sachant ce qui est advenu quelques années plus tard avec la mort de plus de 60 millions de personnes à travers le monde, et le massacre de près de 6 millions de Juifs lors de la Shoah, cette élection peut choquer, évidemment, et poser question. Pourquoi les membres du CIO n'ont-ils pas changé de ville hôte durant les cinq ans qui les séparaient alors des Jeux de Berlin 1936 ? Pourquoi n'ont-ils pas vu le danger émerger ? Les choses n'ont évidemment pas été si simples.

Il est indispensable de se replonger rapidement dans le contexte de l'époque, du point de vue du CIO. L'Allemagne est alors une démocratie parlementaire, la république de Weimar, dirigée par un Président, a été mise en place sur un champ de ruines aux lendemains de la Première Guerre mondiale. Dans les années 1920, le pays s'est racheté une virginité, notamment sur le plan international. Dès 1925, l'ère Briand-Stresemann, chefs des gouvernements français et allemand, permet un rapprochement entre les deux nations hier ennemies, et d'engager le monde sur la voie de la paix. L'Allemagne intègre également la Société des Nations en septembre 1926. Il faut également se rappeler que la VIe olympiade de 1916, qui avait alors été attribuée à Berlin, n'a jamais pu se tenir, et que les sportifs allemands ont largement payé la dette de guerre, privés des Jeux d'Anvers et de Paris. Signe d'intégration olympique, Theodor Lewald, conseiller du chancelier Stresemann, est intégré comme membre du CIO en 1924, et rejoint la commission exécutive du comité en 1926. Le duc Adolphe de Mecklembourg est coopté la même année pour devenir le deuxième représentant allemand de l'instance. En 1930, un congrès olympique est organisé à Berlin pour défendre le projet des Jeux de 1936 et séduire les membres du CIO en présentant les nombreux atouts offerts par la capitale allemande.

Personne à l'époque ne voit venir le danger. En 1928, le parti nazi mené par Adolf Hitler enregistre 2,6 % des suffrages lors des élections législatives. Le krach de Wall Street de 1929 va changer la donne et le parti rogne sans cesse des voix. En 1930, le nationalisme et l'antisémitisme hurlés par Hitler attirent 18 % des électeurs au scrutin législatif, avant d'exploser en 1932 avec 37 %. Inéluctablement, Hitler arrive au pouvoir le 4 janvier 1933. Cette idéologie raciste pose question sur la capacité du nouveau régime à organiser l'événement olympique, d'autant plus qu'Hitler ne semble pas trop s'intéresser à la question des Jeux. Inquiet quant à l'avenir de l'olympiade berlinoise, Theodor Lewald, devenu président du comité d'organisation des Jeux de 1936, sollicite une série d'entrevues pour relancer le projet, notamment avec le maire de Berlin et le Führer en personne. Ses arguments ne laissent pas insensible Joseph Goebbels, ministre de la Propagande, qui perçoit immédiatement la possibilité d'exhiber la puissance nazie aux yeux du monde en s'accaparant l'événement olympique. Le régime totalitaire est de plus en plus violent, ses opposants pourchassés, les Juifs agressés et opprimés, même sur le plan sportif. Dès avril 1933, le nouveau ministre des Sports, l'officier des SA Hans von Tschammer und Osten, les exclut de toute organisation sportive. Leurs clubs sont dissous. Ils ont interdiction d'entrer dans une installation sportive. En août 1933, ils sont tout bonnement empêchés de pratiquer un sport. Le monde sportif est inquiet, la presse internationale s'émeut des mesures prises à leur encontre. Des voix commencent à se faire entendre. Aux États-Unis, l'Amateur Athletic Union vote en octobre 1933 le boycott des Jeux. Pour faire bonne figure et rassurer l'opinion publique américaine, les nazis autorisent certains sportifs juifs à s'entraîner. Les Américains font donc machine arrière. En France, un comité d'action contre les Jeux allemands est créé en septembre 1935. En Espagne, le front populaire local supprime les crédits alloués aux sportifs pour subventionner le voyage vers Berlin et imagine une « olympiade populaire » à Barcelone.

Les débats sont vifs, tendus. D'un côté les partisans du boycott clament leur soutien aux Juifs discriminés et persécutés, expriment leur opposition au régime nazi et prônent la relocalisation à Barcelone. En face, on argue que les aspects sportifs et politiques doivent absolument être dissociés, que d'autres pays exercent des discriminations et n'ont pas à endosser l'habit de donneurs de leçons, que le mouvement olympique symbolise paix, tolérance, égalité et fraternité. L'opposition des deux camps est illustrée en 1936 dans la presse française. Le quotidien sportif *L'Auto* publie dans ses colonnes du 8 avril que « la question juive est délicate [...] qu'on ne peut pas, à l'occasion des Jeux olympiques, discuter la constitution politique d'un pays ». Réponse le lendemain même dans *L'Humanité* : « Avec tous les amis de la paix, avec tous les ennemis du fascisme, nous crions : Pas un sou, pas un homme pour les Jeux olympiques à Berlin ! » Le projet des Jeux de Barcelone avorte pour des raisons politiques : la guerre civile éclate le jour même où ils devaient débuter.

L'Allemagne avance masquée. Face aux inquiétudes publiquement exprimées par le président du CIO, Henri de Baillet-Latour, Adolf Hitler le reçoit le 5 novembre 1935 et lui garantit que les Juifs, de toutes nationalités, auront bien accès aux compétitions olympiques malgré les lois antisémites qui ne cessent de se multiplier. Soulagé, Baillet-Latour fait un compte-rendu de cet entretien devant ses collègues du CIO, retranscrit dans le n° 30 de la *Revue olympique* de décembre 1935 : « Les visiteurs et les participants peuvent être rassurés de trouver un accueil parfaitement cordial sans courir le risque de rencontrer quoi que ce soit d'offensant pour leurs principes. La campagne de boycottage [...] est politique, basée sur des affirmations gratuites, dont il m'a été aisé de démasquer la fausseté. » Baillet-Latour a été floué par le chef nazi et n'a pas perçu la manipulation. Évidemment, le projet des Jeux de Berlin est plus que prometteur et peut séduire sous bien des aspects. Le budget alloué par le chancelier pour la construction des infrastructures est passé comme par magie de 2,6 millions à 36 millions de Reichsmarks. Un immense chantier est mis en branle pour « prouver » la bonne volonté allemande. Un stade de 100 000 places ultramoderne jaillit de terre en quelques mois, une « voie triomphale » aux abords de l'enceinte sportive refaçonne le visage de la cité berlinoise, un village olympique dernier cri va permettre d'héberger les athlètes internationaux, deux nouvelles stations de métro sont même creusées à proximité. Sous couvert d'accueillir de la plus belle des manières l'événement olympique, ces travaux permettent surtout aux nazis de contribuer à leur politique nationale de lutte contre le chômage, de redynamiser une économie exsangue, de se préparer pour la suite de leur stratégie mortifère.

Sur le plan sportif, l'État met tous les moyens possibles pour que ses athlètes réussissent leurs Jeux. Dès 1933, l'ensemble de la société allemande, et en premier lieu sa jeunesse, est encouragé à la pratique régulière du sport. Les meilleurs sportifs du pays pouvant prétendre à des médailles olympiques sont désormais des athlètes d'État, particulièrement encadrés et accompagnés. L'Allemagne montre au mouvement olympique sa volonté d'être la plus performante possible en tant que pays hôte, elle ne veut en fait qu'exhiber la prétendue supériorité de la race aryenne, même sur les terrains de sport. Là où Coubertin prône une vision élitiste et pacifiste de la confrontation sportive entre nations par l'olympisme, le nazisme prône l'éducation physique politique pour le peuple, un « dressage des corps » permettant de gonfler les rangs de l'armée en cas de besoin.

L'opinion internationale est rassurée par les pseudo-mains tendues offertes par l'Allemagne, alors que dans le même temps la presse locale n'hésite pourtant pas à écrire : « Avec ces Jeux, on a mis entre nos mains un instrument de propagande inestimable. » Les projets de boycotts tombent les uns après les autres aux oubliettes. La duperie du régime nazi ne cesse de prendre de l'ampleur, profitant d'une forme de naïveté des instances sportives internationales, CIO en tête. « Dieu veuille que la XIe olympiade soit l'aurore d'une ère de paix, empreinte d'une entente cordiale entre les jeunesses de toutes les nations, travaillant ensemble à assurer dans l'avenir la prospérité et le bonheur de leurs foyers », peut-on lire dans le n° 28 de la *Revue olympique* d'avril 1935.

Nous l'avons vu plus haut, dès 1896 et la Ire olympiade, le mouvement olympique a eu pour source symbolique la Grèce antique. Les nazis se saisissent malicieusement de la référence hellène et la manipulent à leur profit. Dès 1934, Carl Diem, secrétaire du comité d'organisation des Jeux de 1936, propose à un Goebbels enthousiaste de créer le parcours de la flamme olympique. L'idée est de s'inspirer des courses aux flambeaux de la Grèce antique et de ramener la cérémonie à ses racines, à Olympie. La *Revue olympique* de juin 1934 relate que le CIO donne son « entière approbation au projet », probablement ravi de la référence si chère à Coubertin. Le 20 juillet 1936 à Olympie, une cérémonie solennelle se tient pour la première fois. Les rayons brûlants du soleil de midi, concentrés par un miroir parabolique, permettent d'embraser la flamme olympique. Au milieu de ruines antiques et entouré d'une douzaine de femmes vêtues de tuniques blanches virginales, identiques aux prêtresses du temple d'Héra de la Grèce antique, le coureur grec, Konstantinos Kondylis, torse nu et muscles saillants, plonge une torche dans un chaudron et s'élance. Le premier relais de la flamme olympique débute. Après plus de 3 000 km, son voyage s'achève le 1er août dans le stade olympique de Berlin lors de la cérémonie d'ouverture. 3 075 porteurs de la flamme se succèdent : 1 108 Grecs, 238 Bulgares, 575 Yougoslaves, 386 Hongrois, 219 Autrichiens, 282 Tchécoslovaques et 267 Allemands.

Ce qui s'approche de l'apparat d'une tradition antique est en fait une théâtralisation ostentatoire orchestrée au millimètre et surtout subventionnée par les nazis. L'entreprise Krupp, fabricant allemand d'armes, conçoit les torches gainées d'acier avec, en leur cœur, un élément brûlant de magnésium conçu par des chimistes allemands pour maintenir la flamme active. Zeiss Optics construit le miroir parabolique permettant d'allumer la flamme, et une voiture de la marque Opel suit de près les porteurs du flambeau, avec à l'intérieur une flamme de rechange, au cas où. Goebbels en fait une promotion quotidienne dans les médias allemands. Sur le chemin, la flamme est bénie par des prêtres en Bulgarie, célébrée devant la tombe du soldat inconnu sur la place des Héros de Budapest, des tsiganes hongrois chantent des sérénades à son passage. Le 29 juillet pour son arrivée à Vienne, elle reçoit en guise d'accueil des « *Heil, Hitler!* » et l'hymne du parti par les nazis autrichiens. Faisant mine d'exprimer sa désapprobation, Goebbels commente dans la presse que « l'utilisation de la flamme olympique à des fins politiques est exceptionnellement regrettable ».

Après avoir reçu les acclamations de 50 000 Allemands amassés à la frontière germano-tchèque le 31 juillet, la flamme arrive le lendemain dans les mains du coureur allemand Fritz Schilgen, pour entamer sa dernière ligne droite. Ce petit blond à l'air juvénile, parfait symbole de l'idéal aryen prôné par les déments au pouvoir, est le dernier maillon reliant le mont Olympe au Troisième Reich, la symbolique dégouline de partout… Quand il pénètre dans le stade olympique de Berlin, la marée humaine présente dans les tribunes explose. Après l'envol de 3 000 pigeons, mille voix féminines forment un chœur antique, le public plonge dans un autre temps. Dans la tribune officielle, Hitler boit du petit-lait. Le spectacle est parfait, la mascarade a atteint son but. L'extase est totale.

En parallèle du parcours de la flamme, alors bien plus fasciste qu'olympique, Goebbels veut se servir de l'événement pour répandre un peu plus l'idéal nazi par le biais de la propagande. Il charge donc la réalisatrice Leni Riefenstahl d'immortaliser les Jeux dans un film. Hitler lui alloue un budget illimité, qui s'élèvera au final à 1,8 million de Reichsmarks, et des moyens techniques sans précédent. Elle a carte blanche pour construire l'image incarnée du national-socialisme en utilisant les Jeux. Riefenstahl s'entoure de 300 personnes dont 40 cameramen pour mener le projet. Elle fait preuve d'une réelle inventivité technique avec l'utilisation de ralentis, de travellings pour l'arrivée de la flamme ou les courses d'athlétisme et même des caméras catapultes pour filmer les épreuves de sauts. En 1938, le film *Les Dieux du stade – Olympia* en allemand – sort en trois versions : allemande, française et anglaise. Riefenstahl n'utilise que 10 % des images enregistrées pour un film long de trois heures trente. Le résultat est saisissant, très gênant de notre regard moderne. Cette ode au corps idéal, au geste à la géométrie parfaite, ne fait que l'apologie du symbolisme nazi : le corps comme l'idéal des nations. L'objectif de Goebbels est atteint avec *Les Dieux du stade*, il montre à l'Europe et au monde une image totalement mensongère et erronée du régime nazi pour faire oublier son action antisémite et se présenter comme lisse et pacifiste, concentré vers un idéal athlétique.

Les rues de Berlin sont nettoyées de toute référence à la persécution des Juifs, les affiches de propagande arrachées. Celles de la capitale sont pavoisées. Aux côtés des drapeaux olympiques, il leur a été compliqué de ne pas enlever les drapeaux à la croix gammée, il ne faut pas exagérer. Les tsiganes berlinois sont violemment chassés et conduits vers des camps de concentration, loin du regard du voyageur, de l'athlète ou de l'officiel présents pour l'olympiade. Le 1er août, la cérémonie d'ouverture des Jeux peut alors débuter. Roger Mahler, du *Petit Parisien*, est présent sur place et narre en détail dans l'édition du 2 août 1936 ce qu'il décrit comme

« une splendeur jamais égalée ». Le journaliste est saisi de l'accueil réservé par le public allemand à la délégation française : « Quand parut, à la porte occidentale, le drapeau qui flotta au-dessus de Verdun inviolé, ce fut du délire. D'un seul geste, l'énorme masse se leva et le tonnerre des acclamations roula dans le stade [...] Parvenus à la hauteur de la tribune du Führer, nos représentants exécutèrent le salut olympique. Alors la foule ne se contint plus. Peut-être parce qu'elle ne sait pas que le salut olympique ne doit rien au salut hitlérien. » Beaucoup d'athlètes français se défendront par la suite devant la polémique générée par la trop grande ressemblance gestuelle entre les deux saluts, effectués bras droit tendu.

Quelques instants plus tard, un message de Coubertin, souffrant, et donc absent de la cérémonie, résonne dans les haut-parleurs du stade : « Le sens des Jeux olympiques ce n'est pas tant de conquérir que de lutter loyalement et chevaleresquement. » Quarante-neuf nations, un record pour l'époque, sont engagées pour cette XIe olympiade, l'Espagne déclarant forfait à la dernière minute pour cause de guerre civile. Aucun pays ne boycotte la compétition, au contraire, cinq y font même leur première apparition : Afghanistan, Bermudes, Bolivie, Costa Rica et Liechtenstein. Le contingent d'athlètes est composé de 3 632 hommes et 331 femmes, qui concourent dans 19 sports et 129 épreuves. Le handball à onze, le canoë-kayak et le basket-ball sont intégrés comme disciplines olympiques tandis que le vol à voile et le base-ball sont proposés en démonstration.

Le sprinteur noir américain Jesse Owens est la star incontestable de ces Jeux. Avec quatre titres olympiques dans les quatre épreuves où il s'aligne, 100 m, 200 m, 4 × 100 m et saut en longueur, il enregistre une incroyable performance.

En saut en longueur, l'or est promis à l'Allemand Luz Long, 23 ans, fils de bonne famille vivant dans un manoir en Saxe, le même âge qu'Owens, petit-fils d'esclave issu d'une famille modeste de 11 enfants. Lors de la phase qualificative pour la finale, Long bat le record du monde et observe que l'Américain est en grande difficulté après avoir mordu ses deux premiers essais. Owens racontera la suite de l'épreuve lors d'une interview. Long s'approche et lui dit : « Plutôt que de prendre des risques, ne saute pas trop près de la planche d'appel. Tu seras plus libéré et tu seras sûr de ne pas mordre la ligne. » Le champion américain parvient à se qualifier et remporte la finale avec un saut à 8 m 03. Immédiatement Luz Long se précipite vers Owens, lui serre la main et le tapote dans le dos. Le tout sous les yeux d'Adolf Hitler. En 1965, l'historien Tom Ecker rencontre Owens et l'interroge sur cette histoire, ayant visionné toutes les images tournées en 1936 et n'ayant pas trouvé trace de l'échange entre les deux sauteurs. Owens révèle alors avoir inventé de toutes pièces cette histoire, par amitié pour Long, et avoir voulu le faire entrer dans la légende à ses côtés. Il évoque devant Ecker une lettre envoyée par Long dans laquelle il demande à Owens de parler à son fils : « J'ai la sensation que celle-ci sera ma dernière lettre, donc quand tu retourneras en Allemagne, une fois la guerre finie, va voir mon fils et dis-lui qui était son père, je t'en prie, Jesse, raconte-lui comment deux hommes, sur cette terre, peuvent être amis. » Long décède le 13 juillet 1943, blessé trois jours plus tôt lors du débarquement allié en Sicile.

Une autre légende raconte qu'Hitler aurait quitté la tribune officielle au moment de la victoire d'Owens, refusant de lui serrer la main. Dès le deuxième jour des Jeux, Hitler décide en fait de ne recevoir dans sa loge que les champions olympiques allemands et quitte le stade peu après la victoire du Noir américain Cornelius Johnson en saut en hauteur. Les officiels du CIO font alors savoir au dictateur qu'il doit soit féliciter tous les champions, soit n'en féliciter aucun. Il décide donc de tourner le dos à tous les champions. L'année de sa mort, en 1980, Owens fait référence à cette histoire lors d'une interview à un journaliste du *New York Times*, en profitant pour pointer du doigt l'Amérique ségrégationniste de l'époque : « Après ces histoires qu'Hitler m'aurait snobé, à mon retour aux États-Unis, je ne pouvais pas m'asseoir à l'avant des autobus. Je devais m'asseoir à l'arrière, je ne pouvais pas vivre là où je le voulais. »

Le 8 août 1936, le quart de finale de la compétition de football oppose, à Berlin, l'Autriche au Pérou et génère un flot de soubresauts politiques. La veille, l'Allemagne était sortie 0-2 par l'Islande, on pouvait alors lire dans la presse locale : « Sous les yeux du Führer, l'équipe allemande a osé perdre. » Tous les espoirs d'Hitler reposent donc sur son pays de naissance. Menant 2-0 à la mi-temps, les Autrichiens sont bien partis pour se qualifier pour le dernier carré. Mais au retour des vestiaires, les Sud-Américains sont déchaînés. Ils parviennent à revenir à égalité à dix minutes de la fin et se voient annuler trois buts par l'arbitre italien. Dans la prolongation, la supériorité péruvienne est criante. Villanueva (117e) puis Fernandez (119e) offrent au Pérou une qualification on ne peut plus méritée. Toutefois, estimant que les joueurs autrichiens avaient été particulièrement brutaux contre leurs joueurs et excédés par la partialité de l'arbitre, des spectateurs péruviens envahissent la pelouse au coup de sifflet final. De vifs échanges ont alors lieu entre supporters d'un camp et joueurs de l'autre. Des coups pleuvent de part et d'autre. Les dirigeants autrichiens, conseillés par de zélés nazis, déposent alors plainte devant le jury d'appel de la fédération internationale de football. Le match doit être rejoué le 10 août sur décision de la FIFA, mais le Pérou ne se présente pas sur la pelouse et est déclaré forfait. Les sportifs péruviens, tous sports confondus, sont scandalisés par l'injustice. Athlètes, nageurs, rameurs, hockeyeurs, basketteurs... prennent unanimement la décision de quitter Berlin sur-le-champ. Les autres délégations sud-américaines envisagent aussi de déclarer forfait mais changent d'avis sur pression du comité d'organisation. À Lima, au Pérou, l'émotion de la victoire laisse place à la colère. *Le Petit Courrier* du 12 août 1936 raconte : « Un meeting monstre a été organisé par la jeunesse et 20 000 étudiants ont défilé dans les rues en protestant contre la décision qui a abouti au forfait de l'équipe péruvienne de football à Berlin. Le président Benavides, s'adressant aux manifestants, leur a recommandé le calme et leur a donné l'assurance que le gouvernement défendrait l'honneur sportif du Pérou, appuyé par toute la solidarité de l'Amérique. » En décembre 1936, toujours dans la *Revue olympique*, le CIO tire le bilan de l'olympiade berlinoise et revient sur cet incident : « Seule l'incartade de l'équipe du Pérou qui quittait Berlin en signe de protestation contre une décision du jury d'appel de la FIFA a troublé la bonne harmonie des Jeux. Quelque répréhensibles qu'ils soient, les athlètes péruviens et leurs chefs ont quelque excuse, car leur fâcheuse détermination est due en grande partie à l'ingérence d'éléments politiques étrangers au sport et aussi ignorant des règlements que des faits eux-mêmes. » L'ingérence émane-t-elle d'Adolf *himself* ? On ne connaîtra jamais les dessous de cette affaire. L'Autriche bat en demi-finale la Pologne 3-1 avant de s'incliner face à l'Italie de Benito Mussolini (1-2 après prolongations).

Au bout du compte, Hitler et ses sbires réussissent leur escroquerie de donner aux peuples le spectacle d'une Allemagne régénérée physiquement et moralement, sûre d'elle, d'offrir une organisation parfaite, et surtout de permettre aux visiteurs venus de l'étranger d'avoir cette étrange impression d'assister à une gigantesque représentation théâtrale, dont ils étaient eux aussi les acteurs ou les figurants. Au tableau d'honneur, l'Allemagne décroche la première place avec 89 médailles (33 en or, 26 en argent et 30 en bronze), devant les États-Unis avec 56 médailles (24, 20, 12) et la Hongrie (10, 1, 5). Avec 19 médailles, la France finit cinquième *ex aequo* avec la Finlande (7, 6, 6) et peut largement remercier son équipe cycliste qui engrange 7 médailles sur 6 épreuves. À l'heure du bilan, la presse française n'est pas dupe de la mascarade qui vient de s'achever. Le 18 août 1936, dans un éditorial de *L'Auto* intitulé « Les Jeux défigurés », Jacques Goddet dénonce : « l'usage pervers que les nazis ont fait des jeux [...] On s'est servi du sport. On ne l'a pas servi. L'idéal de M. de Coubertin s'est évanoui ». Le lendemain dans les mêmes colonnes, le journaliste Robert Perrier analyse : « Les Jeux de 1936 n'ont été qu'un prétexte. [...] Le parti national-socialiste de Hitler sort grandi des Jeux. Ne le nions pas. Le chancelier pourra dire demain au fameux congrès de Nuremberg : voyez la puissance de l'Allemagne ! »

Au cours de la Seconde Guerre mondiale, un bunker est construit sous le stade olympique de Berlin, qui reste miraculeusement intact aux bombardements. Ironie du destin, l'antre de la propagande nazie en cette olympiade devient le quartier général des troupes britanniques lors de la capitulation de la capitale allemande. Toujours debout, l'enceinte est aujourd'hui plus connue sous le nom d'Olympiastadion, où évolue l'équipe de football du Hertha Berlin. À son entrée, une plaque commémorative a été installée. On peut y lire toute une liste de champions olympiques de 1936, au premier rang desquels… Jesse Owens. Comme un pied de nez de l'Histoire à cette gigantesque farce politique qu'ont orchestrée les nazis en tentant de s'approprier l'événement olympique.

11

TOKYO/HELSINKI 1940 – LONDRES 1944

Les Jeux entre parenthèses

En 1932, le régime impérial japonais souhaite montrer au monde entier la capacité de son peuple à se relever des pires tragédies, comme le terrible séisme survenu en septembre 1923 causant plus de 100 000 morts sur l'île d'Honshū. Tokyo, reconstruite, s'engage donc dans la course à l'organisation de la XIIe olympiade de 1940, face à Oslo, Helsinki et Rome. L'année 1940 est une date d'autant plus symbolique qu'elle correspond au Kigensetsu, le 2600e anniversaire de l'intronisation de Jinmu, le fondateur mythique du Japon. L'empereur Hirohito veut les Jeux, et des Jeux grandioses pour fêter la mémoire de son ancêtre. Le Japon met alors tout en branle pour combler l'envie impériale. Un intense lobbying s'engage dans les couloirs de la diplomatie internationale. Les tractations vont bon train, notamment avec le Duce italien, Mussolini, pour le convaincre de retirer la candidature romaine en échange d'un fervent soutien des Japonais et de leurs réseaux pour que Rome obtienne la XIIIe olympiade de 1944. C'est donc en toute logique olympique que Tokyo est officiellement élue ville hôte le 29 juillet 1936, lors de la 36e session du CIO à Berlin, par 37 votes contre 26 pour Helsinki. Cette candidature est en fait l'arbre qui cache la forêt.

Le CIO ne cache pas son soutien, malgré les événements qui vont s'accumuler. *Revue olympique* de juillet 1937 : « c'est plein de confiance que le CIO a confié au Japon l'organisation des prochains Jeux [...] les Japonais mèneront à bien cette tâche [...] et c'est en lettres d'or que nous pourrons inscrire Tokyo à la suite des villes qui marquent la voie triomphale de l'Olympisme ». Pourtant, depuis 1931, le Japon place ses pions en Chine et a envahi la Mandchourie, point de départ de plus de quinze ans de guerre, qui s'étendra de la Chine au Pacifique puis à tout l'Extrême-Orient. En 1931, le Japon déclenche une guerre totale contre les Chinois. L'occupation est d'une brutalité inouïe. La communauté internationale goûte très mal cette politique militaire expansionniste. La candidature pour les JO 1940 apparaît alors comme un trompe-l'œil diplomatique pour amadouer les démocraties occidentales, à la tête desquelles les États-Unis et la Grande-Bretagne. Le comité d'organisation de Tokyo fixe néanmoins la cérémonie d'ouverture au 21 septembre 1940, lance sa campagne de promotion en imprimant des dizaines de milliers d'affiches de l'événement, alors même que de plus en plus de pays occidentaux brandissent la menace d'un boycott.

Dans la presse française la question d'un retrait du Japon pour les Jeux de 1940 est évidente, comme dans l'*Excelsior* du 7 septembre 1937 : « Tokyo va-t-il renoncer à l'organisation des Jeux olympiques de 1940 ? [...] La nouvelle selon laquelle Tokyo abandonnerait pour des motifs faciles à comprendre l'organisation des Jeux olympiques de 1940 a soulevé une vive émotion dans les milieux sportifs français. Elle a été accueillie avec un certain soulagement dans certaines fédérations où les dépenses considérables qu'occasionnerait le déplacement de nos athlètes au Japon causaient bien des soucis. » *L'Avenir du*

Tonkin du 24 septembre 1937 publie un article allant dans un sens diamétralement opposé, comme si de rien n'était : « Qu'il s'agisse des hôtels, et des moyens de transport pour les spectateurs, du logement et de la nourriture des athlètes, le Japon a déjà pris toutes les mesures nécessaires pour que ces questions soient étudiées à fond et que la solution adoptée convienne au mieux des intérêts de ceux qui viendront à Tokyo en 1940 [...] Les Japonais, n'ignorent certainement pas l'atmosphère capricieuse des jours [...] malgré cette guerre qui suce tout leur sang, qui épuise leur trésor, ils préparent déjà dans la fièvre, avec ténacité, avec la volonté de réussir pleinement, leurs Jeux olympiques de 1940. »

Pourtant, le 15 juillet 1938, le gouvernement japonais se retire officiellement de l'organisation de la XIIe olympiade. Le journal *Le Temps*, du lendemain, explique cette décision japonaise par « la nécessité absolue de consacrer toutes les ressources financières du pays à la conduite des opérations militaires en Chine [...] c'est la campagne d'économies rigoureuses inaugurée le mois dernier par M. Ikedo, ministre des Finances, qui a porté un coup fatal aux Jeux [...] le ministre de la Guerre proclamait que la nation devait se réserver pour des luttes plus graves que les luttes de stade ». Dans la foulée de ce retrait, les candidats se dévoilent : New York, Londres, Helsinki. On parle même du retour de Rome dans la course. Mais la décision ne se fait pas attendre et dès le 16 juillet, Helsinki est désignée en remplacement. Il ne reste que deux ans à la capitale finlandaise pour se préparer à recevoir l'événement. La nouvelle est accueillie avec un grand enthousiasme entremêlé de soulagement. Tous les intérêts et l'énergie de la nation finlandaise sont alors uniquement concentrés pour préparer dignement ces Jeux. On lit dans le *Paris-Soir* du 15 décembre 1938 : « C'est une véritable rage créatrice qui s'est emparée de tout le monde [...] 255 immeubles sont déjà en construction [...] en général, dans l'industrie, dans le commerce, dans toute la vie culturelle et économique du pays, tout n'est envisagé actuellement qu'en fonction des Jeux olympiques de 1940. » Hôtels, restaurants, nouveau port, parc d'attractions, mais aussi installation de lignes téléphoniques et de cabines de sportifs, achat de 140 autobus pour le transport des spectateurs, construction d'un somptueux stade olympique... Le rêve d'accueillir une olympiade est en passe de devenir réalité pour les Finlandais, qui ne rechignent ni à la tâche, ni à la dépense.

Le 1er septembre 1939, les troupes allemandes attaquent la Pologne sans déclaration de guerre. En quelques jours l'armée polonaise est totalement écrasée. La Seconde Guerre mondiale vient de débuter. Helsinki, et tout le pays, doit se rendre à l'évidence : les Jeux sont plus que compromis. Aux États-Unis, Herbert Hoover, président du comité d'aide à la Finlande, organise une série d'événements sportifs pour permettre de rembourser, à un pays désormais au bord de la banqueroute, les 7 à 8 millions de dollars investis dans les préparatifs des Jeux de 1940. Combats de boxe, matchs de tennis, exhibitions de natation, de hockey sur gazon, de nombreux sportifs participent à cette collecte de soutien. Même des stars de Hollywood se retrouvent le temps de matchs de polo pour apporter une aide bienfaitrice.

Le 1er avril 1940, *Paris-Soir* lâche le scoop : « Les Jeux olympiques n'auront pas lieu à Helsinki cette année. C'est ce qui ressort des renseignements dont on dispose jusqu'à présent. Dix-sept pays sur vingt-sept ont fait savoir, déjà, qu'ils ne pouvaient, en raison de la guerre, prendre part aux épreuves. » Le 21 avril, c'est par l'intermédiaire d'un membre du comité d'organisation des Jeux d'Helsinki, Erik von

Frenckell, que la nouvelle est officialisée : la XIIe olympiade n'aura pas lieu. Les Finlandais ont d'autres combats à mener, tout comme le reste du monde.

Le 9 juin 1939 à Londres, lors de la 39e session du CIO, la capitale londonienne est élue ville hôte de la XIIIe olympiade de 1944. Les prétendants étaient pourtant nombreux avec Rome, Detroit, Lausanne, Athènes, Budapest, Helsinki et Montréal, mais le projet londonien a écrasé la concurrence. La chimère des Jeux de 1944 ne fait pas long feu avec l'entrée en guerre de la Grande-Bretagne en septembre 1939. La XIIIe olympiade est à son tour annulée. Avec le conflit mondial, le monde entre dans une époque où l'olympisme n'a plus sa place. Arrive l'heure du feu et du sang. Celle de la gloire sportive et des exploits dans les stades ne peut que s'effacer, en attendant des jours meilleurs.

12

LONDRES 1948

Retour à l'essentiel

Le CIO s'est mis en sommeil durant le conflit mondial et revient sur le devant de la scène le 3 septembre 1946 pour sa 40e session à Lausanne. Des décisions importantes y sont votées : le Suédois Sigfrid Edström devient le président du comité, et Londres est unanimement désignée ville hôte de la XIVe olympiade de 1948. La capitale britannique, privée des Jeux de 1944, était une candidate naturelle à sa propre succession, même si la ville n'a pas réellement achevé sa reconstruction. Hitler avait envisagé de conquérir l'Empire britannique et s'est évertué à bombarder inlassablement Londres, causant d'incommensurables dégâts. Alors que la population survit encore avec des tickets de rationnement, plusieurs voix remettent en cause le bien-fondé d'accueillir la planète sport. Est-ce vraiment le bon moment ? N'y a-t-il pas d'autres priorités ? Les organisateurs et le roi George VI rétorquent que l'olympiade de 1948 sera le premier rayon de soleil éclairant le monde depuis la Seconde Guerre mondiale, d'autant plus important qu'il proviendra de la ville et d'un peuple symboles de la farouche résistance au Reich.

Douze ans après les sinistres Jeux de Berlin, l'objectif du CIO et des organisateurs londoniens est de revenir à l'essentiel, de redonner de l'authenticité à l'événement sans le vernis politique et propagandiste dont l'avaient recouvert les nazis. Le Comité international olympique perpétue tout de même l'idée du parcours de la flamme. Le jeudi 15 juillet 1948 à midi, dans les austères ruines du temple de Zeus au mont Olympe, une jeune fille grecque, vestale des Temps modernes, s'agenouille devant une ancienne coupe sur laquelle est disposé un miroir à facettes. Après quelques secondes, un rameau d'olivier s'embrase et crée le feu sacré. Le parcours de la flamme peut débuter. Le premier relayeur, le militaire Konstantinos Dimitrelis, retire symboliquement son uniforme et dépose les armes pour débuter la course en tenue de sport. La trêve olympique est pourtant loin d'être une réalité en Grèce en raison de la guerre civile qui a cours. Le relais initialement prévu entre Olympie et Athènes doit être annulé. Le coureur se dirige vers Katakolon, un port proche d'Olympie. La flamme prend la mer pour rejoindre l'île de Corfou. 1 416 hommes et femmes se passeront symboliquement le flambeau sur les 3 365 km séparant Olympie de Londres. Le moment phare a lieu le 24 juillet. La flamme arrive à Lausanne, plus précisément au Bois-de-Vaux, où se trouve la tombe de Pierre de Coubertin. Le cœur du baron, décédé le 2 septembre 1937, a été déposé en 1938 à l'intérieur du monument commémoratif de la rénovation des Jeux olympiques à Olympie, inauguré en sa présence en 1927. L'hommage rendu au rénovateur des Jeux est solennel et émouvant.

Encore aujourd'hui, Coubertin appartient au patrimoine français. Près de 45 stades, complexes sportifs et salles de sport portent son nom dans le pays, tout comme plus de 300 places, rues, boulevards et avenues, ou encore 27 établissements scolaires. Même un pont inauguré en 1969 à Toulouse prend son nom. La médaille Pierre-de-Coubertin, également appelée médaille de la sportivité, est considérée par le CIO comme la distinction la plus importante qu'un athlète puisse recevoir. À ce jour, seules 22 personnes en ont été les récipiendaires, dont l'Allemand Luz Long pour sa sportivité à l'égard de Jesse Owens lors des Jeux de 1936, le Canadien Lawrence Lemieux pour avoir sauvé de la noyade un concurrent lors de l'épreuve de skipper bateau des Jeux de Séoul 1988 ou encore le Brésilien Vanderlei de Lima pour sa sportivité après avoir été agressé par un spectateur lors du marathon des Jeux d'Athènes de 2004. Le 28 juillet, le flambeau quitte Calais à bord d'un navire de guerre britannique en direction de Douvres. Sous les yeux de George VI, de la princesse Élisabeth et de Winston Churchill, la flamme achève sa course le lendemain dans les mains du Britannique John Mark. L'athlète, concourant sur le 400 m, n'est pas vraiment un symbole du sport de l'époque. C'est plutôt pour sa plastique que ce futur médecin généraliste a été sélectionné pour enflammer la vasque olympique sous les yeux des 85 000 spectateurs de Wembley. À son entrée dans l'arène, apparaît sur le tableau d'affichage géant : « *The important thing in the olympic games is not winning but taking part. The essential thing in life is not conquering but fighting well. Baron de Coubertin* ». 59 nations sont réunies, dont 14 fêtent leur baptême olympique : Guyana, Birmanie, Sri Lanka, Iran, Irak, Jamaïque, Corée du Sud, Liban, Pakistan, Porto Rico, Singapour, Syrie, Trinité-et-Tobago et Venezuela. Manquent évidemment à l'appel les deux grands vaincus du conflit mondial, l'Allemagne et le Japon, mais aussi l'URSS, qui n'est pas affiliée au mouvement olympique, tout comme le jeune État d'Israël, officiellement indépendant quelques semaines plus tôt.

Les JO de 1948 sont effectivement ceux de l'économie, et pour accueillir les athlètes par exemple, aucun village olympique n'est prévu. La *Revue olympique* de janvier 1948 détaille « que les participants logeront dans les centres olympiques suivants : dans des camps de l'armée ou de la Royal Air Force réorganisés à cet effet ; dans un certain nombre d'écoles de Londres ; dans des logements près de Henley-on-Thames pour les rameurs ; dans un camp de baraquements à Bisley pour les tireurs ; dans les logements d'officiers à Aldershot pour les cavaliers et les participants du pentathlon [...] De petites cuisines seront à disposition des pays qui voudront préparer leur propre nourriture ». Les 4 104 athlètes, dont 3 714 hommes et 390 femmes, vont donc passer une quinzaine « à la bonne franquette ». Chaque délégation apporte des victuailles pour compléter les rations fournies par l'organisation. Les Argentins traversent l'Atlantique avec plusieurs tonnes de viande, les Italiens arrivent avec pâtes et spaghettis dans leurs valises. Les Américains reçoivent des rations de lait acheminées par les troupes américaines stationnées un peu partout en Europe. Les Français n'ont pas oublié les bouteilles de vin, et du mouton rothschild s'il vous plaît ! Un rapport officiel britannique commente à ce propos : « Pour ces compétiteurs, le vin fait partie intégrante de leur régime habituel, et constitue, à leurs yeux, un aliment. »

Les « Jeux de l'austérité » sont aussi ceux de la débrouillardise. Ainsi, l'Empire Pool qui accueille les épreuves de natation et de plongeon, pour la première fois en intérieur, connaît une seconde vie durant la quinzaine. Le temple de la natation, la première semaine, est équipé d'un ring de boxe, dressé sur des poutrelles au-dessus du bassin, pour la deuxième semaine. Dans le stade de Wembley, l'habituelle piste qui accueille des courses de lévriers est recouverte de 7 000 tonnes de cendrées pour devenir une piste d'athlétisme. L'entraide internationale va aussi bon train. La Suisse fournit les agrès pour les épreuves de gymnastique, la Finlande offre près de 50 tonnes de bois, les États-Unis des provisions en tous genres, alors que l'Argentine propose deux tapis pour les épreuves de lutte.

Véritable fil d'Ariane entre Londres et la Résistance européenne durant la guerre, la BBC va jouer un rôle prépondérant dans cette olympiade. En échange de 3 000 livres, la BBC acquiert les droits de retransmission radio et télé des Jeux. Nous sommes alors bien loin des 2,5 milliards de dollars de droits TV qu'ont coûtés les Jeux de Londres en 2012. Les postes de télévision n'ont pas encore pénétré les foyers du monde mais l'organisation mise en place par le média britannique permet tout de même de proposer à près de 500 000 téléspectateurs de la région de Londres près de soixante-quatre heures d'émissions consacrées à l'événement. Côté radio, la BBC s'est organisée pour accueillir 60 reporters internationaux, parlant 24 langues différentes, et leur permettre de diffuser simultanément les comptes-rendus des épreuves. Les supporters du monde entier peuvent ainsi suivre en quasi direct radiophonique les exploits de leurs favoris. Les Jeux rendent ainsi pour la première fois cette proximité avec le public indissociable de l'événement sportif.

Le premier hymne national joué est *La Marseillaise*. Le 31 juillet 1948 révèle au grand jour une athlète française à la double vie. Micheline Ostermeyer est une championne du lancer de poids et du lancer de disque, mais aussi une virtuose au piano, elle qui a décroché le premier prix du Conservatoire de musique en 1946. Elle bat le record de France du lancer de disque en finale olympique avec un jet à 41 m 92, et s'adjuge l'or. Cinq jours plus tard, elle gravit l'Olympe en mariant ses deux autres spécialités. L'après-midi, la championne décroche une deuxième médaille d'or avec 13 m 75 au lancer de poids. À peine le temps de changer de tenue qu'elle se présente le soir venu au Royal Albert Hall en robe de soirée pour y jouer un récital au piano. La jeune femme de 28 ans enchantera la salle londonienne, comble et ravie devant les multiples talents de la championne. Micheline propose des airs de Beethoven comme une pichenette donnée à l'Histoire douze ans après les Jeux de Berlin. Dès le lendemain, elle est de retour au stade de Wembley pour le saut en hauteur. Devancée par une Américaine et une Britannique, elle égale tout de même le record de France avec 1 m 61 et décroche la médaille de bronze. Ostermeyer devient la coqueluche des médias français. De nombreuses blessures la contraignent à mettre fin à sa carrière sportive dès 1950 et elle se consacre à son piano jusqu'à sa mort en 2001. En 2004 est créé le trophée Micheline-Ostermeyer. Celui-ci est attribué à un sportif ou une sportive de haut niveau qui cumule les résultats sportifs et la réussite dans un autre domaine. Yannick Noah, Serge Blanco ou encore Bruno Marie-Rose l'ont notamment reçu.

Les Jeux de la XIVe olympiade sont marqués par les performances d'une autre championne venant des Pays-Bas : Fanny Blankers-Koen. Rares sont les athlètes féminines ayant connu un tel succès durant des Jeux. En 1948, cette mère de deux enfants est âgée de 30 ans. Sixième du saut en hauteur et cinquième du 4 × 100 m aux Jeux de Berlin, Fanny voit sa carrière stoppée net par la guerre et revêt alors un costume qui ne lui sied guère, celui de ménagère. Vu par beaucoup d'observateurs comme bien trop âgée pour rivaliser avec la jeune génération, elle va pourtant impressionner le public londonien de ses performances et faire taire les critiques. En l'espace de huit jours, la « mère coureuse » remporte les onze courses auxquelles elle se présente et décroche l'or aux 100 m,

200 m, 4 × 100 m et 80 m haies, y effaçant même le record du monde. Son retour à Amsterdam est un triomphe, la foule l'ovationne à son passage. Elle s'étonne de cette liesse : « Je n'ai fait que courir vite, je ne vois pas pourquoi les gens font tant d'histoires. » Son palmarès est unique avec 58 titres nationaux hollandais, dont le dernier remporté en 1955 en lancer de poids à l'âge de 37 ans. À son tableau : 12 records du monde battus, dont 2 en saut en hauteur et en saut en longueur. Elle noue aussi une longue amitié avec Jesse Owens et décède le 24 janvier 2004 à 85 ans. La « ménagère volante » est déclarée meilleure athlète du XXᵉ siècle en 1999. Un meeting d'athlétisme, les « Fanny Blankers-Koen Games », est organisé chaque année en sa mémoire depuis 1981.

Sur le centre de tir olympique de Bisley s'avance un Hongrois qui a surmonté mille épreuves pour en arriver là. Karoly Takács est un tireur au pistolet extrêmement doué. Largement au-dessus de la concurrence nationale, il ne peut se présenter aux JO de 1936 car étant simple sergent, il ne répondait pas à l'exigence de l'équipe nationale de l'époque qui n'admettait que des officiers supérieurs. Takács ronge son frein et poursuit sa carrière militaire, quand survient un accident en 1938 lors d'un entraînement. Une grenade explose et lui déchiquette la main droite, celle avec laquelle il tire au pistolet. Un an plus tard, Takács se présente tout de même aux championnats hongrois de tir. Tout le monde s'étonne de sa présence. Personne ne peut alors deviner la trempe du bonhomme, son caractère incroyable qui l'a poussé durant l'année écoulée à s'entraîner inlassablement, en secret, de la main gauche. Takács éblouit la compétition et obtient son sésame pour les Jeux de Tokyo 1940. Il doit une nouvelle fois faire une croix sur son destin olympique face aux affres de la guerre. Lorsqu'il se présente sur le pas de tir londonien en 1948, cela fait donc plus de quinze ans que Takács patiente. Face à lui, Carlos Enrique Díaz Sáenz Valiente, le champion du monde en titre argentin, le prend de haut et lui demande ce qu'il fait là. Takács lui rétorque, plein d'humilité : « Je suis ici pour apprendre. » Quelques secondes avant que l'hymne hongrois ne retentisse, Valiente, sur la deuxième marche du podium, glisse à l'oreille du néochampion olympique : « Vous avez assez appris ! » Quatre ans plus tard à Helsinki, Takács renouvelle l'exploit en décrochant un second titre olympique. Son destin hors du commun et ses exploits sportifs en font encore aujourd'hui un héros national en Hongrie.

Les stigmates de la Seconde Guerre mondiale sont présents dans les quartiers londoniens, en pleine reconstruction, mais aussi sur les corps meurtris. Le 28 juillet, à la veille de la cérémonie d'ouverture, un neurologue juif allemand, exilé à Londres pour fuir le nazisme, sir Ludwig Guttmann, organise les premiers World Wheelchair and Amputee Games, prémices des Jeux paralympiques. Guttmann a en effet développé, au sein de l'hôpital Stoke Mandeville à Aylesbury, une thérapie par le sport pour accompagner psychologiquement les paraplégiques. Douze vétérans s'affrontent durant cette journée lors d'un tournoi de tennis en fauteuil. L'événement perdurera et prendra de l'ampleur. Depuis, des jeux ont lieu chaque année à Aylesbury sous l'égide de la fédération internationale des sports en fauteuil roulant de Stoke Mandeville. Guttmann est à l'origine du mouvement international paralympique. À Rio en 2016, 4 350 athlètes issus de 160 pays différents se sont engagés pour les Jeux paralympiques. Plus anecdotique, mais symbolique de cette première londonienne, la mascotte paralympique des Jeux de Londres 2012 a été surnommée Mandeville, en hommage à l'hôpital dans lequel exerçait Guttmann.

Alors que les Grecs des Jeux antiques creusaient un trou dans le sable, puis imaginaient une pierre rainurée, les starting-blocks sont officiellement autorisés sur la ligne de départ à Londres lors des épreuves de sprint olympique. Et pour l'arrivée, en cas de litige, on homologue également en 1948 l'utilisation de la photo-finish. Pointé sur la ligne d'arrivée, l'appareil dispose d'une bobine de film, défilant derrière une lentille rapide avec une ouverture de 0,12 mm. Cette technologie trouve immédiatement son utilité pour départager les finalistes du 100 m, avec des chronos se tenant dans un mouchoir de poche : 1. Dillard (États-Unis) 10" 3"', 2. Ewelle (États-Unis) 10" 4"', 3. LaBeach (Panama) 10" 4"', 4. McCorquodale (Grande-Bretagne) 10" 4"', 5. Patton (États-Unis) 10" 5"', 6. McDonald Bailey (États-Unis) 10" 5"'. Parmi les autres événements marquants, la victoire en décathlon de l'Américain Robert Mathias, 17 ans, en fait le plus jeune champion olympique de l'histoire de l'athlétisme. La France s'incline en finale du tournoi de basket-ball devant les États-Unis, et devra attendre les Jeux de Sydney 2000 pour remonter sur la deuxième marche du podium en basket. Deux champions des Jeux de 1936, la Hongroise Ilona Elek au fleuret et le Tchécoslovaque Brzák-Felix en 1 000 m kayak à deux, parviennent à conserver leur titre. Au classement des nations, les États-Unis surclassent les débats avec 84 médailles – 38 en or, 27 en argent et 19 en bronze –, devant les 44 médailles suédoises – 16 or, 11 argent et 17 bronze – et les 29 françaises – 10 or, 6 argent et 13 bronze.

De l'avis de tous, Londres 1948 est un indéniable succès. La simplicité de ces Jeux et leur engouement populaire, loin de la manipulation nazie de 1936, relancent définitivement le mouvement olympique, même si la tentation de politiser l'événement n'est pas près de s'estomper.

13

HELSINKI 1952

Le rideau a du mal à se lever

Le grand salon de la maison de la noblesse de Stockholm ressemble à s'y méprendre à un immense tribunal. Trois cents personnes sont présentes dans la salle en ce mois de juin 1947, dont le prince héritier de Suède, Gustave Adolphe, et les princes Axel de Danemark et Jean de Luxembourg. L'heure est solennelle. Les représentants des différentes villes candidates vont se succéder durant deux jours dans ce décorum pour défendre la vision de leur projet des Jeux de 1952. Le CIO organise pour la première fois ce protocole de sélection directe en auditionnant les intéressés. Sept villes sont sur la ligne de départ : Amsterdam et Helsinki les européennes, et cinq américaines avec Los Angeles, Minneapolis, Detroit, Chicago et Philadelphie. Il s'agit d'être convaincant, tout se joue lors de ce grand oral. Livres, brochures richement illustrées, photos, plans, films documentaires, tout est bon pour mettre en avant son projet et se démarquer de la concurrence. Les Américains de Minneapolis ont même fait le voyage avec une impressionnante maquette reproduisant le stade de la ville.

Les auditions achevées, Sigfrid Edström, président du CIO, prend la parole pour expliquer les règles du vote et demander aux votants « qu'ils soient guidés dans leur choix uniquement par l'intérêt général des Jeux olympiques. La question financière doit jouer un rôle secondaire et ne doit pas nous influencer. Les débats seront tenus secrets et chacun peut donc émettre franchement son opinion ». Les délibérations ne durent que quarante-cinq minutes. Sur 28 bulletins délivrés, la majorité est fixée à 15. Helsinki remporte 14 voix, Los Angeles et Minneapolis 4, Amsterdam 3, Detroit 2, Chicago 1 et Philadelphie aucune. Un second tour est donc organisé et détermine Helsinki comme vainqueur avec 15 voix, suivie de Minneapolis et Los Angeles 5 et Amsterdam 4. La nouvelle parvient très vite aux habitants de l'heureuse élue. *L'Intransigeant* du 22 juin relate : « M. Fraenkel, directeur de la ville d'Helsinki, qui fut le grand créateur du stade olympique de cette ville, pleurait de joie [...] Il prit la parole pour remercier au nom de la Finlande de l'honneur qui était fait à son petit pays : "Soyez convaincus que nous nous montrerons dignes de votre confiance." Et le journaliste de conclure : "Il y eut ensuite une réception. C'est là que j'apprenais qu'à Helsinki en fête à cette nouvelle, le travail était arrêté, que la foule répandue dans les rues s'accordait jour de fête et pavoisait !" »

Quatre ans après des Jeux londoniens encore marqués par le traumatisme de la Seconde Guerre mondiale, la XVe olympiade d'Helsinki sera celle, en pleine guerre froide, du clivage est-ouest. Depuis 1945, le monde est passé d'une guerre totale à un bipolarisme entre les blocs américain et soviétique. La scène géopolitique internationale est particulièrement instable. L'Organisation du traité de l'Atlantique nord (Otan) est créée le 4 avril 1949, conséquence de la séparation de l'Europe, que Winston Churchill nommera « le rideau de fer ». Cette alliance militaire défensive réunit dix États européens, le Canada et les États-Unis. L'URSS y répond en 1955 avec la conclusion d'une alliance militaire avec sept autres signataires de l'Europe de l'Est. En 1950, la guerre de Corée est le terrain lointain de ce conflit qui ne dit pas son nom, avec d'un côté la Corée du Nord, soutenue par l'URSS, et le Sud de l'autre, appuyé par les Américains.

L'URSS signe son retour dans la famille olympique après lui avoir tourné le dos depuis les Jeux de Stockholm en 1912. Elle adhère en 1951 au CIO. La décision de participer aux Jeux, alors que la guerre froide est à son paroxysme, est un symbole fort. S'agit-il d'un gage de bonne volonté du Kremlin en direction de Washington ? Est-ce une diversion pour que l'événement serve de propagande et permette d'affirmer la supériorité du modèle soviétique ? Le 17 juillet 1952, dans les colonnes du *Figaro*, un journaliste s'interroge à quelques jours de l'événement : « Trêve olympique ? [...] les hostilités larvées d'une guerre froide se prêtent mal à un armistice. » L'affrontement entre les deux blocs ne pouvant avoir lieu physiquement, c'est donc le terrain olympique qui servira de juge de paix. *Le Monde* du 20 juillet : « La grande attraction de ces Jeux d'Helsinki est donc le "choc" russo-américain. De véritables commandos russes sont à pied d'œuvre. Les Américains ont débarqué un énorme contingent de troupes. Chaque camp, avec ses consignes et ses secrets, se trouve au contact pour la première fois depuis la guerre. » Le champ lexical volontairement guerrier illustre l'état d'esprit qui règne alors, sorte d'affrontement idéologique par l'entremise du sport.

Ce schisme est d'autant mieux illustré par la séparation des athlètes : chaque camp possède son propre village olympique. Les termes usités dans la presse de l'époque pour décrire les deux sites parlent d'eux-mêmes. Dans *L'Intransigeant* du

16 juillet, le journaliste laisse aller sa légèreté après sa visite du village de Käpylä, l'occidental : « Un endroit fabuleux [...] à l'intérieur déambule paresseusement la plus extraordinaire faune humaine qu'on puisse imaginer [...] des êtres au format insensé vous croisent. Vous vous retournez pour voir si vous n'avez pas la berlue [...] Leur cuisine est le seul endroit de Finlande où l'on puisse voir de la viande à la fois cuite et rouge [...] D'ici on dirait de petits garçons bariolés qui s'amusent. »

Le 31 juillet, *La Gazette provençale* donne immédiatement le ton dès son titre, « J'ai visité le village du Rideau de fer. » Le journaliste présente son reportage comme une exclusivité quasi internationale, un « exploit ». Il y rapporte ce qu'il a observé dans le camp des athlètes du bloc de l'Est, au sein du village d'Otaniemi, sur les abords de la mer Baltique. Après avoir dû traverser plusieurs postes de contrôle placés au milieu de la route et tenus par des soldats finlandais armés, il raconte : « J'y ai vu des athlètes s'entraînant sous la pluie. Au plein cœur de la forêt, 110 athlètes polonais et 30 polonaises se tenaient au garde-à-vous [...] n'ayant rien d'autre à faire, je me promenais à travers la section russe du camp, sans escorte ; l'entrée était signalée par la présence d'une immense banderole portant les insignes de l'Union soviétique », mais la plume de préciser qu'il ne croisa aucun drapeau rouge ni portrait de Staline. Et de s'interroger sur la manière qu'ont les Russes pour se fournir en denrées et boissons durant trois semaines : « Le problème a été résolu ; c'est un train spécial qui, chaque jour, amène de Leningrad tout ce dont l'équipe soviétique a besoin pour son entretien et son alimentation. »

L'Humanité parvient à rencontrer Romanov, le chef de la délégation soviétique, que le journal communiste cite le

29 juillet : « Si nos athlètes vivent séparés de ceux des autres nations, cela vient essentiellement de l'impossibilité où se trouvaient les organisateurs finlandais de réunir tout le monde en un seul endroit. » Circulez, il n'y a rien à voir ! Cette double lecture entre Est et Ouest est tout aussi forte dans la description des athlètes faite dans les journaux des deux camps. Chacun ses stéréotypes. La presse non communiste évoque en décrivant l'équipe de football russe un « rouleau compresseur » face à des Yougoslaves « individualistes et imaginatifs », puis mentionne la « machine » Zátopek, « impeccable, parfaitement mise au point, mais anonyme pour ne pas dire inhumaine ». De l'autre côté, *L'Humanité* du 29 juillet n'est pas en reste : « Tu as vu comme dans ce domaine également la différence de conception entre les pays du socialisme et les pays capitalistes apparaît de façon éclatante ? Dans ces derniers, c'est le culte du champion, sorte de phénomène rarissime qu'on choie mais aussi qu'on exploite. Tandis qu'en URSS et dans les démocraties populaires, il s'agit d'un véritable sport de masse auquel tous dans le peuple, sans exception, ont accès. » Partout dans le monde débute alors avec la cérémonie d'ouverture du 19 juillet 1952 à Helsinki le décompte quotidien des médailles glanées par les deux camps. Le CIO regrettera cette concurrence dans son rapport final en évoquant ce sujet comme « une ombre » : « Dès le premier jour, le public s'est demandé lequel des deux groupes l'emporterait et, dans les grands magasins d'Helsinki, on affichait journellement le total des médailles attribuées à chaque pays, et avant tout aux athlètes des USA et de l'URSS [...] un très regrettable retour au chauvinisme national [...] il (Coubertin) n'a pas voulu faire des Jeux une affaire d'État, comme c'est la tendance actuelle [...] Le sport olympique ne doit pas être national, mais universel ! »

Autre symbole du choc des deux mondes : le traitement réservé à l'Allemagne. Privée des Jeux de 1948, cette dernière est officiellement divisée en deux en 1949, avec la naissance en mai de la RFA à l'ouest, et de la RDA à l'est en octobre. Le CIO intègre le comité national olympique allemand, de l'ouest, l'année suivante. Celui-ci est soutenu par les Alliés, qui y voient un moyen d'intégration du nouveau pays dans la communauté internationale. La RDA souhaite aussi être reconnue et envoie une demande dans ce sens au CIO. Dans sa *Revue olympique* de 1951, le comité justifie son refus : « un seul comité national olympique par pays pouvait être reconnu ». L'autorité olympique va alors tenter un improbable rapprochement des deux Allemagnes en envisageant de faire concourir les athlètes des deux bords sous une seule et unique bannière, celle de la RFA, affirmant qu'ainsi « il serait possible à tous les sportifs amateurs d'Allemagne de participer aux Jeux [...] sans tenir compte de leur lieu de résidence, en vertu des seules règles olympiques ». Le comité olympique occidental convie les sportifs de la partie orientale à participer aux épreuves qualificatives pour l'olympiade et reçoit un refus catégorique accompagné d'une missive stipulant « que le comité olympique de l'Est ne tenait pas à être pris en remorque de la misère sportive de l'Allemagne de l'Ouest et qu'il refusait de prendre le départ aux Jeux olympiques ensemble avec les sportifs de l'Allemagne occidentale ». Comble de l'ironie, la région allemande de la Sarre, placée sous protectorat français dès décembre 1947, est reconnue par le CIO et envoie 36 athlètes à Helsinki, qui rentreront bredouilles. Au jeu des médailles, les États-Unis finissent en tête avec 76 podiums – 40 en or, 19 en argent et 17 en bronze – devant l'URSS – 22 or, 30 argent et 19 bronze – et la Hongrie – 16, 10 et 16. La France finit sixième – 6 médailles dans chaque métal –, alors que le Royaume-Uni – 1 or, 2 argent et 8 bronze –,

18e, fait à peine mieux que l'Allemagne – 0 or, 7 argent et 17 bronze –, 28e.

La figure sportive de ces Jeux est un Tchécoslovaque alors âgé de 30 ans : Emil Zátopek. Champion olympique sur le 10 000 m et médaille d'argent sur le 5 000 m en 1948 à Londres, la « locomotive tchèque » va vivre le sommet de sa carrière lors de la XVe olympiade. Bourreau de travail, Zátopek court l'équivalent d'un marathon quotidien à l'entraînement, rudoie son organisme sans en connaître les limites. Son style n'est pas des plus esthétiques, son visage grimaçant exprime à chaque foulée la douleur de l'effort. Mine douloureuse, coudes bringuebalants, Zátopek ne brille pas par la beauté de son geste mais plutôt par son efficacité. « Je ne suis pas assez talentueux pour courir et sourire en même temps », aimait-il glisser avec humour à ses détracteurs. Il ne laisse aucune chance à ses adversaires sur le 10 000 m, conservant ainsi son titre olympique devant son éternel rival, le Français Alain Mimoun. Le 24 juillet 1952, alors que Zátopek remporte le 5 000 m dans une finale époustouflante face au Français, Dana Zátopková, sa femme, se prépare dans le vestiaire du stade olympique, concentrée sur la finale du lancer de javelot, loin de l'enthousiasme qu'est en train de soulever Emil. Le premier jet de Dana à 50 m 47 est le bon et lui permet de remporter la médaille d'or. Elle racontera plus tard : « Lorsque nous nous sommes retrouvés, il m'a regardée en ayant l'air de tomber du ciel. Il ne lui était pas venu à l'idée que je puisse gagner, moi aussi ! » Autre signe du destin, Dana et Emil sont nés le même jour, le 19 septembre 1922. Nullement rassasié, Zátopek n'en a pas fini avec les records. Trois jours plus tard, il remporte haut la main le marathon. Le triplé réalisé est unique, Zátopek enregistrant à chaque fois un nouveau record olympique.

Les propagandistes communistes n'en demandaient pas tant et instrumentalisent la légende écrite par le champion. Il est nommé émissaire pour la paix lors du congrès de Vienne de décembre 1952 et y tiendra même un discours dans lequel il présente le rôle du sport comme une solution de détente internationale. À propos d'Helsinki 1952, Zátopek expliquera : « Les sportifs de presque tous les pays du monde y ont participé et l'amitié qui naquit entre tous était si belle qu'elle ne pouvait jaillir qu'au milieu de gens qui veulent vivre en paix. » Rentré en Tchécoslovaquie, Emil est happé par le discours officiel, portant la bonne parole à l'occasion de nombreuses manifestations populaires où il prêche l'amitié des peuples et la paix mondiale. Il se rend même dans les usines du pays, où il exhorte les individus à se surpasser au travail. Patriote convaincu, il devient colonel de l'armée en 1957. Le printemps de Prague en 1968 va bouleverser son destin. Partisan d'Alexandre Dubček, il signe le « manifeste des 2 000 mots », véritable ode à la libéralisation nationale. Zátopek s'insurge contre l'arrivée des chars dans la capitale du pays et va même jusqu'à demander l'éviction de l'URSS des Jeux de Mexico de 1968. Le Parti communiste le laisse se rendre à Mexico avec sa femme Dana, mais il va payer le prix de son engagement. Il profite alors de la tribune olympique pour exprimer sa résistance à qui veut l'entendre. Plusieurs pays proposent l'asile politique au couple, mais la locomotive est devenue un moteur pour son pays et Zátopek ne veut pas passer pour un fuyard.

De retour, Emil est qualifié de traître au régime, il doit être muselé. Deux mois après les Jeux de Mexico, il est relevé de ses fonctions de directeur des sports au ministère de la Défense, radié de l'armée, exclu du Parti communiste. Il devient du jour au lendemain éboueur dans les rues de

Prague, avant d'être envoyé durant six ans dans les mines d'uranium de Jáchymov, à une centaine de kilomètres de la capitale. En 1975, son purgatoire se termine, Emil est nommé au centre d'information des sports à Prague. Passé de héros d'un peuple à victime d'un régime, des podiums couvert d'or et de gloire, aux mines couvert de poussière et de honte, du champion polyglotte adulé des foules au mineur humilié réduit au silence, Zátopek est le plus grand symbole de l'instrumentalisation politique d'un sportif. Le champion s'éteint à 78 ans le 22 novembre 2000, sa femme Dana, le 13 mars 2020.

Le Luxembourgeois Josy Barthel a été la victime d'une drôle d'anecdote à Helsinki. Alors que le pays participe aux Jeux olympiques depuis l'édition de Paris 1900, il n'avait jusque-là remporté qu'une unique médaille, en argent par l'intermédiaire de l'haltérophile Joseph Alzin en 1920 à Anvers. C'est dire si personne ne donne très cher de la peau des 44 Luxembourgeois inscrits dans 9 sports différents à Helsinki. Sur le 1 500 m, tout le gratin de la discipline est sur la ligne de départ : du détenteur du record du monde, l'Allemand Werner Lueg, à l'Américain Robert McMillen, sans oublier l'Anglais Roger Bannister. Personne ne prête la moindre attention au dossard 406 porté par Josy Barthel. Le starter retentit. Immédiatement le champion allemand prend les rênes, accompagné de son compatriote Lamers. Derrière, le groupe a du mal à suivre, seuls McMillen, Bannister et Barthel ne sont pas distancés. Le combat est âpre. On se succède en tête, personne ne veut montrer la moindre faiblesse. Barthel reste pour sa part en retrait mais tient la cadence, c'est déjà un exploit ! Il reste 500 m et le bulldozer allemand fait exploser le peloton avec une accélération dont il a le secret. Il se retourne et voit le petit Luxembourgeois résister. L'effort pour creuser l'écart a sans doute été trop violent pour Lueg, qui fatigue dans le dernier virage. Barthel accélère, dépasse son adversaire, et résiste de toutes ses forces jusqu'à la ligne d'arrivée. Josy fait non seulement tomber le record olympique du 1 500 m mais devient le premier, et le seul encore à ce jour, champion olympique luxembourgeois. Tous les pronostics ont été déjoués. Quelques minutes plus tard, Josy monte sur la plus haute marche du podium et l'impensable va alors survenir. Personne dans l'organisation n'avait anticipé la victoire d'un Luxembourgeois, pas même la fanfare officielle. Alors que le drapeau tricolore est hissé sur le mât, les musiciens ne savent pas quoi faire ! Des notes commencent à résonner, totalement improvisées, mais ne correspondant certainement pas à l'hymne du petit pays. Seuls Josy et la délégation luxembourgeoise se rendront compte de la faute. Sur une photo d'époque, on voit le champion olympique en larmes sur la plus haute marche du podium. Émotion de la victoire ou tristesse de voir son hymne ainsi massacré ? Nul ne le saura jamais. Entré dans la légende par un malentendu d'une fanfare mais surtout pour avoir fait mentir tous les pronostics, Barthel est le plus illustre athlète de son pays. Ministre de 1977 à 1984, il décède en 1992. Le stade national du Luxembourg porte son nom.

14

MELBOURNE – STOCKHOLM 1956

Les Jeux des antipodes

Après dix olympiades organisées sur le continent européen et deux sur le continent américain, l'universalisme tant souhaité par Coubertin devient réalité lors de la 44e session du CIO d'avril 1949 à Rome. Par 21 voix contre 20 à Buenos Aires, la ville australienne de Melbourne est désignée pour la XVIe olympiade.

Les choses se compliquent très vite pour le comité d'organisation local, présidé par W. S. Kent Hughes. Lors de la présentation du dossier de candidature de la ville, son représentant, Francis Joseph Beaurepaire, omet, volontairement ou non, de signaler une règle locale ô combien importante. Une loi australienne impose des conditions sanitaires draconiennes d'entrée sur le territoire pour les animaux. Six mois de quarantaine sont exigés pour les chevaux avant de les autoriser à pénétrer dans le pays. Les épreuves d'équitation, incontournables aux Jeux olympiques, ne peuvent donc se tenir dans ces conditions. *La Gazette provençale* du 28 janvier 1954 fustige : « Il est inconcevable que les spécialistes [...] songent à se séparer de leurs chevaux sept mois avant les Jeux olympiques. Aucun cavalier ne pourra s'offrir le luxe de passer sept mois en Australie [...] Verra-t-on les Jeux olympiques se déroulant à Melbourne ne comporter aucune épreuve équestre ? Ce serait une véritable entorse faite au règlement, entorse pas plus admissible que ne le serait l'organisation des épreuves équestres dans quelque autre capitale mondiale. »

Après de longues tractations entre le CIO, le comité d'organisation de Melbourne et les autorités gouvernementales australiennes, il faut se faire une raison, aucun passe-droit ne peut être accordé, même pour les Jeux. Le CIO est pris au dépourvu, hors de question que l'équitation ne soit pas présente à la XVIe olympiade. Cela ne va pas en s'arrangeant côté organisateurs puisque des conflits les opposent aux élus locaux sur de nombreux points. Ces derniers critiquent les projets d'implantation de différents sites olympiques, notamment au sujet de la piscine olympique. La presse australienne pour sa part vilipende le coût d'une telle dépense et la désorganisation ambiante. Le doute plane sur la capacité des Aussies à recevoir la planète sport. L'institution olympique ne peut pas laisser faire et va alors prendre une mesure historique : changer ses propres textes pour rendre l'entreprise réalisable. Elle modifie sa charte et y insère le paragraphe suivant : « L'honneur et la responsabilité d'accueillir les Jeux olympiques sont confiés par le CIO, en principe à une ville qui est élue hôte des Jeux olympiques. Lorsque cela est jugé approprié, le CIO peut désigner plusieurs villes, ou d'autres entités, telles que des régions, États ou pays, en tant qu'hôtes des Jeux olympiques. » Le 13 mai 1954, le CIO décide alors d'attribuer les épreuves équestres des Jeux de 1956 à la ville de Stockholm en Suède. Le calendrier décidé est tout aussi unique, scindé en deux pour tenir compte de l'inversion des saisons entre les deux hémisphères : du 10 au 17 juin pour les épreuves équestres à Stockholm et du 22 novembre au 8 décembre pour les Jeux de Melbourne.

Les organisateurs suédois souhaitent préparer des jeux équestres olympiques de manière totalement autonome sur le plan financier. La fédération équestre locale a alors l'idée de mettre en place une loterie nationale entre avril et juin 1955, lui permettant de recueillir plus de 180 000 couronnes grâce à la vente de 200 000 tickets. 159 cavaliers issus de 29 pays défilent sur leurs montures lors de la cérémonie d'ouverture du 10 juin dans le stade olympique de Stockholm, érigé pour les Jeux de 1912. La flamme olympique fait son entrée dans le stade après un parcours de neuf jours depuis Olympie, durant lequel 160 cavaliers à cheval se sont relayés à travers le Danemark et la Suède. Trois épreuves sont au programme : le saut d'obstacles, le dressage et le concours complet. Cette dernière épreuve se compose de cinq parties, dont un cross de 33 obstacles qui ne va pas tarder à générer un flot de critiques et de protestations comme rarement dans l'histoire de l'olympisme.

Le cross de 32 km 850 est programmé le 13 juin à Fadoba. Les conditions climatiques sont exécrables, le terrain totalement détrempé pour cause de pluies torrentielles qui se sont abattues dans la matinée. Parmi les 33 obstacles, le 22 est sans aucun doute le plus redouté de tous : un fossé profond de 4 m, large de 6 et au fond duquel une solide barrière s'élève au milieu de l'eau. Les organisateurs ont souhaité rendre le parcours le plus difficile possible pour une épreuve plus spectaculaire. Les 40 000 spectateurs amassés assistent alors à un véritable « jeu de massacre ». Les accidents s'enchaînent. Sur 56 engagés, seuls 12 concurrents finissent la course. Pour les autres, le parcours se transforme en calvaire. Selon le rapport de l'épreuve, on enregistre 15 éliminés, 30 chutes de chevaux, 65 chutes au total – 1 cheval est par exemple victime de 6 chutes successives –, 4 cavaliers envoyés à l'hôpital et 1 cheval abattu sur place. L'épreuve est insupportable pour les défenseurs de la cause animale. Les lettres de critiques s'amassent : « Jusqu'où va donc votre idéal olympique que vous défendez avec tant d'ardeur ? S'arrête-t-il à l'être humain ? N'étend-il donc pas ses bienfaits jusqu'à l'animal que pourtant vous admettez aux Jeux olympiques ? » La Société protectrice des animaux et l'association féminine pour la lutte contre la cruauté envers les animaux entreprennent une action auprès des autorités suédoises pour établir les responsabilités. Une plainte est même déposée contre les organisateurs olympiques. Les journaux du monde relaient la polémique. On peut ainsi lire dans *La Tribune de Genève* : « Que des humains se risquent dans des aventures de ce genre, libre à eux de le faire, car ils possèdent le discernement ; mais entraîner à leur suite des chevaux dont on abuse de la confiance qui leur est demandée, cela dépasse mon entendement. » Pour d'autres, le comportement des cavaliers qui ont poussé leur monture à franchir les obstacles malgré la fatigue s'assimile à de « la cruauté », « de la barbarie », « un véritable massacre ». Le procureur de la ville de Stockholm doit calmer les débats et finit par communiquer auprès des médias pour leur indiquer que « les organisateurs ne seraient pas poursuivis en justice malgré la plainte déposée par les diverses associations suédoises pour la protection des animaux ».

La Suède remporte 3 médailles d'or devant son public et l'Allemagne un total de 6, dont 3 pour le seul Hans Gunter Winkler – 2 en or et 1 en argent. Winkler débute à Stockholm un règne sur le saut d'obstacles par équipes. Il remporte l'or olympique dans la catégorie 4 fois de suite jusqu'en 1972 à Munich, et s'incline pour la première fois en 1976 à Montréal où il ne prend « que » la deuxième place du concours olympique. Du côté de la délégation italienne, 2 concurrents sortent également du lot : les frères d'Inzeo. Raimondo et Piero sont les fers de lance de l'équitation italienne en décrochant chacun 6 médailles olympiques entre 1956 et 1972.

À l'approche de l'ouverture des Jeux de Melbourne, la situation géopolitique laisse craindre le pire quant à la tenue de l'événement. La crise du canal de Suez éclate en octobre 1956. En réaction à la nationalisation du canal par l'Égypte, Israël envahit l'est du territoire, suivi rapidement par les Français et les Britanniques, qui lancent des bombardements et débarquent des troupes. Les Égyptiens, dépassés militairement, signent un cessez-le-feu le 7 novembre. Sous la pression américaine, la force d'urgence des Nations unies est envoyée sur place, contraignant les coalisés à battre en retraite. Le pire a été évité de justesse.

Dans le même temps, la jeunesse hongroise aspire à une émancipation de l'emprise soviétique. Le 23 octobre 1956, près de 20 000 étudiants se rassemblent dans le centre-ville de Budapest. Le mouvement pacifiste prend vite de l'ampleur et regroupe 200 000 personnes en quelques heures à peine. Après plusieurs jours d'insurrection, Moscou envoie ses chars le 4 novembre dans la capitale hongroise. La répression soviétique, d'une extrême violence, cause la mort de 2 500 Hongrois, et des milliers d'autres sont blessés. Dans la foulée, près de 26 000 personnes sont amenées devant les tribunaux, et plusieurs centaines sont exécutées. De nombreux pays occidentaux s'indignent.

En réaction à l'intervention soviétique, l'Espagne, la Suisse et les Pays-Bas boycottent officiellement les Jeux olympiques de Melbourne. Devant la crise du canal de Suez, l'Égypte, le

Liban et l'Irak font de même. Moins de deux semaines avant l'ouverture des Jeux, la république populaire de Chine choisit également la voie du boycott pour protester contre l'autorisation donnée à la république de Chine, connue à l'époque sous le nom de Formose, aujourd'hui appelée Taïwan, à concourir lors de l'olympiade.

Le président du CIO, Avery Brundage, exprime publiquement ses regrets face à ces « abstentions » : « Quels que soient les événements politiques qui se déroulent dans le monde, il n'y a pas de raisons que soit détruit l'esprit de coopération internationale et de bonne volonté qui forment le noyau du mouvement olympique. J'insiste sur le fait que les Jeux sont des compétitions entre individus et non entre nations. » Rien n'y fait, la géopolitique a officiellement fait son entrée dans le monde du sport, des gouvernements profitant de la vitrine olympique pour ainsi exprimer leur position aux yeux du monde.

C'est au milieu de la piscine olympique que les comptes vont se régler en ce 6 décembre 1956. La demi-finale de water-polo propose l'affiche URSS-Hongrie, un mois à peine après l'entrée des chars russes dans Budapest. Plongeons-nous au cœur de ce match pour en vivre l'intensité inouïe. Des deux côtés de la piscine, les regards sont sombres et concentrés. Les Hongrois, bonnets noirs sur la tête, font face aux Soviétiques, bonnets blancs. L'arbitre siffle le coup d'envoi. Dans les gradins, le public australien prend immédiatement fait et cause pour les Hongrois, conspuant l'URSS à la moindre occasion. Le match est rugueux, âpre. Chaque duel est prétexte à des coups vicieux des deux côtés. Coups de poing, coups de tête, la lutte dépasse largement les règles du fair-play. Insultes, menaces, intimidations. La Hongrie parvient à dominer les débats. 3-0. Le public exulte, des drapeaux hongrois sont de sortie. Une barre transversale russe fait se lever la foule, la tension ne cesse de grimper. Les Russes sont à deux doigts de l'hystérie dans le bassin. On ne cache même plus ses coups du regard de l'arbitre. Règlement de comptes, orgueil national. 4-0. C'en est trop pour un poloïste russe qui se jette sur le jeune Ervin Zádor. Deux coups de poing fendent la pommette du jeune Hongrois de 21 ans. L'eau de la piscine olympique devient rouge sang. Le public ne tient plus, alors qu'il reste une poignée de secondes à jouer. C'est le sang d'un peuple opprimé qui coule à nouveau sous les yeux des Aussies. De nombreux spectateurs se ruent aux abords de la piscine pour régler leurs comptes aux Russes. Le lynchage collectif est proche. Le jeune Hongrois sort de son côté, le visage dégoulinant. L'image entre dans les annales du sport. La police australienne est contrainte d'intervenir pour calmer la foule. Des journaux titrent en une, le lendemain : « Bain de sang à Melbourne ». La Hongrie remporte quelques jours plus tard la finale olympique contre la Yougoslavie. De nombreux Hongrois, dont des membres de l'équipe de water-polo, profitent de l'olympiade australienne pour « passer à l'Ouest » et ne plus mettre le pied dans leur Hongrie natale, sous le joug soviétique.

Aux antipodes de cette tension politique, l'Allemagne présente à Melbourne une équipe unique, unifiant les athlètes de la RDA et de la RFA sous une même bannière. En 1955, le CIO reconnaît officiellement le comité olympique de la RDA et convainc les deux côtés de s'unir sportivement. L'accord est scellé le 7 janvier 1956. Des règlements sont édictés pour la bonne cohabitation : « 1. Le comité olympique de la RDA reste reconnu provisoirement à condition qu'une seule équipe allemande se présente à Melbourne ; 2. Il n'y aura qu'un seul chef de mission qui sera choisi dans la zone ayant le plus grand nombre d'athlètes sélectionnés ; 3. Pour toutes les épreuves, l'équipe sera formée à la suite de rencontres préliminaires ; 4. Toute la correspondance relative aux Jeux sera faite par les soins du comité de l'Ouest, les entrées aux Jeux devant être signées conjointement ; 5. Toute immixtion de politique dans les affaires olympiques est strictement prohibée. » Le CIO est évidemment ravi de voir sa démarche aboutir et s'enorgueillit par la voie de sa *Revue olympique* : « Il est heureux de constater combien l'union des deux régions de l'Allemagne se réalise favorablement en vue des Jeux olympiques dans le domaine du sport, ce que la politique n'a pas pu faire jusqu'à ce jour. »

Parmi les champions remarqués, ceux de l'Est exercent une suprématie totale sur la gymnastique. La Russe Larissa Latynina remporte la bagatelle de 6 médailles, dont 4 d'or. Elle récidivera en 1960 à Rome, 3 médailles d'or, 2 d'argent et 1 de bronze, puis à Tokyo en 1964, 2 en or, 2 en argent et 2 en bronze, soit un total incroyable de 18 médailles olympiques, dont 9 d'or, en 3 olympiades ! Ágnes Keleti, Hongroise de 25 ans, fera aussi bien avec 4 titres olympiques à Melbourne et 2 médailles d'argent. Chez les hommes, Viktor Chukarin domine sans partage la concurrence. Après ses 6 médailles à Helsinki en 1952, il remporte 5 médailles en Australie, dont 3 titres olympiques aux barres parallèles, par équipes et au concours général. Son compatriote Valentin Muratov obtient 3 titres olympiques – concours par équipes, sol et saut de cheval – et 1 médaille d'argent aux anneaux. En se plongeant dans les livres d'histoire du sport, on observe que c'est en gymnastique que la Russie et l'ex-URSS ont remporté le plus grand nombre de titres olympiques, avec 89 médailles d'or, 78 d'argent et 58 de bronze, mais c'est en athlétisme que les Russes totalisent le plus de médailles avec 254 podiums : 82 en or, 77 en argent et 95 en bronze. Troisième sport dans lequel la Russie se démarque : la lutte, avec 83 titres olympiques, 42 médailles d'argent et 35 de bronze.

Côté français, la performance en marathon d'Alain Mimoun, l'éternel second d'Emil Zátopek – qui le devança notamment sur 10 000 m aux JO de Londres en 1948 et d'Helsinki en 1952, mais aussi sur le 5 000 m des JO 1952 et des championnats d'Europe 1950 –, est inoubliable. La « locomotive tchèque » n'est que l'ombre d'elle-même à Melbourne, opérée un mois plus tôt d'une hernie. Mimoun maîtrise ses 44 concurrents avec une aisance stupéfiante. Au terme de 2 h 25' de course courue sous plus de 36 °C, il pénètre devant 120 000 spectateurs amassés dans le Melbourne Cricket Ground et profite de ce premier et seul titre olympique de sa carrière. Il reviendra quelques années plus tard sur son entrée dans le stade : « Cette ovation, c'était comme une bombe atomique ! » L'ancien tirailleur algérien, gravement blessé à la jambe par un éclat d'obus lors de la bataille de Monte Cassino en 1944 en Italie, est tout à sa joie. Melbourne restera à jamais gravé dans sa mémoire, lui qui apprenait par télégramme la veille de la course la naissance de sa fille Pascale-Halina. Quatre ans plus tard, à 39 ans, Alain Mimoun tente de conserver son titre à Rome, en vain, il finit à la 34e place. Décédé en juin 2013 à 92 ans, Mimoun avait été élu quelques mois plus tôt « athlète français du siècle » devant Marie-José Pérec et Guy Drut. Une centaine de rues, stades et écoles portent le nom d'Alain Mimoun, ce champion qui connut un jour de décembre 1956, à l'autre bout du monde, des émotions inégalables.

15

ROME 1960

Place aux champions, toutes catégories

Cinquante-deux ans après avoir dû renoncer à l'organisation de la IVe olympiade, conséquence de l'éruption du Vésuve, et la défaite face à Berlin en 1936 et Tokyo en 1940, Rome acquiert enfin le statut de ville hôte des Jeux olympiques lors de la 51e session du CIO à Paris en 1955. Elle devance ses concurrentes de Lausanne, Détroit, Budapest, Bruxelles, Mexico et Tokyo. Le projet italien a de quoi séduire l'autorité olympique : 60 milliards de lires investies, construction du nouvel aéroport international de Fiumicino, réhabilitation du réseau routier autour de la capitale et construction d'un stade olympique de 100 000 places. Pour couronner le tout, les organisateurs romains souhaitent que les Jeux pénètrent le centre de la cité et ainsi utiliser son riche patrimoine architectural pour organiser certaines épreuves. La gymnastique est ainsi programmée sur l'immense site des thermes de Caracalla, la lutte au milieu des ruines de la basilique de Maxence, entre le Colisée et le Foro Romano, et les marathoniens remonteront la Via Appia, sur laquelle défilaient les légions victorieuses, pour franchir la ligne d'arrivée sous l'arc de Constantin. À croire que le monde de l'olympisme avait alors décidé de pardonner à Rome et à l'empereur Théodose d'avoir été à l'origine d'un édit en 395 après J.-C. qui supprimait les Jeux olympiques antiques.

Les Jeux de la XVIIe olympiade se déroulent du 25 août au 11 septembre 1960 et rassemblent un nombre record de pays participants avec 83 nations inscrites, 5 396 athlètes, dont 537 femmes. L'indépendance acquise par de nombreux pays africains permet d'intégrer de nouvelles nations comme la Tunisie, le Maroc et le Soudan. Saint-Marin et la République arabe unie, réunissant l'Égypte et la Syrie, participent également à leurs premiers Jeux. Comme en 1956, l'Allemagne présente une équipe unifiée. Seules ombres au tableau politique : la république populaire de Chine, retirée du CIO le 28 août 1958, manque à l'appel et l'Afrique du Sud ne présente que des athlètes blancs. Le 22 mai 1960, au Chili, un séisme, mesuré à 9,5 sur l'échelle de Richter, cause la mort de 6 000 personnes et engendre d'immenses dégâts. La délégation chilienne renonce dans un premier temps à participer aux Jeux, mais le comité olympique national italien décide d'inviter à ses frais tous les athlètes chiliens et les officiels. « Le Chili a toujours participé aux Jeux olympiques. L'absence du drapeau chilien à Rome constituerait un événement d'autant plus déplorable qu'une étroite amitié unit les peuples italien et chilien », peut-on lire dans la *Revue olympique*. Neuf sportifs du pays sud-américain traversent donc l'Atlantique, la seule femme de la délégation, l'athlète Marlene Ahrens, est désignée porte-drapeau. Le Chili s'en retournera sans médaille.

Le comité d'organisation romain est confronté pour la première fois dans l'histoire olympique à une problématique de taille : la circulation automobile. Des mesures draconiennes sont alors entreprises en autorisant uniquement les véhicules immatriculés à Rome et les véhicules officiels de circuler dans la capitale le temps des Jeux. C'est le début de ce que l'on nomme aujourd'hui les « voies olympiques », certaines artères étant exclusivement réservées aux voitures officielles. Quant aux touristes étrangers et les Italiens venant de l'extérieur de Rome, ils sont invités à laisser leurs voitures aux portes de la ville, où de gigantesques parkings sont prévus, et d'emprunter les transports en commun.

Rome 1960 représente une révolution en matière de couverture médiatique. La RAI couvre l'intégralité des compétitions en direct pour une diffusion dans 18 pays européens. Au total, cent six heures d'émissions sont ainsi produites durant les quinze jours de l'événement. Quarante caméras noir et blanc, 11 unités mobiles et 11 magnétoscopes sont occupés à permettre la diffusion des directs. Chaque soir, les cassettes vidéo immortalisant les épreuves du jour sont envoyées par avion aux États-Unis. Les Jeux entrent dans les foyers, et leur diffusion télévisée va immédiatement devenir un élément indissociable de l'événement sportif lui-même, qui ne pourrait plus exister aujourd'hui sans les faramineux droits télé. Les télévisions vont petit à petit prendre un tel pouvoir qu'elles parviendront à imposer certains diktats au monde sportif. Ainsi, les compétitions de natation de Pékin 2008 sont organisées en matinée afin de permettre aux Américains de suivre en *prime time* les exploits de Michael Phelps et consorts.

Un exceptionnel champion va se révéler lors des Jeux de 1960. À peine âgé de 18 ans, Cassius Clay effectue le voyage depuis son Kentucky natal vers la Californie pour les sélections olympiques américaines. Le jeune boxeur y surclasse facilement la concurrence et décroche son sésame olympique. Un obstacle se dresse néanmoins sur son chemin, bien plus effrayant à ses yeux que n'importe quel adversaire : sa peur panique de l'avion. Il a d'ailleurs préféré prendre un bus pour parcourir les trois mille kilomètres du voyage retour séparant

Los Angeles de Louisville. Hors de question de prendre l'avion pour aller à Rome ! Soit il effectue la traversée de l'Atlantique en bateau, soit il renonce aux Jeux. Après de longues négociations, son entraîneur, Joe Martin, lui fait admettre que la route pour le mener au titre de champion du monde des poids lourds passe par une victoire olympique. Clay accepte, mais à une condition : lui trouver un parachute pour qu'il puisse l'enfiler durant le vol. Déjà sa personnalité en fait un sportif unique. Il est sûr de lui, de son talent, de son destin. Il devient vite populaire au sein du village olympique, notamment parmi la délégation américaine. Son aura naturelle en fait immédiatement un leader de l'équipe américaine, certains le surnommant même « le maire du village olympique ». Sur le ring, seuls ses traits encore juvéniles laissent deviner son jeune âge. Premier combat face au Belge Yvon Becot. Dès le gong annonçant le début du match, Cassius Clay présente son style inimitable et précurseur pour l'époque : il sautille, tourne autour de son adversaire, comme la danse d'un fauve prêt à se jeter sur sa proie. Le Belge semble immédiatement dépassé. Dès la deuxième reprise, l'arbitre préfère mettre un terme au supplice de Becot, proche du K-O. En quart de finale, c'est un Russe de 28 ans, Gennadiy Shatkov, qui se présente face à Clay. Trois fois champion de Russie en mi-lourds, il est surtout le tenant du titre olympique après ses quatre victoires, dont deux par K-O, à Melbourne en 1956. Un client en somme. Le jeune Américain ne laisse aucune chance au Russe et le surclasse de bout en bout. Victoire aux points 5-0. Les 10 000 spectateurs amassés dans la salle sont éblouis par la performance remarquable de ce boxeur au style nouveau.

La demi-finale est une formalité devant l'Australien Tony Madigan, quand se présente en finale le solide Polonais

Zbigniew Pietrzykowski, médaillé de bronze à Melbourne et champion d'Europe à trois reprises entre 1955 et 1959. C'est la première fois que Clay se mesure à un tel adversaire, qui plus est à la garde inversée du gaucher. À la puissance et aux appuis solides de l'expérimenté Polonais, Clay propose l'énergie et les mouvements permanents de sa jeunesse. Le premier round est parfaitement équilibré, on se rend coup pour coup. Clay profite de son allonge pour garder la distance et distiller ses attaques, tels des coups de guêpes répétés. Le Polonais se fatigue et, à une minute de la fin du combat, il est assailli. Il reste debout quand le gong annonce la fin du combat. Logiquement, Clay remporte la médaille d'or. Il vient de se révéler à la boxe mondiale, mieux, à la planète sport ! Tout sourire sur la plus haute marche du podium, installé à même le ring, il reçoit fièrement la médaille d'or autour du cou, son premier grand succès international. Il racontera plus tard : « Je n'ai pas enlevé cette médaille pendant quarante-huit heures. J'ai même dormi avec. Je n'ai pas très bien dormi car j'ai dû dormir sur le dos pour que la médaille ne me coupe pas. Mais je m'en fichais, j'étais champion olympique. » Ce titre lui ouvre effectivement en grand les portes de la gloire. Passé professionnel, il bat Sonny Liston en février 1964 et s'empare du titre de champion du monde des poids lourds. Celui que l'on nomme désormais Mohamed Ali, suite à sa conversion à l'islam en 1965, devient une icône culturelle pour ses prises de position politiques, notamment en s'affirmant objecteur de conscience opposé à la guerre du Vietnam. Il est aussi et surtout *the greatest* pour ses victoires dans des combats d'anthologie, comme ceux contre Joe Frazier et George Foreman. Entre 1960 et 1981, Ali remporte 56 combats sur 61, dont 37 par K-O.

Le 19 juillet 1996, il renoue son histoire avec les Jeux olympiques en allumant la vasque des Jeux d'Atlanta, révélant au monde entier la maladie de Parkinson qui le touche. La vague d'émotions de cet instant est à la hauteur de l'immense champion qu'il a été. Durant cette même olympiade, le président du CIO, Juan Antonio Samaranch, lui remet une nouvelle médaille d'or, Ali ayant perdu celle de son titre de 1960. Il décède le 3 juin 2016 à Phoenix à l'âge de 74 ans. La maladie de Parkinson, qui le toucha pendant trente-deux ans, est bien le seul adversaire étant parvenu à avoir raison de l'un des plus grands sportifs de tous les temps.

Certains destins sont tracés dès la naissance. Né le 7 août 1932, jour du marathon olympique de Los Angeles, Abebe Bikila est alors un inconnu parmi les 70 concurrents qui s'apprêtent à s'élancer en ce 10 septembre 1960 pour le marathon olympique. Dans un peu plus de deux heures, c'est comme légende de son sport qu'il sera désormais connu. Membre de la garde impériale du « roi des rois » d'Éthiopie, Haïlé Sélassié, Bikila n'a jamais couru en compétition avant les Jeux et ne doit sa présence à Rome qu'à la blessure de l'un de ses compatriotes. Le cadre de la course est magnifique. En cette fin d'après-midi, les coureurs sont regroupés pour le départ au pied du Capitole romain. L'agrégation de l'événement sportif au patrimoine architectural de la ville promise par les organisateurs est à son paroxysme. Le crépuscule étend sur les ruines antiques adjacentes une couleur pastel qui offre une atmosphère unique au moment où retentit le starter. Pieds nus, l'Éthiopien attend son heure et laisse un trio de Marocains mener le train. Il rejoint au 10e kilomètre le peloton de tête, qu'il ne quittera plus. À 5 km de la fin, il n'est suivi que par le Marocain Abdeslam Radi. Après 2 h 15' 16" de course, Bikila efface le record olympique d'Emil Zátopek et savoure son triomphe en franchissant la ligne d'arrivée sous l'arc de Constantin. Tout un symbole ! Vingt-cinq ans plus tôt, c'est de ce même monument que les troupes colonialistes fascistes de Benito Mussolini partaient à la conquête de l'Éthiopie, son pays. Quatre ans plus tard, aux Jeux de Tokyo, et alors qu'il se fait opérer trente-cinq jours plus tôt d'une appendicite aiguë, Bikila devient le premier athlète à remporter deux fois de suite le marathon. En 1969, suite à un grave accident de voiture qui lui brise la nuque, Abebe Bikila est transporté d'urgence à Londres dans l'avion personnel d'Haïlé Sélassié. Il lutte pendant huit mois contre la mort mais perd l'usage de ses deux jambes. Il est invité comme spectateur aux Jeux de Munich 1972 où le public allemand lui propose une ovation de plusieurs minutes. Il décède un an plus tard à l'âge de 41 ans.

Parmi les champions de cette XVIIe olympiade, l'athlète noire américaine Wilma Rudolph a tout d'une rescapée. Polio, double pneumonie, scarlatine, le destin semblait s'acharner sur la jeune Wilma, qui avait perdu l'usage de sa jambe gauche à l'âge de 4 ans et a été contrainte de rester alitée deux années complètes. Tel un phénix, la jeune Américaine retrouve la santé et se découvre des capacités de sprinteuse, évidemment insoupçonnées jusque-là. Elle se qualifie pour ses 16 ans aux Jeux de Melbourne où elle décroche le bronze en 4 × 100 m. Après quatre ans d'entraînements intenses, elle se présente au sommet de sa forme à Rome où elle remporte haut la main les 100, 200 et 4 × 100 m.

Pour chaque champion olympique, restent derrière des centaines de perdants. Certains s'inclinent à un cheveu, un mètre ou un point, d'autres avec classe et sportivité. Profitant de l'absence totale de concurrence sur le continent africain, la Tunisie obtient sans passer par la case qualificative son billet olympique pour le pentathlon moderne par équipes.

Trois athlètes sont alors engagés : Lakdar Bouzid, Habib Ben Azzabi et Ahmed Ennachi. La première des cinq épreuves est le tir au pistolet. Deux Tunisiens parviennent à peine à toucher la cible, quand le troisième est retiré de l'épreuve par mesure de sécurité. Il a tellement raté son tir qu'il est à deux doigts de blesser un juge. Deuxième épreuve : l'escrime. Dans cette discipline, l'un des trois Tunisiens est plutôt bon et s'en sort honorablement durant la phase éliminatoire, où chaque athlète doit affronter tous ses concurrents. Mais, à chaque fois, le même Tunisien se présente sur la piste en lieu et place de ses compatriotes, espérant que le masque porté suffirait à tromper les organisateurs et leurs adversaires. Démasqués, ils sont tous trois disqualifiés de l'épreuve d'escrime. La troisième épreuve, la natation, tourne à la farce lorsque l'un des trois est à deux doigts de se noyer dans la piscine olympique, ne sachant pas nager. En équitation, les trois se font éjecter de leur monture dès le début de l'épreuve, terminant au sol, alors que les autres concurrents franchissent sans problème les différents obstacles. La dernière épreuve de cross sonne la fin du calvaire pour le trio. Résultat : tous les pays terminent la compétition par équipes avec un score compris entre 10 000 et 15 000 points. La Tunisie ne compte que 5 126 points, ce qui équivaut en pentathlon moderne à terminer 75 m derrière le vainqueur d'un 100 m.

Le 26 août 1960 se joue un drame dans la famille olympique. L'épreuve des 100 km contre-la-montre par équipes regroupe 126 concurrents issus de 32 pays et se déroule sous une chaleur torride proche des 42 °C. L'Italie, l'équipe d'Allemagne unifiée et la Russie dominent largement la course et finissent dans cet ordre sur le podium sans se rendre compte du destin du Danois Knud Enemark Jensen. Écrasé par la chaleur, le jeune cycliste de 22 ans s'effondre, tombe immédiatement dans le coma et décède peu de temps après à l'hôpital. L'autopsie indique que le sportif est mort d'un coup de chaleur mais révèle des traces de nombreux produits dopants dans son sang, notamment des amphétamines et du tartrate nicotinyl, pour améliorer la circulation sanguine vers les muscles. Aucun règlement n'est alors en vigueur contre le dopage. La délégation danoise révélera plus tard que deux coéquipiers de Jensen ont également été conduits à l'hôpital pour problème toxique.

Le bilan de l'équipe de France olympique est catastrophique. Avec seulement 5 médailles, aucun titre olympique, 2 médailles d'argent et 3 de bronze, les tricolores enregistrent le pire bilan comptable de leur histoire olympique. Ils étaient pourtant 237 à s'engager dans ces Jeux.

16

TOKYO 1964

La première asiatique

En apprenant le résultat du vote du CIO désignant Tokyo ville hôte de la XVIIIe olympiade le 25 mai 1959, les représentants de Denver ont de quoi être désabusés. Une fois de plus, les Jeux leur échappent, comme en 1952, en 1956 et en 1960. Ils représenteront tout de même de nouvelles candidatures pour 1968, puis 1972, mais rien n'y fait. La ville du Michigan n'a à ce jour jamais été désignée par le CIO. Six candidatures, 6 échecs, une vraie malédiction. D'autres cités des différents continents ont également tenté leur chance à plus d'une reprise, sans résultat, comme Istanbul (2000, 2004, 2008, 2012 et 2020), Chicago (1904, 1952, 1956 et 2016), Madrid (1972, 2012, 2016 et 2020) et Buenos Aires (1956, 1968 et 2004). Côté français, Lyon, à trois reprises (1920, 1924 et 1968), et Lille, en 2004, ont aussi eu des prétentions olympiques. On peut également citer pêle-mêle des destinations plus exotiques et des grandes capitales, comme Milan (1908 et 2000), La Havane (2008 et 2012), Bakou (2016 et 2020), Manchester (1996 et 2000), Belgrade (1992 et 1996), Téhéran en 1984, Alexandrie en 1916, Kuala Lumpur, Le Cap et San Juan en 2004 ou encore Prague (1924 et 2016) et Lausanne (1948 et 1960). Beaucoup de candidats pour un seul vainqueur sur la ligne d'arrivée.

Le 10 octobre 1964, dans le stade Kasumigaoka, l'empereur Hirohito proclame l'ouverture des Jeux devant 75 000 spectateurs ravis. Le Japon s'est paré de ses plus beaux atours pour recevoir le monde sportif. C'est une nation entière qui savoure, fière, cette renaissance sur le plan international. Un jeune étudiant de 19 ans, Yoshinori Sakai, est le symbole vivant de la reconstruction japonaise et de la paix olympique. Sakai est né le 6 août 1945 à Miyoshi, ville du département d'Hiroshima. Cette date est particulière pour le Japon, jour du bombardement atomique d'Hiroshima par l'armée américaine. Le jeune champion universitaire sur le 800 m est le dernier porteur de la flamme olympique, qui a traversé 12 pays, de la Grèce au Japon, puis portée par 96 370 Japonais à travers 46 préfectures du pays. Son entrée dans le stade fait chavirer d'émotion le public nippon.

Le pays du Soleil-Levant fait de la réussite de ces Jeux une question de prestige national. Des investissements colossaux sont donc consacrés dans la construction d'infrastructures modernes. La plus impressionnante demeure la première ligne à grande vitesse Shinkansen, sur laquelle le record mondial de vitesse est battu en 1963 avec 256 km/h. Cet ancêtre du TGV est ouvert au grand public le 1er octobre 1964, quelques jours avant le début des Jeux, et permet de relier Tokyo à Osaka en quatre heures. Autre investissement accéléré par l'accueil de l'olympiade : le Tokyo Monorail. Inauguré le 17 septembre 1964, il permet une liaison rapide entre l'aéroport et le cœur de la cité en une vingtaine de minutes, contre plus de deux heures en voiture. Tokyo a changé de visage et s'est reconstruite à toute vitesse, amenant inexorablement le Japon dans la course à la croissance économique. Les Jeux olympiques de 1964 font partie intégrante de ce nouvel essor. La population dans son ensemble adhère à l'événement. En attestent les 3 545 000 demandes de billets pour la cérémonie d'ouverture, soit 60 fois plus que le nombre de places disponibles. Un tirage au sort est alors organisé pour départager les demandeurs. Les organisateurs n'omettent aucun détail pour accueillir les 5 151 athlètes, dont 678 femmes, provenant de 93 pays. Pour faciliter la communication et le quotidien des sportifs, le comité olympique japonais engage plus de 1 000 interprètes officiels. 62,4 % d'entre eux parlent l'anglais, 18,2 % le français, 6,5 % l'allemand, 6,1 % l'espagnol et 3,2 % le russe. Quatorze nations, essentiellement issues du continent africain, participent pour la première fois : Algérie, Cameroun, Sénégal, Tchad, Madagascar, Côte d'Ivoire, Congo, Rhodésie du Nord – la Zambie actuelle –, Mali, République dominicaine, Niger, Mongolie, Népal et Tanzanie. En termes de répartition continentale, l'Océanie présente 2 pays, l'Europe 27, l'Amérique 22, l'Asie et l'Afrique 21 chacune.

La XVIIIe olympiade fait entrer l'événement dans une nouvelle ère technologique. Après une première retransmission en Eurovision sur le continent européen lors des Jeux de 1960, Tokyo propose les images en mondovision à près de 800 millions de téléspectateurs. Lancé le 19 août 1964 depuis la base de cap Canaveral, le satellite Syncom III, surnommé « Étoile olympique », permet d'obtenir un point fixe au-dessus de l'océan Pacifique et de proposer la transmission télévisuelle aux États-Unis. Six « cerveaux » électroniques sont utilisés durant la quinzaine, dans lesquels sont enregistrées à l'avance 67 000 instructions, sous forme de codes, qui comprennent le détail des épreuves, le nom des concurrents, leur nationalité, leur ordre de départ. Ces machines peuvent en quelques secondes établir le classement complet et exact de chaque compétition, répercuté instantanément vers chaque site olympique et reproduit sur papier en quelques minutes. Les forces armées japonaises sont mises à contribution avec plus de 7 500 hommes mobilisés, 12 avions, 72 bateaux, 750 véhicules et 843 appareils de télécommunication pour gérer les transports, les contrôles, les communications, les sauvetages, la protection des personnalités, la manipulation des drapeaux ou encore la musique officielle.

Parmi les nombreuses performances réalisées à Tokyo ressortent celles de l'Éthiopien Abebe Bikila, qui parvient à conserver son titre olympique au marathon, cette fois chaussé de baskets, de l'Américain Don Schollander, 18 ans, qui devient le premier sportif à décrocher 4 médailles d'or en natation au cours de la même olympiade en 100 m, 400 m, 4 × 100 m et 4 × 200 m, et de l'Australienne Dawn Fraser, qui remporte pour la troisième fois consécutive le 100 m nage libre, cumulant 8 médailles olympiques depuis Melbourne 1956. Le poloïste hongrois, Dezsö Gyarmati, parvient à un total de 5 médailles avec sa sélection nationale, argent en 1948, or en 1952 et 1956, bronze en 1960 et or en 1964. Ce sportif accompli, capable de nager le 100 m en cinquante-huit secondes, est considéré comme le plus grand joueur de water-polo de tous les temps.

L'olympiade permet aussi aux organisateurs de proposer des sports en démonstration, tous ancrés dans la culture japonaise : le kendo, ou science de l'épée, le kyudo, ou tir à l'arc, et le sumo. C'est surtout la quatrième discipline, le judo, qui fait une entrée fracassante dans la sphère des disciplines olympiques. Inventé dans les années 1880 par le Dr Jigoro Kano, le judo, ou « voie de la souplesse », est dérivé du jujitsu et des techniques de corps à corps développées par les samouraïs. Kano agrémente la discipline d'un savant mélange d'entraînements physiques intenses et de principes philosophiques, intellectuels et moraux. Très vite, ce sport martial devient une discipline de vie et ne cesse de prendre de l'ampleur jusqu'à devenir, avec le sumo, le sport national au Japon. Kano en fait la promotion partout dans le monde. Il devient en 1909 le premier membre asiatique du Comité international olympique.

C'est dire si les Japonais attendent le début des combats olympiques. Quinze mille personnes se rassemblent dans la salle du Nippon Budokan de Tokyo. L'ambiance est sereine, le public convaincu du sacre à venir de ses champions. Quatre catégories sont au programme, toutes masculines. Chez les poids légers, moins de 68 kg, Takehide Nakatani ne laisse aucune chance en finale au Suisse Eric Hänni, tout comme Isao Okano face à l'Allemand Wolfgang Hofmann, chez les poids moyens, et Isao Inokuma face au Canadien Douglas Rogers, chez les lourds. La catégorie reine de la discipline est la compétition « open », qui n'impose aucune limite de poids. Les Japonais sélectionnent Akio Kaminaga, médaille d'argent aux mondiaux de 1958. Le premier combat oppose le local au colosse hollandais Anton Geesink, 1 m 98 pour 115 kg, premier non-Japonais à décrocher le titre de champion du monde en 1961. Le combat est très équilibré, et le Hollandais est donné vainqueur sur décision des juges. Les 15 000 spectateurs sont abasourdis mais reprennent espoir lorsque leur favori domine l'Allemand Klaus Glahn plus tard dans la journée en demi-finale. Dans le même temps, Geesink ne met que douze secondes pour écraser le malheureux Australien Theodore Boronovskis. La salle est en ébullition quand le Japonais et le Hollandais se retrouvent sur le tatami pour la finale. Les spectateurs, acquis à la cause de Kaminaga, s'enflamment à chaque attaque portée par le Japonais et retiennent leur souffle quand le géant Hollandais prend l'initiative. Le combat est acharné, neuf minutes d'une intensité extrême. Kaminaga lance alors une attaque-surprise mais se fait contrer par son adversaire. Victoire de Geesink. Le public est assommé. Geesink n'apporte pas que cette médaille olympique à son sport, c'est lui qui a un jour l'idée de proposer les tenues de judo bleue et blanche, permettant aux spectateurs de mieux différencier les athlètes sur le tatami. Geesink devient membre du Comité international olympique en 1987 et se voit attribuer le 10e dan par la fédération internationale de judo en 1997, soit le plus haut niveau de ce sport.

Éclipsé en 1968 à Mexico, le judo devient officiellement sport olympique aux Jeux de Munich en 1972. Le Japon règne évidemment sur ce sport, cumulant 84 médailles, dont 39 d'or, 19 d'argent et 26 de bronze, devant la France et ses 49 médailles, dont 14 d'or, 10 d'argent et 25 de bronze, et la Corée du Sud, 11 d'or, 16 d'argent et 16 de bronze. Le Japonais Tadahiro Nomura est l'unique triple champion olympique de l'Histoire, avec des titres remportés en 1996, 2000 et 2004. Sa compatriote, Ryoko Tani, est la seule judoka à avoir décroché 5 médailles en 5 olympiades : l'or en 2000 et 2004, l'argent en 1992 et 1996, le bronze en 2008. Du côté français, l'ancien Britannique naturalisé français en 1974, Angelo Parisi, a obtenu l'or chez les poids lourds et l'argent dans les toutes catégories en 1980, l'argent en 1984 et le bronze en 1972. Onze judokas ont cumulé à ce jour 3 médailles olympiques, dont 2 Français : David Douillet, l'or en 1996 et 2000 et le bronze en 1992, et Teddy Riner, l'or en 2012 et 2016 et le bronze en 2008. Les autres Français champions olympiques sont Marc Alexandre et Thierry Rey en 1980, Cécile Nowak et Cathy Fleury en 1992, Marie-Claire Restoux et Djamel Bouras en 1996, Séverine Vandenhende en 2000, Lucie Décosse en 2012 et Émilie Andéol en 2016. La France a fait sien le judo. On recense plus de 5 700 clubs sur le territoire, dont 75 % des membres âgés entre 10 et 19 ans. Au quotidien, la fédération attache une grande importance à l'éthique et à la moralité des entraînements de ses sportifs. Dans chaque dojo français est ainsi affiché un code de conduite où sont formulés 8 préceptes : amitié, courage, sincérité, honneur, modestie, respect, contrôle de soi et politesse. Ou quand le sport devient un principe éducatif.

Au dernier jour des Jeux, la délégation française fait légèrement mieux que celle de 1960 avec un total de 8 médailles d'argent, dont celles sur 800 m en athlétisme de Maryvonne Dupureur et de Christine Caron sur 100 m dos en natation, et 6 de bronze. Pour la dernière épreuve de l'olympiade, tous les espoirs reposent sur le cavalier Pierre Jonquères d'Oriola. Le Catalan de 44 ans, champion olympique en saut d'obstacles aux Jeux de 1952 à Helsinki, a déjà obtenu quelques jours plus tôt l'argent par équipes avec l'écuyère Janou Lefèbvre. Devant 60 000 spectateurs, le cousin de Christian d'Oriola, champion olympique du fleuret en 1952, époustoufle l'assistance par sa maîtrise et sa complémentarité avec sa monture, Lutteur B. Sur un terrain gorgé d'eau, tous ses concurrents multiplient les fautes sur le parcours de 780 m et 14 obstacles, quand d'Oriola réalise le parcours parfait. *In extremis*, *La Marseillaise* est donc jouée pour la seule fois dans le stade olympique de Tokyo.

17

MEXICO 1968

Pluie de balles et records en rafales

1968 est l'année de tous les dangers. Une vague de protestations, pour la plupart étudiantes, submerge la planète. Dès le mois de janvier, les mouvements de contestation étudiants rejoignent les luttes ouvrières en Italie, en Espagne, en Allemagne, en Grande-Bretagne et au Japon. Les assemblées populaires, manifestations et marches pacifiques se multiplient, souvent réprimées avec force. En février, trois étudiants américains décèdent en Caroline du Sud lors d'une manifestation pour les droits civiques. Tchécoslovaquie, Yougoslavie, Pologne, France, Canada, Afrique… le mouvement ne cesse de prendre de l'ampleur. Partout on revendique plus de libertés, on conteste le pouvoir en place, on dénonce l'autoritarisme, le patriarcat, le racisme, l'injustice sociale.

Au Mexique, l'État autoritaire réprime dans la violence les premiers mouvements menés au printemps par les professeurs, les ouvriers, les mineurs et les médecins. Dès l'été, la jeunesse prend le relais de la rébellion contre l'ordre établi. En septembre, les arrestations massives de leaders étudiants n'atteignent pas leur but et électrisent les protestataires. Les manifestations pacifistes sont quotidiennes, la grogne étudiante s'approprie l'espace public. Le Gouvernement doit réagir. La perspective des Jeux olympiques, qui s'ouvrent dans une poignée de jours, place le Mexique, nouvelle puissance émergente, sur le devant de la scène médiatique internationale. Le pays ne peut se permettre d'offrir une image écornée aux centaines de journalistes étrangers déjà présents pour l'olympiade.

Dans la nuit du 1er au 2 octobre, un groupe d'étudiants placarde à la sauvette des affiches sur les murs de Mexico. On y voit un homme en souffrance, aux yeux exorbités, dont la bouche est muselée par une énorme chaîne fermée par un cadenas, sur lequel est inscrit « *made in USA* ». Au bas du dessin, l'expression « *Libertad de expression – Mexico 1968* » et les 5 anneaux olympiques enchevêtrés sur la date. Les Jeux olympiques, symbole de paix entre les peuples, sont ainsi représentés comme les fossoyeurs de la jeunesse et de la liberté d'expression mexicaines. Le Gouvernement décide de passer à l'action dès le lendemain et de mater la rébellion. Quelque 8 000 manifestants, dont une très grande majorité de jeunes étudiants, sont alors rassemblés sur la place des Trois-Cultures de Tlatelolco, un quartier de Mexico. Toute la journée, les leaders se succèdent à la tribune, notamment pour faire part de la teneur des négociations avec le Gouvernement. À 18 heures, alors que le meeting touche à sa fin, un hélicoptère survole la foule. Le signal est alors donné à des francs-tireurs postés sur les toits de la place. Un journaliste de L'Équipe, Fernand Choisel, présent à Mexico pour couvrir les Jeux, raconte en 2015 : « Il y avait un monde fou sur la place [...] d'un seul coup je vois arriver un hélico équipé de mitrailleuses qui arrosent la foule sans sommation [...] je suis avec les étudiants, ils sont interrogés, je ne comprends pas ce qu'ils disent et ils sont tués à bout portant devant nous. Arrive mon tour, j'ai ma carte de presse dans la bouche et le milicien n'a pas tiré. » Panique chez les jeunes manifestants qui cherchent à fuir. L'armée bloque les différents accès à la place. C'est un massacre. Le bilan, approximatif, fait état de 30 à 500 morts, selon les sources, des centaines de blessés et plus de 2 000 personnes arrêtées.

Dix jours plus tard, les étudiants ont quitté les rues de la capitale, reprises par l'armée mexicaine. Dans un climat assez pesant, le président Gustavo Díaz Ordaz proclame l'ouverture de la XIXe olympiade. Grande première, la vasque olympique est allumée par une femme, Norma Enriqueta Basilio de Sotelo, championne du 80 m haies. Le relais de la flamme trouve ainsi sa destination après un chemin symbolisant le voyage de Christophe Colomb vers le Nouveau Monde, de Gênes, sa ville de naissance, à Palos en Espagne, où il embarqua, jusqu'à San Salvador, la première terre foulée après la traversée de l'Atlantique. Plusieurs moments phare animent l'événement dont le relais effectué en Espagne par Cristóbal Colón de Carbajal, un descendant direct de l'explorateur, et la cérémonie réunissant 50 000 personnes sur le site des pyramides aztèques de Teotihuacan.

De véritables révolutions vont s'abattre sur la quinzaine olympique. En matière de retransmission, la mondovision a encore progressé avec l'évolution des satellites, et propose dorénavant les images des compétitions en direct et en couleurs aux téléspectateurs du monde entier. Du côté du chronomètre, la société Omega, partenaire historique du CIO, met en place le chronométrage électronique, qui détermine le temps officiel. La natation innove avec la touche « à la plaque », qui s'active à l'arrivée uniquement au contact de la main du nageur.

Cinq ans après le vote en 1962 d'une résolution condamnant le dopage, le CIO crée en 1967 sa commission antidopage, qui établit la première liste de substances interdites dans le sport. Le comité olympique souhaite dans un souci d'éthique et d'équité prendre la problématique à bras-le-corps. Les premiers contrôles antidopages sont donc instaurés durant l'olympiade de Mexico. Cinq équipes, quelle que soit leur discipline, sont tirées au sort quotidiennement pour se soumettre à un contrôle, et les trois premiers de chaque épreuve doivent réaliser un test urinaire. Sur les 667 contrôles réalisés en quinze jours, seul le pentathlonien suédois Hans-Gunnar Liljenwall est déclaré positif. Testé après l'épreuve du tir, des traces excessives d'alcool sont retrouvées dans ses urines. Il se justifie en expliquant que les deux bières bues juste avant l'épreuve avaient pour unique but de calmer son stress. Il est disqualifié sur-le-champ de l'épreuve individuelle et la Suède de la compétition par équipes.

Dès sa nomination, la ville de Mexico a généré de nombreuses contestations du fait de sa position géographique à 2 300 m d'altitude. L'oxygène y étant plus rare qu'au niveau de la mer, les épreuves d'endurance sont rendues bien plus difficiles, au contraire des épreuves de vitesse favorisées par une meilleure pénétration dans l'air. L'athlétisme est le principal bénéficiaire de ces conditions particulières, cumulées à l'apparition d'une nouvelle matière synthétique recouvrant la piste, le tartan. Les records vont alors tomber les uns après les autres. Sur 100 m, l'Américain Jim Hines devient avec 9" 95''' le premier sprinteur à passer sous la barre des 10 secondes. Son record tiendra jusqu'en 1983. Il récidive quelques jours plus tard sur le relais 4 × 100 m avec l'équipe américaine en 38" 2'''. Ce nouveau record mondial efface celui enregistré la veille par l'équipe de Jamaïque lors des demi-finales de l'épreuve en 38" 3'''. Sur le 200 m, Tommie

Smith inscrit son temps dans l'Histoire avec 19" 8''', premier homme sous les 20 secondes. Sur le 400 m, son compatriote Evans l'imite avec 43" 8''', premier homme sous les 44 secondes, et bat un nouveau record mondial sur le 4 × 400 m en 2' 56" 1'''. Sur le 800 m, l'Australien Doubell enregistre 1' 44" 3''', le Kenyan Keino 3' 34" 9''' sur le 1 500 m, l'Américain Davenport 13" 3''' sur le 110 m haies et le Britannique Hemery 49" 1''' sur le 400 m haies. Beamon établit également le nouveau record du monde au saut en longueur avec 8 m 90, et le Russe Saneev en triple saut avec 17 m 39. Les femmes ne sont pas en reste avec le record du monde à la longueur de la Roumaine Viorica Viscopoleanu, 6 m 82, de sa compatriote Lia Manoliu au lancer de disque avec 58 m 28 et de l'Est-Allemande Margitta Gummel en lancer de poids avec 19 m 61, qui devient la première femme à lancer au-delà des 19 m.

Dick Fosbury, Américain de 21 ans, est un parfait inconnu lorsqu'il se présente le 20 octobre devant le sautoir du concours de la hauteur au stade olympique de Mexico. Il ne va pas tarder à entrer dans la légende du sport, à tel point qu'il demeure encore l'un des très rares sportifs à avoir donné son nom à une technique. Cette technique si particulière, Dick la travaille depuis l'âge de 14 ans, convaincu d'avoir atteint les limites de ses capacités avec le saut en ciseau et la technique ventrale utilisés par ses concurrents. En 1965, lors d'un championnat junior, il s'élance et franchit 2 m 01 puis, deux ans plus tard, 2 m 10 au championnat universitaire des États-Unis. Le *Fosbury flop* est né, mais pas encore à la face du monde. Pour la finale du saut en hauteur olympique, celui qui n'avait jusque-là jamais mis un pied hors de son pays va se frotter lors d'un concours de toute beauté à l'élite de son sport : les deux Soviétiques Gavrilov et Skvortsov, l'Italien Crosa et les deux Américains Brown et Caruthers. Les six athlètes ont tous franchi la barre des 2 m 14 et l'heure de vérité arrive avec 2 m 18. Comme pour ses trois premiers sauts, Fosbury franchit aisément la barre et met la pression sur la concurrence. Tout va se jouer à 2 m 22. Ne restent que Fosbury, Caruthers et Gavrilov en lice. Le jeune Américain passe à l'aise dès son premier saut, son compatriote au deuxième, alors que le Russe doit se retirer après trois échecs. Les 2 m 24 sont irréalisables pour Caruthers tandis que Fosbury fait chavirer le stade en réussissant sa troisième tentative. Il est médaille d'or mais veut maintenant le record du monde, alors à 2 m 28. Il fixe la barre à 2 m 29, qu'il ne franchit pas. C'est la stupeur dans le stade, la technique de Fosbury dénote tellement de celle de ses adversaires. Les journalistes sont ébahis devant un saut qui paraît de prime abord si farfelu. Les juges quant à eux sont perplexes. Cette technique peut-elle être autorisée ? Peut-on donner le titre olympique à un tel spectacle ? Après s'être plongés dans les textes, les juges doivent se rendre à l'évidence, la seule règle imposée est de ne prendre son appel avant le saut que sur un seul pied, ce qui est le cas de Fosbury. Le classement est alors homologué à la plus grande joie du public mexicain. Dick devient une véritable gloire dans son pays, il est convié dans des conférences et sur tous les plateaux télé. Mais lui vit mal cette célébrité et ne souhaite alors qu'une chose : décrocher son diplôme d'ingénieur. Il racontera la suite au journal *L'Équipe* en 2012 : « En 1972, après mon diplôme, je suis allé disputer quelques meetings pour me qualifier pour les Jeux de Munich mais, honnêtement, je n'avais plus le niveau… Et j'ai commencé à travailler. C'était ça mon destin, c'est vraiment ce que je voulais être. Un jeune ingénieur, très middle class, normal. » Fosbury mène donc une vie paisible et anonyme d'ingénieur des Ponts et Chaussées, loin des cris des stades, mais chaque épreuve de saut en hauteur refait parler de cette notoriété née un après-midi d'octobre à Mexico.

La route qui mena Bob Beamon au Mexique a été longue et tortueuse. Après avoir grandi dans une banlieue défavorisée de New York, Bob est marqué par la mort de sa mère emportée par une tuberculose. Agité en classe, il est remarqué par ses capacités sportives, notamment en saut en longueur. C'est en 1967 qu'il perce au plus haut niveau en réalisant le record du monde en salle avec 8 m 33 et se rapproche du record du monde, alors à 8 m 35. Hélas en cette veille de finale olympique, c'est un sportif totalement dépressif qui ne pense pas le moindre du monde à la compétition. Sa femme vient de le quitter et Bob trouve une *cantina* de Mexico pour noyer sa tristesse. C'est après une nuit sans dormir et noyée de tequilas que l'Américain se présente au stade. La suite fait partie de la légende des Jeux olympiques. Alors que l'orage menace, que l'atmosphère est particulièrement lourde, Beamon prend une course d'élan parfaite, son appui sur la planche est d'une précision chirurgicale et d'une force exceptionnelle, il plane littéralement dans les airs – ô temps suspends ton vol – et se réceptionne parfaitement, à tel point qu'il effectue immédiatement trois petits sauts, pieds joints, dans la foulée. Le nouvel appareil optique qui glisse sur un rail le long du bac à sable de réception est trop court, il ne va pas au-delà des 8 m 60. La marque laissée par l'atterrissage de l'Américain laisse augurer un exploit irréel. Les juges se précipitent, décamètre à ruban dans la main. Les secondes s'éternisent, le public retient son souffle, Beamon n'en peut plus. Quand soudain le tableau lumineux affiche aux yeux de tous les chiffres insensés de 8 m 90. Beamon exulte, tombe à terre, embrasse le sol. « J'avais envie de vomir », racontera-t-il plus tard. Dès son premier saut, il anéantit le concours du saut en longueur, avec ce nouveau record du monde, améliorant l'ancien de 55 cm ! Beamon ne se remettra jamais de son exploit. Bien que sélectionné par les Suns de Phoenix à la *draft* de la NBA en 1969, il ne parvient pas à devenir basketteur professionnel. Beamon, l'homme d'un jour. Beamon, le one-man-saut.

Jeudi 17 octobre 1968, l'image du podium du 200 m entre à jamais dans la mémoire populaire. À la première et à la troisième marche, deux Américains, Tommie Smith et John Carlos, déchaussés et en chaussettes noires, baissent la tête lorsque l'hymne américain retentit et lèvent un poing ganté. Ce geste, hautement politique et assimilé au mouvement *Black Panther*, symbolise la lutte des Afro-Américains pour le respect de leurs droits. Tout comme l'Australien Peter Norman sur la deuxième marche du podium, ils portent le badge de l'association Olympic Project for Human Rights. Avery Brundage, président du CIO, voit rouge et ordonne que les deux Américains soient immédiatement suspendus de l'équipe américaine et bannis du village olympique. Le lendemain, même endroit, même podium, mais cette fois pour rendre hommage aux trois premiers du 400 m olympique. Lee Evans, Ron Freeman et Larry James ont réalisé le triplé pour les États-Unis. Ils montent alors tous trois sur le podium, coiffés d'un béret noir, en levant eux aussi symboliquement le poing. Aucune réaction des officiels, le trio devant participer quelques jours plus tard à la finale du relais 4 × 400 m. Lors d'une conférence de presse tenue quelques jours plus tard, bien loin de la réalité du quotidien des Noirs aux États-Unis, Brundage déclare à propos de cet incident qu'il a « choqué bien des gens. Ce n'était pas une attitude sportive. Les Jeux olympiques ne sont pas un forum politique. D'autres athlètes, lorsqu'ils ont reçu leurs médailles olympiques, auraient pu manifester à propos de la politique de leurs propres pays ».

Bien des années plus tard, Tommie Smith et Lee Evans sont réunis par le journal *L'Équipe* pour une interview croisée sur cette olympiade. Tommie Smith : « Il faut replacer les choses dans leur contexte : cette année-là, les Noirs n'étaient pas les seuls à manifester. D'autres minorités ethniques, mais aussi les femmes, revendiquaient leurs droits. Nous étions en pleine guerre du Vietnam. Beaucoup de gens étaient en colère. Lee, John et moi avons eu la chance de bénéficier d'une superbe plate-forme pour nous exprimer : les Jeux olympiques. Nous avions accès direct au monde entier, et même au président des États-Unis. Il aurait été stupide de ne pas s'en servir. » Lee Evans explique pour sa part : « nous portions sur nos épaules le fardeau de nos parents et de nos grands-parents. Mon père et ma mère n'étaient pas fiers de la couleur de leur peau, et ça, ça me mettait en colère. J'en voulais à ceux qui nous obligeaient à avoir honte de nous-mêmes ».

Tommie Smith est resté marqué par la réaction du public mexicain à sa descente du podium : « J'ai jeté un coup d'œil dans les tribunes, j'ai pensé "Oh mon Dieu !" Certains spectateurs hurlaient comme des animaux ! J'ai eu le réflexe de porter ma main sur le visage comme pour me protéger. Je voyais dans la foule beaucoup de folie et de haine. J'entendais les insultes, j'ai eu vraiment très peur, je voulais sortir de ce stade le plus vite possible. » Et Lee Evans d'appuyer : « Moi, j'ai eu très peur pendant toute la durée des Jeux. J'avais correspondu avec des étudiants mexicains qui ont été massacrés quelques jours avant la cérémonie d'ouverture. J'avais peur d'être tué aussi. Le Ku Klux Klan et les White Angels, toutes ces associations, voulaient notre peau [...]. J'avais reçu le télégramme de quelqu'un qui m'avait écrit : "Je serai au stade et je vous abattrai quand vous serez sur le podium." Le genre de message qui peut rendre un peu nerveux ! »

À son retour du Mexique, Smith est contraint de prendre un emploi de laveur de voitures à San José. Il devient ensuite entraîneur d'athlétisme au Santa Monica College. John Carlos entame pour sa part une courte carrière dans le football américain avant d'endosser lui aussi le rôle d'entraîneur d'athlétisme. Plus de quarante ans après leur sacre olympique, et après avoir été ignorés par plusieurs présidents américains, Tommie Smith et John Carlos sont accueillis par Barack Obama à la Maison Blanche. De son côté, l'Australien Peter Norman, qui avait soutenu les deux Américains dans leur démarche, en leur donnant l'idée de porter chacun un gant noir, vit un véritable ostracisme des autorités sportives australiennes. Malgré d'excellentes performances, il n'est pas sélectionné pour les Jeux de 1972. Norman meurt en 2006 à l'âge de 64 ans. Tommie Smith et John Carlos font le voyage vers Melbourne pour assister aux obsèques et portent le cercueil de leur frère australien, qui s'était toujours battu contre la ségrégation à l'encontre des Aborigènes. Un lien indéfectible de ces défenseurs de l'égalité entre les hommes et fervents opposants contre le racisme était né en octobre 1968 sur un podium olympique, contre vents et marées.

18

MUNICH 1972

« The games must go on »

L'attribution de la XXᵉ olympiade à la ville de Munich est l'occasion pour les organisateurs de faire oublier le funeste souvenir des Jeux de Berlin 1936. Des moyens colossaux sont alloués pour la construction de nouvelles installations sportives. Un immense parc olympique de 300 hectares sort de terre en moins de quatre ans, avec notamment un stade de 77 000 places, un village olympique, un centre des médias, un vélodrome ou encore une piscine d'une capacité de plus de 9 000 places. Le site est somptueux, laissant place à l'architecture moderne, avec une toiture translucide en verre acrylique qui recouvre une partie du stade. Le tout est magnifié par l'Olympiatum, une tour moderne de 290 m de haut, proposant un restaurant tournant et une gigantesque antenne de télévision. L'événement permet également de moderniser la ville de Munich avec la construction de 43 km de routes et de 32 ponts, conçus pour faciliter les déplacements en transports en commun des athlètes et du public.

Lorsque, le 26 août 1972, le président de la République fédérale d'Allemagne, Gustave Heinemann, proclame l'ouverture des Jeux, tout est prêt pour faire de cette olympiade la plus belle et la plus mémorable de l'histoire olympique. Avec

121 nations présentes, jamais les Jeux n'ont rassemblé autant de participants. L'Albanie, l'Arabie saoudite, le Dahomey – l'actuel Bénin –, la Corée du Nord, le Gabon, la Haute-Volta – l'actuel Burkina Faso –, le Lesotho, le Malawi, la Somalie, le Swaziland et le Togo participent à leurs premiers Jeux. Le judo fait son retour comme discipline officielle, après avoir été sport de démonstration en 1964, tout comme le tir à l'arc, absent depuis Anvers 1920, et le handball à 7 joueurs, après avoir été disputé en 1936 à 11. Le badminton et le ski nautique sont les deux sports de démonstration choisis par les organisateurs.

Pour la première fois, une mascotte officielle des Jeux est présentée au public. La peluche de Waldi le Teckel est ainsi mise en vente au public, dans toutes les couleurs sauf en rouge et noir, les couleurs utilisées par le régime nazi. En 1932 à Los Angeles, le jeune chien Smoky s'était vu attribuer le titre de mascotte du village olympique, mais la véritable naissance de ce nouveau symbole remonte bien à Munich. Les mascottes olympiques sont généralement inspirées d'animaux indigènes de la région où sont organisés les Jeux, mais aussi des humains ou des créatures imaginaires reflétant une part de la culture du pays hôte ou mettant en valeur le concept des Jeux et l'esprit olympique auprès des plus jeunes. Le succès commercial est immédiat en Allemagne, Waldi générant plusieurs dizaines de millions de deutsche Mark de bénéfices. Suivirent tout un cheptel d'animaux, comme un ours, un aigle, un tigre, une chouette, un raton laveur et même un ornithorynque à Sydney 2000. Pour les Jeux de Tokyo 2020, les organisateurs ont sélectionné trois paires de mascottes sur les 2 000 propositions reçues. Ils ont alors l'idée de faire voter les élèves des écoles primaires japonaises ainsi que des écoles japonaises à l'étranger pour le choix final. C'est ainsi que 205 755 classes transmettent leur vote, soit plus de 70 % des écoles du pays, pour sélectionner Miraitowa et Someity, deux personnages futuristes inspirés du manga japonais.

La fête est belle en ces premiers jours olympiques. Le public allemand s'enthousiasme des exploits de la gymnaste soviétique Olga Korbut. À 17 ans, celle qui est surnommée « le moineau de Minsk » alterne les performances spectaculaires et les erreurs monumentales pour ses premiers Jeux. Le 28 août, elle remporte haut la main la compétition par équipes avec l'URSS. Le 30, alors qu'elle domine le concours général individuel, elle chute lourdement aux barres asymétriques. Alors que la jeune championne fond en larmes, un spectateur parvient à déjouer le service de sécurité et à s'approcher d'elle pour lui offrir un bouquet de fleurs. L'image fait le tour du monde, l'humanité d'Olga, si faillible, ne la rend que plus attachante. Le lendemain, elle est de retour pour le concours aux barres asymétriques et subjugue l'assistance qui l'ovationne longuement. Sa note de 9,80 n'est pas du goût du public munichois qui manifeste bruyamment à coups de sifflets et de huées. Les 10 000 personnes de l'Olympiahalle se mettent alors à taper des pieds en rythme. Le vacarme est tel que les organisateurs doivent interrompre momentanément la compétition. Finalement, Olga obtient l'argent. Elle décroche ensuite l'or dans les épreuves au sol et à la poutre. Quatre ans plus tard, elle réitère ses performances à Montréal avec l'or par équipes et l'argent à la poutre. Son influence sur la gymnastique est telle qu'Olga fait entrer son nom dans la postérité, à l'instar de Fosbury, après avoir été la première à réussir deux figures en compétition : le *salto Korbut* à la poutre et le *flip Korbut* aux barres asymétriques.

Munich 1972 représente l'apothéose de la carrière du nageur américain Mark Spitz. Après quatre médailles obtenues à Mexico quatre ans plus tôt, dont deux titres olympiques au 4 × 100 m et au 4 × 200 m, le Californien moustachu s'est lancé un incroyable défi pour les Jeux 1972 : participer à sept épreuves en sept jours. Il va alors inscrire son nom en lettres d'or dans le livre olympique. Spitz remporte successivement, en battant à chaque fois le record du monde, le 100 m et le 200 m papillon, le 100 m et le 200 m nage libre, et trois relais avec l'équipe américaine sur le 4 × 100 m, le 4 × 200 m nage libre et le 4 × 100 m 4 nages. Seul l'Américain Michael Phelps parviendra à faire mieux en 2008 à Pékin en cumulant huit titres olympiques dans les bassins chinois.

Alors qu'il décroche son septième titre le 4 septembre, Spitz est loin d'imaginer le drame qui va se jouer la nuit suivant son exploit légendaire. Un commando palestinien s'introduit dans la nuit du 4 au 5 septembre au sein du village olympique, dans le pavillon de la délégation israélienne. Des agents du FBI, inquiets pour sa vie en raison de ses origines juives, évacuent Spitz de toute urgence sans qu'il puisse savourer ses titres. Avant d'embarquer dans un avion spécialement affrété pour le faire rentrer à la hâte aux États-Unis, Spitz, alors âgé de 22 ans, stupéfie l'assistance lors d'une conférence de presse improvisée : « Depuis Mexico j'avais une revanche à prendre. J'étais jeune, un peu novice, j'avais alors 18 ans. J'étais censé remporter six médailles, j'ai échoué. Je suis venu à Munich comme un vieil homme qui veut réussir son come-back. J'ai donné ce que j'avais à donner. Ma carrière s'est terminée hier soir. » Bien qu'il envisage un réel come-back en 1992 aux Jeux de Barcelone à l'âge de 42 ans, Mark Spitz quitte la natation à Munich, au sommet de son art.

L'innocence et la légèreté olympiques sont ébranlées par les huit terroristes palestiniens issus de l'organisation

« Septembre noir ». Après avoir tué deux athlètes dans le village olympique, le commando prend neuf membres de la délégation israélienne en otage. Le CIO et les organisateurs sont pris de court. Alors que la prise d'otages a toujours lieu le 5 septembre dans la matinée, les épreuves de kayak démarrent comme si de rien n'était à 9 h 30, puis à 13 heures le seul voilier israélien participant aux Jeux, le *Flying Dutchman* de Michaeli Yair et Nir Itzhak, prend le départ de la régate olympique. À 15 h 50, alors que l'équipe d'Égypte de basket-ball refuse de jouer contre les Philippines, les Jeux olympiques sont officiellement suspendus jusqu'au lendemain à 10 heures. Après des heures de négociations, les terroristes sont autorisés à se rendre à l'aéroport de Munich. À 22 h 30, la police locale lance un assaut. Les neuf otages sont tués, ainsi qu'un policier et cinq des terroristes. Le monde du sport est sous le choc. Israël pleure les siens. Les lutteurs Mark Slavin, 18 ans, et Elizer Halfin, 24 ans, les haltérophiles David Berger, 28 ans, et Zeev Friedman, 28 ans, l'athlète Yossef Romano, 33 ans, les arbitres Yakov Springer, 52 ans, et Yossef Gottfreund, 40 ans, et les entraîneurs Kehat Shorr, 53 ans, André Spitzer, 30 ans, Amitzour Shapiro, 30 ans, et Moshe Weinberg, 33 ans, sont tombés face à la folie terroriste.

L'impact planétaire des Jeux olympiques a rendu l'événement plus vulnérable que jamais, sa popularité internationale l'expose au risque d'être exploité comme une tribune à l'écho démultiplié. Une cérémonie funèbre à la mémoire des victimes de l'attaque est organisée le mercredi 6 septembre au stade olympique de Munich, devenu chapelle ardente. Le silence règne, les drapeaux sont en berne, 80 000 personnes se recueillent. Avery Brundage, le président du CIO, se présente alors au micro : « Tout homme civilisé est frappé d'horreur par l'intrusion de cette barbarie criminelle dans l'enceinte olympique sacrée [...]. Nous ne disposons que de la force d'un grand idéal. Je suis convaincu que l'opinion mondiale sera d'accord avec moi pour penser que nous ne pouvons tolérer qu'une poignée de terroristes détruise ce noyau de la collaboration internationale et de la bonne volonté que constituent les Jeux olympiques. Les Jeux doivent continuer. » « *The games must go on.* » Les compétitions reprennent donc le 7 septembre, mais le cœur n'y est plus vraiment.

Lors des Jeux de Londres 2012, coïncidant avec les quarante ans des attentats de Munich, deux événements vont remettre au premier plan le drame de 1972. Le journal allemand *Der Spiegel* publie un article dans lequel il explique avoir réussi à exhumer les archives de la police munichoise. La négligence est alors criante : « 17 signaux d'alerte évoquant une action terroriste palestinienne lors des JO, souvent provenant de l'étranger, ont été collectés par les services secrets allemands dans les semaines précédant l'attentat. » Le chef de la police explique que « les 15 000 policiers mobilisés sont tenus délibérément à l'écart, hors du périmètre olympique, en réserve [...] sur le village ne patrouillent que 2 000 vigiles, sans arme, pas même une matraque en caoutchouc ». Quand un expert du terrorisme conseille aux organisateurs de renforcer la sécurité autour et dans le village, il lui est rétorqué que « ce n'est pas un camp de concentration ». Au cours d'un reportage de la chaîne publique ARD sur le dossier, un policier interviewé utilise cette image, tellement parlante : « Nous étions en maillot de bain et sandalettes pour attaquer un sommet de haute montagne. »

Les veuves des athlètes israéliens tués en 1972 lancent un appel pour que les spectateurs de la cérémonie d'ouverture des Jeux de Londres 2012 observent spontanément une minute de silence dans le stade, en hommage à leurs défunts maris, au moment où le président du CIO, Jacques Rogge, prendrait la parole. Ankie Spitzer se bat alors depuis quarante ans pour que cette minute de silence ait lieu durant la cérémonie d'ouverture des Jeux, un combat soutenu notamment par Israël et les États-Unis. « Nos maris sont morts sur la scène internationale, on devrait honorer leur mémoire devant les millions de personnes qui regardent les Jeux, pas dans un coin dans l'obscurité », faisant référence à une minute de silence observée quelques jours plus tôt par le président du CIO lors de l'inauguration du mur de la Trêve olympique, un monument installé dans le village olympique londonien, en l'absence de tout représentant israélien. Refus catégorique de l'autorité olympique, estimant que « l'atmosphère des cérémonies d'ouverture ne se prête pas aux commémorations de ce genre ».

Les derniers jours des Jeux se déroulent dans une atmosphère lourde et pesante. Il est toutefois nécessaire de narrer ici deux incroyables histoires. Le coureur éthiopien Miruts Yifter court sur les traces de son prédécesseur Abebe Bikila et décroche le bronze sur le 10 000 m à Munich. Également qualifié pour la finale du 5 000 m, Yifter arrive en retard au stade et rate le départ de sa course. À son retour en Éthiopie, il est immédiatement arrêté par la police et condamné à trois ans de prison au motif d'avoir « uniquement » remporté la médaille de bronze. Il est accusé d'avoir échoué aux Jeux olympiques et d'avoir trahi sa patrie, berceau des courses de fond. L'athlète accepte sa peine et sort de ces trois années de détention plus motivé que jamais. Privé des Jeux de 1976 du fait du boycott de son pays, il prend sa revanche à Moscou en 1980 en décrochant deux titres olympiques sur 5 000 m et 10 000 m. Rien ne dit quel accueil lui fut alors réservé à son retour à Addis-Abeba.

Depuis que le basket-ball est devenu sport olympique en 1936, les États-Unis ont remporté sept médailles d'or d'affilée, ne laissant que les places d'honneur à la concurrence. En cette veille de clôture des JO, la finale USA-URSS laisse présager une belle opposition, nacrée de tensions politiques. Les Russes mènent durant tout le match, à la surprise générale. À trois secondes de la fin du match, alors que l'URSS mène 49-48, deux lancers francs sont sifflés pour l'Américain Doug Collins, qui les inscrit. Pour la première fois du match, les États-Unis passent devant, 50-49. Les trois dernières secondes ne permettent pas aux Russes de marquer et le coup de sifflet final fait exploser de joie la délégation américaine. Et la controverse de naître. Les Soviétiques avaient demandé un temps mort entre les deux lancers de Collins, requête ignorée par le corps arbitral. De longues minutes passent. Que faire ? Le secrétaire général de la fédération internationale de basket, l'Italien Renato William Jones, intervient alors et convainc les arbitres de faire rejouer les trois dernières secondes. Les Américains enragent et crient à l'injustice. S'ils refusent de jouer ces fameuses trois secondes, ils auront alors match perdu sur tapis vert. Et ce qui devait arriver arriva… Belov reçoit la balle et expédie un shoot à toute vitesse sur le buzzer. 51-50 pour l'URSS ! C'est la sensation ! Première défaite de l'Histoire pour les États-Unis, qui déposent aussitôt réclamation. Le jury d'appel se concerte toute la nuit pour finalement décider qu'aucune irrégularité n'est à signaler. Les Américains ne se présenteront pas le lendemain, dernier jour olympique, sur le podium pour recevoir leur médaille d'argent. Depuis 1936, les Américains cumulent quinze titres olympiques, dont deux finales gagnées contre la France en 1948 et 2000. L'URSS avec deux victoires en 1972 et 1984, la Yougoslavie en 1980 et l'Argentine en 2004 complètent le palmarès.

19

MONTRÉAL 1976

Endetté jusqu'au cou

Denver, Los Angeles, Florence, Moscou, Tampere, Sion, Vancouver et Montréal déposent tour à tour leur candidature pour obtenir l'organisation de la XXIe olympiade. C'est cette dernière ville qui est désignée le 12 mai 1970 à l'issue de la 70e session du Comité international olympique. Le dossier de candidature de la cité canadienne, porté par son maire, Jean Drapeau, est séduisant. La première ville du pays a en effet accueilli la prestigieuse Exposition universelle de 1967 amenant plus de 52 millions de visiteurs. Des nouvelles installations sont prévues pour les Jeux, notamment un stade olympique high-tech de 70 000 places, le prolongement d'une ligne de métro vers l'enceinte sportive, une piscine et un vélodrome, chacun d'une capacité de 10 000 places. Le village olympique prévu sera aussi un bel écrin avec son hôpital, ses cliniques, sa piscine, ses sites d'entraînement, un centre récréatif, et sa capacité de logement pour 12 000 personnes. Point fort qui fait indéniablement la différence avec la concurrence, Jean Drapeau soumet un programme de financement complet et novateur. On lit ainsi dans la *Revue olympique* n° 30 d'avril 1970 : « Les dépenses de constructions seront minimes, puisque l'aménagement fut en grande partie réalisé pour l'"EXPO 67". Les pouvoirs publics d'une part, les investissements privés d'autre part, ainsi que l'apport financier des droits de télévision fourniront les moyens financiers nécessaires aux investissements. »

Les Jeux auront donc lieu du 17 juillet au 1er août 1976. Montréal a ainsi six ans pour s'y préparer. En août 1971, l'édile canadien sélectionne de son propre chef l'architecte qui aura la lourde tâche d'ériger le stade olympique. Le Français Roger Taillibert, concepteur du parc des Princes de Paris, est engagé. Sa technique utilisée dans l'actuel antre du club de football du Paris-Saint-Germain emploie d'immenses pièces en béton préfabriquées, au coût relativement faible. Les premières tensions apparaissent toutefois, les architectes et ingénieurs québécois goûtent assez peu que le savoir-faire local n'ait pas été privilégié. Le 6 avril 1972, c'est un Jean Drapeau enthousiaste qui présente la maquette du projet à la presse internationale. Le site sera superbe, ultramoderne, avec un stade ellipsoïdal, ouvert au centre et surmonté d'une tour habitable de 165 m. Le maire présente également l'ensemble des travaux olympiques et annonce le coût global de 310 millions de dollars, dont 171 pour le seul stade. Le projet est soutenu par le Gouvernement, le ministre des Finances affirmant en janvier 1973 que « trois sources de revenus seraient suffisantes pour couvrir la totalité des Jeux sans qu'il y ait de déficit : la monnaie, les timbres et la loterie ».

En 1974, le chantier du *Big O* débute. Il s'avère colossal, et devient très vite chaotique. L'ensemble du puzzle imaginé par Taillibert, composé de plus de 1 500 éléments, est d'une complexité sans nom et les problèmes techniques s'accumulent. À cela s'ajoutent des grèves de plusieurs mois sur le chantier, causant un important retard et une inflation du prix de l'acier, passé en un an de 200 à 1 200 dollars la tonne en

1975. Les Jeux sont menacés, l'inquiétude est générale, du comité d'organisation au CIO et surtout au sein du gouvernement canadien. Celui-ci crée donc en novembre 1975 un nouvel organisme, la régie des installations olympiques, pour mettre fin à la grogne sociale et superviser les opérations. Il faut se rendre à l'évidence, le stade tel qu'il était initialement prévu ne sera pas prêt. Toutes les installations non essentielles sont repoussées. Le 9 juillet 1976, à huit jours de la cérémonie d'ouverture, les travaux sont achevés, à l'exception des aménagements extérieurs et de la tour du stade, qui s'élève alors à 72 m au lieu des 165 prévus. Après la clôture des Jeux, le Québec se rend réellement compte de la facture exorbitante. Des 310 millions annoncés, la construction du parc olympique inachevé s'élève à plus de 830 millions de dollars. Il faudra attendre avril 1987 pour que la tour du stade soit enfin construite, et avril 1998 pour que le toit soit mis en place.

Le Gouvernement déclenche une enquête en juillet 1977 pour faire la lumière sur l'explosion des coûts du parc olympique, et surtout du stade. Elle est confiée au juge Malouf. Le constat est saisissant. Rien n'a été mis en place pour assurer le contrôle des coûts et la gestion du projet dans son ensemble. Le rapport Malouf met en exergue une mauvaise organisation du chantier et surtout une corruption omniprésente, avec des fournisseurs recevant plusieurs paiements pour un même chargement, des travaux refaits sans raison, des vols de matériaux et d'outils et de nombreux emplois fictifs. Le rapport annonce même la note d'honoraires de l'architecte français : 12,85 millions de dollars. Mais le rapport pointe surtout du doigt le maire de Montréal, Jean Drapeau, accusé d'une mauvaise gestion ayant permis les abus des syndicats, des entrepreneurs et des fournisseurs. Les autorités doivent contracter une hypothèque de 1,47 milliard de dollars sur trente ans pour régler la dette de l'aventure olympique. Les contribuables montréalais doivent mettre la main à la poche pour payer le stade désormais appelé le *Big Owe* – la « grande dette » –, en référence au *Big O*. Montréal achève de payer ses Jeux en 2006. L'expérience canadienne met rapidement en péril le concept du CIO, aucun candidat ne se présentant ensuite pour l'organisation des Jeux de 1984, ceux de 1980 ayant déjà été attribués à Moscou. Los Angeles se lance finalement à la condition de ne pas devoir supporter le coût de l'événement et augmente la participation financière du secteur privé par des partenariats, des sponsorings, et en vendant de la publicité aux grandes entreprises.

Le 17 juillet 1976, ce sont 6 084 athlètes, dont 1 260 femmes, issus de 92 nations, qui défilent pour la cérémonie d'ouverture. Alors que 30 pays africains avaient participé à Munich 1972, seuls 6 d'entre eux sont présents à Montréal. Les autres optent pour le boycott afin de protester contre la présence de la Nouvelle-Zélande aux Jeux, dont l'équipe de rugby s'est rendue quelques semaines plus tôt en Afrique du Sud, en plein apartheid, pour y participer à une tournée. Le CIO est pris de court car l'Afrique du Sud n'est plus acceptée aux Jeux depuis plusieurs olympiades et le rugby à XV n'est pas représenté comme sport olympique. Taïwan, refusant de concourir sous la bannière de la république populaire de Chine, boycotte également l'événement. Trois nouvelles nations rejoignent toutefois le cercle olympique : Andorre, Antigua-et-Bermuda et les îles Caïmans.

En athlétisme, un Cubain, Alberto Juantorena, réalise un exploit dans les annales des Jeux avec l'or sur 400 m et 800 m. Sa victoire-surprise, qui met un terme à l'hégémonie américaine sur les deux distances, est fêtée en grande pompe sur son île, où il est reçu comme un héros national. Un autre Cubain, Casañas, est à deux foulées de décrocher l'or sur le 110 m haies, mais il est devancé par le panache du Français Guy Drut. Sur dix-huit titres olympiques attribués sur 110 m haies depuis 1896, Drut devient le premier Européen à monter sur la plus haute marche du podium, après avoir obtenu l'argent à Munich en 1972. Guy Drut a la particularité d'avoir occupé après sa carrière sportive le poste de ministre de la Jeunesse et des Sports de 1995 à 1997. Plusieurs autres champions tricolores ont effectué cette reconversion. Alain Calmat, vice-champion olympique en patinage artistique en 1964, a été ministre des Sports de 1984 à 1986 sous la présidence de François Mitterrand, tout comme le médaillé de bronze en 1968 sur le 4 × 100 m, Roger Bambuck, secrétaire d'État aux Sports de 1988 à 1991. Quadruple médaillé olympique, dont deux titres au sabre en 1984 et 1988, Jean-François Lamour a occupé le poste ministériel de 2002 à 2007. Ce fut ensuite le tour du champion de France de rugby 1991, Bernard Laporte, de devenir secrétaire d'État aux Sports de 2007 à 2010, puis Chantal Jouanno de 2010 à 2011, douze fois championne de France de karaté. Trois champions dans trois disciplines différentes ont ensuite eu la confiance d'un Premier ministre : le double médaillé d'or de judo David Douillet, ministre de 2011 à 2012, Laura Flessel, cinq médailles olympiques dont deux en or en épée individuelle et par équipes en 1996, ministre de 2017 à 2020. Enfin, l'actuelle ministre Roxana Maracineanu a obtenu l'argent aux Jeux de Sydney 2000 sur le 200 m dos.

L'étoile incontestable des Jeux olympiques de Montréal est une jeune Roumaine de 14 ans, Nadia Comaneci. Engagée dès l'âge de 6 ans par son mentor Bela Karoly, Nadia est une dure au mal avec ses huit heures d'entraînement quotidien. La jeune fille introvertie travaille sans relâche son style, agrémenté d'une souplesse féline dans la gestuelle et d'une précision chirurgicale défiant les lois de la pesanteur dans les sauts. Montréal est son heure de gloire. Elle parvient à sept reprises à obtenir des juges la note maximale de 10/10. Cette note n'ayant jamais été enregistrée durant les Jeux, le tableau d'affichage canadien est alors devenu fou, indiquant 1,00 au lieu de 10,0. Comaneci illumine la gymnastique avec perfection : or au concours général, aux barres asymétriques et à la poutre, argent au classement par équipes et bronze aux exercices au sol, soit cinq médailles sur six podiums possibles. La « nadia-mania » est née, et à chaque apparition sur un appareil, la Roumaine déclenche l'enthousiasme du public de Montréal, mais aussi l'admiration de ses concurrentes, des entraîneurs et même des juges. Cette notoriété mondiale inattendue est une aubaine pour le dictateur roumain, Nicolae Ceaușescu, qui se dépêche de la nommer « Héros du travail socialiste » à son retour des Jeux. Mais Nadia n'était pas prête à vivre un tel choc émotionnel et, bien qu'elle remporte en 1980 à Moscou deux autres médailles d'or à la poutre et au sol et une d'argent au concours général, elle n'est plus que l'ombre d'elle-même, sans cette spontanéité juvénile qui marqua une génération de gymnastes. En 1981, elle met un terme à sa carrière sportive à l'âge de 20 ans et retombe dans l'anonymat de la Roumanie communiste, où elle entraîne alors les jeunes gymnastes de la fédération. Quelques semaines avant la chute des Ceaușescu en 1989, Nadia n'en peut plus, passe à pied et clandestinement la frontière hongroise et parvient à rejoindre les États-Unis. Naturalisée américaine en 2001 et fortement investie dans des œuvres caritatives, Nadia Comaneci est la première athlète à s'exprimer à la tribune des Nations unies. Présidente honoraire du comité olympique roumain, elle se consacre aujourd'hui à aider la jeunesse de son pays d'origine, où elle a notamment ouvert une clinique proposant des soins gratuits aux enfants et un centre sportif destiné aux plus jeunes.

Le 24 juillet 1976, le prince Philip et ses trois fils, Charles, Andrew et Edward, sont présents dans les tribunes du stade pour l'épreuve de cross-country. La fille de la reine d'Angleterre, la princesse Anne, fait partie des 60 concurrentes en lice. Sur un terrain boueux, la princesse chute au 19e obstacle et ne peut décrocher que la 24e place. Plus de peur que de mal, mais Anne décide de mettre fin à sa carrière de cavalière de haut niveau. Trente-six ans plus tard, c'est sa fille, Zara, qui se présente au concours complet par équipes des Jeux de Londres 2012. Devant la famille royale, la princesse Zara Phillips décroche une médaille d'argent sur sa monture *High Kingdom.*

Le Soviétique Boris Onischenko est une référence en pentathlon moderne, médaillé d'argent par équipes en 1968, en individuel en 1972 et champion olympique par équipes en 1972. Hélas, son nom est resté dans les mémoires pour sa tentative de triche durant l'olympiade. Boris a en effet truqué le système électrique de son épée, en y installant une sorte d'interrupteur. Il pouvait ainsi allumer la table de marque et bénéficier d'un point, sans avoir touché son adversaire. Suite à une réclamation de l'équipe de Grande-Bretagne, la supercherie est découverte et Onischenko exclu des Jeux. Il sera ensuite banni de la famille olympique et de l'armée rouge par Leonid Brejnev. Disparu depuis, une légende raconte que Boris aurait fini ses jours dans un goulag de Sibérie.

20

MOSCOU 1980

La diplomatie en survêtement

20 février 1980. Roger Gicquel, célèbre journaliste, emploie un ton particulièrement grave, dont il est coutumier, pour ouvrir le journal de 20 heures de TF1 : « Bonsoir, il faut bien le constater, le monde s'installe, et ce pour une longue période sans doute, dans un climat de grandes tensions internationales, en espérant que la partie de bras de fer entre Soviétiques et Américains ne dégénérera pas [...]. Ce jour marque l'expiration, vous le savez sans doute, de l'ultimatum de Carter à l'URSS pour retirer le gros de ses troupes de l'Afghanistan. Or, comme rien n'a bougé de ce côté-là, les États-Unis ont confirmé leurs sanctions. » Le journaliste commente les propos tenus la veille par le président Carter lors d'une conférence de presse : « J'ai donné des ordres pour que les États-Unis ne participent pas aux Jeux de Moscou si les forces d'invasion soviétiques ne se sont pas retirées avant le 20 février. Ce délai expire demain. Rien se sera changé dans ma position. » Une salve d'applaudissements ininterrompus s'ensuit. Roger Gicquel s'interroge, dans une question prémonitoire : « Si les Américains ne vont pas aux Jeux de Moscou, que feront les autres pays occidentaux ? »

Avec l'entrée des chars et de plusieurs dizaines de milliers de militaires russes en Afghanistan en décembre 1979, la guerre froide prend une tournure des plus périlleuses. Partout dans le monde, l'influence américaine et sa politique étrangère sont mises à mal : mouvements marxistes d'ampleur en Amérique latine, influence communiste de plus en plus importante en Asie et en Afrique, révolution causant la chute du shah en Iran. Le 20 janvier 1980, Carter adresse un courrier au président du comité national olympique américain dans lequel il annonce que si l'URSS ne fait pas machine arrière en Afghanistan, les athlètes américains n'iront pas aux Jeux de Moscou débutant en juillet. Les États-Unis souhaitent alors déplacer l'événement, en Grèce par exemple, ou simplement l'annuler. Lors de la cérémonie des Jeux d'hiver à Lake Placid quelques jours plus tard, le secrétaire d'État américain Cyrus Vance enfonce le clou : « Force est de reconnaître que les luttes des nations et des peuples pour leur indépendance – pour la préservation de la paix aujourd'hui comme demain – seront contrariées et amoindries si les olympiades se tiennent dans un pays dont l'agression soutenue a été condamnée par une majorité écrasante de l'Assemblée générale de l'ONU [...]. De par le monde, gouvernements et peuples s'opposent de plus en plus à l'idée de tenir les Jeux comme prévu, comme s'il ne s'était rien passé, car le faire serait saper l'intérêt et l'appui largement répandus dont dépendent ces Jeux olympiques et ceux de l'avenir. »

Le mouvement pour le boycott prend de l'ampleur et convainc de nombreux gouvernements comme la République fédérale d'Allemagne, le Canada, la Chine, le Japon, les Philippines ou encore l'Argentine. Le gouvernement de Valéry Giscard d'Estaing, tout comme ses homologues britannique et australien, opte pour ne pas envoyer de délégation mais laisse aux athlètes et aux comités nationaux le choix d'y participer ou non. L'embarras du CIO est palpable, notamment lorsque son président, lord Killanin, prend la parole en clôture de la

82e session de l'instance le 12 février 1980 à Lake Placid : « Nombreux sont les comités nationaux olympiques qui ont été mis dans une position difficile vis-à-vis de leurs gouvernements et de l'opinion publique. Le CIO, ses membres et les CNO, feront l'impossible pour informer les gouvernements et le public des buts et des principes du mouvement olympique. Le temps a son importance [...] l'existence même des Jeux olympiques est en jeu. Les 73 membres présents à la 82e session du CIO déclarent, à l'unanimité, que les Jeux doivent avoir lieu à Moscou comme prévu. »

Quelle est la position des Soviétiques face à cette polémique ? Les sources sont rares mais le CIO offre une tribune dans le n° 150 de sa *Revue olympique* aux plus hautes personnalités directement impliquées dans l'organisation des Jeux de Moscou, sous le titre « Sept questions, cent jours avant les Jeux de la XXIIe olympiade ». Le président Carter et le Premier ministre britannique Margaret Thatcher affirment alors que l'URSS organise les Jeux pour en retirer des bénéfices politiques, pour obtenir à l'étranger la reconnaissance internationale de sa bonne volonté, que ces Jeux ne servent que de façade pour cacher le seul véritable aspect de la politique étrangère soviétique : envahir l'Afghanistan. Réponse d'Ignati Novikov, président du comité d'organisation des Jeux de Moscou : « Les bénéfices qui peuvent en dériver ne sont ni unilatéraux ni bilatéraux mais véritablement internationaux, car tous les peuples ayant une attitude de vie honnête et sans préjugés souhaitent que notre monde soit plus pacifique [...]. Le COJO de Moscou a entrepris cette tâche majeure d'organiser les Jeux au plus haut niveau afin de donner un nouvel élan au développement [...] aux idéaux d'amitié entre tous les peuples. » Sur l'Afghanistan, il rétorque : « Il y a de nombreux problèmes aigus dans différentes régions du monde moderne et les points de vue sur leur interprétation peuvent être aux antipodes. Personne ne devrait rapprocher des événements aussi stables et positifs que les Jeux olympiques avec une scène politique évoluant rapidement. Les problèmes politiques doivent être résolus par des moyens politiques et à des niveaux politiques. »

Quant au membre soviétique du CIO, Constantin Andrianov, il n'a « aucun doute que les difficultés artificielles présentes seront surmontées et que les Jeux de la XXIIe olympiade se dérouleront comme un festival impressionnant et brillant de la jeunesse, du sport, de l'amitié et de la coopération. Ils serviront [...] à développer le sport international et à établir un monde meilleur et plus pacifique ». Tout est dit...

Ce sont donc 65 pays qui refusent l'invitation à participer aux JO, dont une quarantaine probablement influencée par les Américains. Seuls 80 pays sont représentés, soit le plus faible taux de participation depuis 1956, pour 5 179 athlètes, dont 1 115 femmes. Le président du CIO permet à des athlètes de concourir sous la bannière olympique, bien que les gouvernements de leurs pays aient participé au boycott, comme les sportifs français, britanniques, australiens ou italiens. Au lieu de voir leurs drapeaux hissés et leurs hymnes joués en cas de victoire, ce seront donc l'hymne et le drapeau olympiques. Le journal *L'Équipe* du 19 juillet 1980, jour d'ouverture des Jeux, écrit d'ailleurs à ce sujet : « Née dans ces colonnes, l'idée des Jeux sans oriflammes ni fanfares a été amplifiée par le contexte particulier de l'olympiade. Nous l'avons nous-mêmes, avec le puissant assentiment de dizaines de milliers de lecteurs, défendue vigoureusement. C'est la solution qui, faute de convaincre l'Amérique, a emporté l'adhésion de la majorité de l'Europe [...]. Jeux de protestation, Jeux de transition, Jeux de guerre froide, les épreuves de Moscou seront tout cela. »

C'est une cérémonie d'ouverture glaciale qui se tient le 19 juillet. La France et une quinzaine d'autres nations refusent d'y prendre part, la Grande-Bretagne et l'Irlande sont représentés par leurs ambassadeurs, cinq pays, dont l'Australie et le Danemark, défilent sous la bannière olympique, alors que l'Espagne, le Portugal et la Nouvelle-Zélande décident de participer sous le drapeau de leur comité olympique. En dehors des Soviétiques, personne n'oublie en ce jour que plus de deux milliards de personnes ne sont pas représentées. L'ambiance dans les rues de la ville hôte est tout aussi inhabituelle pour une olympiade. Le journaliste de *L'Équipe* Alain Billouin décrivant une ambiance « assez spéciale dans la mesure où Moscou avait été pour ainsi dire vidée de ses habitants par les autorités communistes. C'était une ville morte, avec un climat assez pesant puisque la milice était partout. Il y avait 200 000 militaires mobilisés avec des contrôles permanents. Pour rentrer à l'hôtel, nous devions faire une heure de queue afin de franchir les points de sécurité ».

Comme en 1976 à Montréal et plus tard en 1988 à Séoul, les Est-Allemandes dominent outrageusement deux sports : la natation et l'athlétisme. Sur 39 médailles décernées en natation féminine en 1976, elles en avaient décroché 18, pour 11 titres olympiques sur 13 courses. En 1980, elles font encore mieux avec 26 médailles sur 39 et 11 médailles d'or. En 1988, ce seront 10 titres glanés sur 15 courses, et 20 médailles sur 45 possibles. *Idem* en athlétisme, avec 10 titres sur 14 possibles en 1976, pour un total de 20 médailles sur 42, 5 titres et 15 médailles en 1980 et 3 titres et 17 médailles en 1988. De 1972 à 1988, la RDA devient la troisième puissance sportive mondiale, derrière les États-Unis et l'URSS, avec 144 médailles d'or, 120 d'argent et 120 de bronze, sur un total de 384 podiums sur 4 olympiades. Le sport devient alors une machine de propagande idéologique et les sportifs les principaux ambassadeurs en survêtement.

Le doute et la suspicion planent sur ces incroyables performances mais les contrôles antidopage réalisés dans les 3 villes ne révéleront aucune anomalie. C'est en 1989, à la chute du mur de Berlin, que les archives de la Stasi révèlent l'ampleur du phénomène : environ 10 000 athlètes ont été dopés avant les compétitions, depuis la fin des années 1960 jusqu'en 1989, souvent à leur insu. La nageuse Jutta Gottschalk se souvient ainsi dans le reportage « RDA, les ravages du dopage d'État » : « On nous donnait un gobelet au bord du bassin avec 10, 15, parfois 20 comprimés de couleurs différentes. Je croyais sincèrement que c'étaient des vitamines qui nous aidaient à ne pas tomber malade et à supporter l'entraînement. Je pensais qu'ils voulaient notre bien. Ils ne voulaient que le bien de l'État. » La vérité éclate au grand jour : les instances sportives de RDA avaient mis en place un système de sélection, d'entraînement et de dopage massif à grande échelle. Les jeunes sportives, dès l'âge de 10 ans, étaient principalement visées, le dopage hormonal et la prise d'anabolisants augmentant alors très vite et très fortement leurs performances. Une politique à grande échelle, sans se soucier le moins du monde de l'avenir de ces sportives. De nombreuses complications ont été largement observées, notamment des problèmes de stérilité et de malformations chez leurs enfants. En 2000, à Berlin, deux anciens responsables sportifs est-allemands étaient jugés et condamnés à vingt-deux et dix-huit mois de prison avec sursis.

À Moscou, l'épreuve de saut à la perche va donner lieu à l'image de ces Jeux olympiques. La finale bat son plein et met aux prises le Polonais Wladyslaw Kozakiewicz et le Soviétique Konstantin Volkov. Pour déstabiliser le Polonais, le public moscovite le conspue et le siffle abondamment à chacune de ses tentatives. Kozakiewicz reste concentré et franchit 5 m 65 dès son premier essai et s'assure la médaille d'or avec 5 m 75, hauteur que ne franchit pas son concurrent au désespoir du public. Pour parfaire le tout, il tente une barre à 5 m 78 pour effacer d'un centimètre le record du monde du Français Philippe Houvion. Lors de sa prise d'élan, le stade Loujniki, mauvais perdant, est toujours aussi détestable et peu fair-play. Le Polonais franchit la barre, et, extatique, adresse alors un bras d'honneur à la foule soviétique. L'image fait immédiatement le tour du monde, hormis au sein de l'URSS et des pays du bloc de l'Est. L'affaire prend une tournure diplomatique. L'ambassadeur d'URSS en Pologne demande au CIO de retirer la médaille d'or de Kozakiewicz pour « insulte au peuple soviétique ». Les médias de l'Ouest présentent ce geste comme un bras d'honneur aux Soviétiques. Le gouvernement polonais affirme quant à lui que le geste de l'athlète n'était que la conséquence d'un spasme musculaire. Kozakiewicz n'est finalement pas sanctionné. En 1984, le Polonais passe le rideau de fer et obtient la nationalité allemande, et après avoir été sept fois champion de Pologne, il remporte le titre allemand de 1986 à 1988.

Les performances françaises ont été en net progrès comparées aux deux dernières éditions, avec 14 médailles dont 6 en or, 5 en argent et 3 en bronze. Sacré champion du monde de judo chez les –60 kg en 1979, Thierry Rey, 21 ans, bat le Cubain Jose Rodriguez au terme d'une finale olympique intense. Le « Titi de Lagny » fait son entrée par la grande porte dans l'histoire du sport français en devenant le premier judoka à enchaîner le titre de champion du monde avec celui de champion olympique. Après un titre de champion d'Europe en 1983, Thierry Rey range le kimono pour se lancer dans une carrière multifacette qui le mène au poste de commentateur sportif à acteur de cinéma et de théâtre, en passant par conseiller politique.

À 61 ans aujourd'hui, il fait partie du comité d'organisation des Jeux de Paris 2024. Trois autres médailles sont enregistrées en judo avec le doublé d'Angelo Parisi, or chez les lourds et argent en toutes catégories, et le bronze de Bernard Tchoullouyan chez les –78 kg. C'est en escrime que les Tricolores connaissent le plus de succès avec 6 médailles dont 4 en or, pour Pascale Trinquet en fleuret, le fleuret féminin par équipes, le fleuret et l'épée masculins par équipes.

L'escrime est le sport français numéro un aux Jeux olympiques, avec un total de 118 médailles gagnées dont 42 en or. Suivent au palmarès : le cyclisme, avec 91 médailles dont 41 en or, l'athlétisme, 68 médailles dont 14 en or, l'équitation, 37 médailles dont 14 en or, devant le judo, 49 médailles dont 14 en or, et la voile, 41 médailles dont 13 en or. La natation arrive à la 9e place avec 43 médailles cumulées dont 8 titres olympiques, et la gymnastique à la 16e place avec 3 titres et 22 médailles au total. La France n'a jamais remporté de titre olympique en tennis de table, taekwondo, plongeon, pentathlon moderne ou natation synchronisée. Entre 1896 et 2016, les Français ont remporté la bagatelle de 716 médailles olympiques : 212 en or, 241 en argent et 263 en bronze.

L'Union soviétique remporte évidemment le plus grand nombre de médailles de ses Jeux, 195 au total dont 80 en or. Le gymnaste Alexander Dityatin remporte à lui seul 8 médailles. L'Allemagne de l'Est avec 126 médailles, dont 47 en or, la Bulgarie avec 41 médailles dont 8 en or, et Cuba avec 20 médailles dont 8 en or arrivent ensuite. L'ourson Michka, la mascotte de Moscou 1980, dont la poupée de 8 m a été lancée dans le ciel de la capitale russe lors de la clôture, restera au final l'un des souvenirs les plus marquants d'une XXIIe olympiade si politisée.

21

LOS ANGELES 1984

À la sauce américaine

Deux semaines avant la date limite d'inscription des athlètes pour la XXIIIe olympiade de Los Angeles, le comité national olympique d'URSS expédie le 8 mai 1984 un communiqué de presse aux agences du monde entier. Il y annonce la non-participation des athlètes soviétiques pour les Jeux à venir pour « des raisons de sécurité, les forts sentiments chauvinistes et l'hystérie antisoviétique en place aux États-Unis ». Beaucoup y voient alors une réplique vengeresse au boycott organisé par les Américains quatre ans plus tôt. La guerre froide a pris une nouvelle tournure depuis la mort de Brejnev en 1982 et l'élection de Ronald Reagan à la présidence américaine à la fin de l'année 1981. La doctrine Reagan est alors en plein développement, cette stratégie géopolitique permettant d'apporter un soutien officiel ou officieux à des mouvements de guérillas et de résistance en Afrique, en Asie et en Amérique latine afin d'y réduire l'influence soviétique. L'URSS entraîne dans son sillage dix-huit autres pays qui déclinent l'invitation de se rendre aux JO, dont la RDA, la Hongrie, la Pologne, la Tchécoslovaquie, Cuba, la Corée du Nord ou encore le Vietnam. Le CIO ne cache pas son étonnement face à ce mouvement dans sa *Revue olympique* n° 200 de mai 1984 : « ceci, quelques heures seulement avant que le président des

États-Unis ne remette au président du CIO une lettre dans laquelle il garantissait le respect total de la Charte olympique et donnait des dispositions aux autorités pour assurer la sécurité des participants aux Jeux ». Le CIO et son président, Juan Antonio Samaranch, tentent alors une conciliation lors d'une réunion à Moscou le 31 mai, mais les autorités soviétiques indiquent que leur position reste inchangée.

En juillet 2020, Grigory Rodchenkov, ancien patron du laboratoire antidopage de Russie, raconte dans son livre *The Rodchenkov Affair* trente ans de triche et de dopage orchestrés par la Russie. Exilé aux États-Unis depuis 2015, il assure que le boycott de 1984 a été décidé pour des raisons totalement différentes que celles avancées à l'époque : « les Soviétiques avaient prévu de cacher un laboratoire antidopage sur un bateau dans le port de Los Angeles durant les JO de 1984 [...]. Tester les athlètes avant le départ ne suffisait plus aux tsars du sport soviétique, qui se devaient d'avoir leur propre laboratoire sur place, afin qu'aucun athlète soviétique dopé encore détectable ne puisse s'aligner sur un départ [...] lorsque Los Angeles refusa à notre navire l'entrée dans la rade, ce fut la goutte d'eau qui fit déborder le vase. Le Politburo fit une croix sur les JO et annonça leur boycott intégral ». Mythe ou réalité, Rodchenkov assure que ce projet incroyable a finalement abouti quatre ans plus tard lors des Jeux de Séoul en 1988...

Les 92 000 spectateurs qui pénètrent en ce 28 juillet 1984 dans le stade olympique de Los Angeles sont loin d'imaginer le spectacle qui va suivre pour la cérémonie d'ouverture de la XXIIIe olympiade. Posé sur chaque place, un papier de couleur les attend ; ils seront depuis les tribunes des acteurs à part entière du show à l'américaine qui va débuter. David

Wolper, producteur de films, a été choisi par le maire de Los Angeles, Tom Bradley, pour mettre en scène la cérémonie. Wolper a fait les choses en grand, comme il l'explique lui-même dans la *Revue olympique* n° 201-202 : « La partie du programme la plus difficile à réaliser fut la présentation de cartes, forme de spectacle en plein air populaire en Amérique et ailleurs [...]. Pour la distribution des cartes, nous avons dû prendre en tout 200 photos du Colisée sous tous les angles, les agrandir suffisamment pour y distinguer les numéros des places, puis les assembler pour obtenir un panorama géant. Nous pouvions ensuite superposer l'image que nous désirions recréer, et à l'aide d'un ordinateur, réaliser une grille et attribuer une couleur à chaque place. » Le résultat est saisissant. Au signal, les 92 000 acteurs-spectateurs se lèvent à l'unisson et brandissent la carte qui leur a été attribuée. Apparaissent alors les drapeaux des 140 pays engagés pour l'olympiade. Cette image incroyable donne le ton d'une cérémonie aux allures hollywoodiennes. Bill Suitor, l'homme-fusée, se propulse dans les airs grâce à un réacteur dorsal imaginé par la NASA. Quatre-vingt-quatorze pianos à queue laqués en blanc sont ensuite installés sur la pelouse pour jouer simultanément *Rhapsody in Blue* de Gershwin. Lors du défilé des nations, le public américain réserve un accueil chaleureux à la Chine, la Roumanie et la Yougoslavie, refusant de participer au boycott soviétique. Après un discours de Samaranch durant lequel le président du CIO « regrette les absents », Ronald Reagan, protégé derrière une vitre blindée, proclame les Jeux ouverts. Los Angeles bat le record de nations participantes. Dix-neuf pays participent pour la première fois aux Jeux : Bahreïn, le Bangladesh, le Bhoutan, Djibouti, la Gambie, Grenade, la Guinée équatoriale, les îles Salomon, les îles Vierges britanniques, Maurice, la Mauritanie, Oman, le Qatar, le Rwanda, les Samoa, Taipei, les Tonga, la République arabe du Yémen et le Zaïre. Les 6 829 athlètes, dont 1 556 femmes, sont inscrits dans 21 sports.

Flamme olympique en main, la petite-fille de Jesse Owens, Gina Hemphill-Owens, fait son entrée dans le stade dans un vacarme d'applaudissements. Elle transmet le symbole au décathlonien Rafer Johnson, médaillé d'or en 1960 et d'argent en 1956. Pour embraser la vasque olympique, la même que lors des Jeux de 1932, l'ancien athlète de 50 ans doit réaliser une performance *a priori* simple mais physiquement éprouvante : gravir en cadence les 96 marches de l'escalier incliné à 50 degrés. Lors de la répétition générale, Johnson a été pris d'une sérieuse crampe à la jambe lors de son ascension. Pour parer à toute éventualité, le comité d'organisation désigne un suppléant. Bruce Jenner, champion olympique du décathlon en 1976, assiste à la cérémonie en costume officiel, avec une tenue de sport enfilée au-dessous, au cas où… Tout se passe finalement bien pour Johnson qui embrase les 5 anneaux olympiques puis la flamme. Edwin Moses se présente alors sur la pelouse. Désigné par le CIO pour prêter le serment olympique des athlètes, le médaillé d'or du 400 m haies à Montréal va alors connaître un grand moment de solitude. Assailli par l'émotion et le trac, le sprinteur oublie son texte. Le silence s'installe et Moses bafouille totalement dans ce moment si solennel. Personne ne lui en tiendra rigueur, d'autant plus qu'il parviendra à conserver son titre olympique quelques jours plus tard au même endroit.

Les compétitions d'athlétisme vont être le théâtre d'exploits retentissants. Si une personnalité perce à Los Angeles, c'est bien l'Américain Carl Lewis. À l'instar de Mohamed Ali, ce jeune homme de 23 ans, originaire de l'Alabama, a une confiance en lui inébranlable, ce qui agace. N'a-t-il pas eu le culot d'annoncer avant les Jeux qu'il venait à Los Angeles pour égaler la performance de 1936 de la légende Jesse Owens ? Scruté par les experts au « microscope » comme il l'analysait lui-même, attendu par un public friand des rumeurs gênantes annonçant son éventuelle homosexualité, Carl Lewis va faire taire tout le monde dans un parfait récital. Le 4 août, le show de Lewis débute avec la finale du 100 m. Après un départ laborieux, il explose aux 60 m par une accélération exceptionnelle et remporte la course en 9' 99, devant son compatriote Graddy, 10' 19. Le lendemain, *L'Équipe* n'est pas avare de compliments sur la prestation : « Qui se refuserait à croire au génie athlétique n'a qu'à revoir ce 100 m comme nous l'avons visionné au ralenti à la vidéo. Ce fut une perfection technique dans l'accélération, dans l'équilibre, jusqu'aux mains tendues fendant l'air. En gymnastique, cela lui aurait valu un 10. »

Deux jours plus tard en finale du saut en longueur, Lewis réussit 8 m 54 dès sa première tentative, devant plus de 85 000 spectateurs, qui avaient chacun payé 50 dollars pour le voir à l'œuvre. Observant la concurrence loin derrière lui, l'Australien Gary Honey et l'Italien Giovanni Evangelisti atteignant difficilement 8 m 24, le *King Carl* s'élance une seconde et ultime fois une demi-heure plus tard. Le saut est mordu, il s'arrête là. Le public, qui s'attendait à voir Lewis dépasser les 9 m, en veut pour son argent et conspue son champion. Trois heures après le début de l'épreuve, ils ne sont plus que 10 000 dans les travées du stade à écouter l'hymne américain et voir Lewis recevoir sa médaille d'or entre applaudissements et huées prononcées. Se ménageant pour la suite, il déclare le soir même : « Pour être honnête, je parle plus souvent des 9 m que je ne les saute. » Le 11 août, il réussit son défi en remportant le 200 m face à deux autres Américains, avant de battre le record du monde du 4 × 100 m en 37' 83 aux côtés de Graddy, Brown et Smith. Avec ses quatre médailles d'or autour du cou, Carl Lewis retrouve de la modestie à l'évocation de Jesse Owens, « un héros de légende », selon lui, alors que lui n'a fait « qu'entrer dans l'actualité du moment présent ». Il ne sait pas alors que sa carrière olympique est loin d'être achevée.

La finale du saut à la perche est synonyme de consécration pour l'équipe de France. Au terme d'un concours usant de plus de quatre heures, les Bleus font coup double avec la médaille d'or de Pierre Quinon, 5 m 75, et le bronze de Thierry Vigneron, 5 m 60. L'absence de l'URSS au concours, et notamment de son prometteur perchiste Sergueï Bubka, a permis aux Français d'apprécier l'unique *Marseillaise* en athlétisme.

Le 8 août, le public est encore nombreux en cette fin d'après-midi estivale. On se presse pour la finale du 400 m haies féminin, première du genre dans une olympiade. Short rouge, maillot vert, Nawal El Moutawakel porte fièrement les couleurs du Maroc. En l'absence des spécialistes de la discipline venant du bloc de l'Est, la coureuse, qui a quitté Casablanca pour suivre ses études aux États-Unis, a un bon coup à jouer. Dès la première haie, Nawal prend la tête de la course, qu'elle ne quittera plus. Elle devance en 54' 61 l'Américaine Judi Brown et la Roumaine Cristeana Cojocaru. L'instant est historique, El Moutawakel devient la première femme arabe, musulmane et africaine championne olympique. Elle remporte également le premier titre olympique marocain de l'Histoire. Après être devenue entraîneur à l'université d'Iowa, la championne va ouvrir d'autres voies en devenant membre du CIO en 1998, puis en intégrant le comité exécutif du CIO en 2008. Classée en 2010 deuxième par le journal

L'Équipe des pionniers du sport africain, cette ancienne ministre des Sports du Maroc est élue vice-présidente du CIO en juillet 2012.

Le 10 août, le Coliseum olympique va être témoin de deux tragédies qui resteront dans l'histoire des Jeux. Couru pour la première fois dans une olympiade, le 3 000 m féminin voit Zola Budd, une Sud-Africaine naturalisée anglaise, et sa compatriote Wendy Sly en tête du peloton. À quatre tours de l'arrivée, Zola Budd et l'Américaine Mary Decker ont un accrochage, mais chacune retrouve sa foulée. Quelques mètres plus loin, Mary Decker se retrouve au tapis, Zola Budd s'étant rabattue à la corde alors que l'Américaine la suivait de trop près. Decker essaie de se relever, mais sérieusement blessée à la hanche gauche et en larmes à l'intérieur de la piste, elle voit le peloton s'envoler. Inconsolable. Son mari et ses soigneurs viennent lui porter secours. Les spectateurs concentrent alors toute leur colère vers Zola Budd. Chacun de ses passages est accompagné de sifflets, bien qu'elle ait un pied ensanglanté par les pointes de sa rivale. La Britannique termine septième mais est disqualifiée pour son mouvement vers la corde. La sanction est finalement annulée en appel, tout le monde étant d'accord pour reconnaître qu'il s'agissait d'un banal incident de course et que personne n'était particulièrement à blâmer, surtout pas Zola Budd. Double championne du monde en 1983 sur 1 500 et 3 000 m, Mary Decker ne se remettra jamais de cette course, finissant à des places d'honneur aux Jeux suivants.

La mésaventure de la Française Michèle Chardonnet va connaître un épilogue plus positif. En finale du 100 m haies, la Française termine troisième *ex aequo* avec l'Américaine Kim Turner en 13' 06, derrière la Britannique Shirley Strong,

12' 88, et l'Américaine Benita Fitzgerald, 12' 84. Quelques minutes plus tard, les quatre femmes se dirigent vers le podium pour recevoir leurs médailles respectives, sans savoir ce qu'il se passe alors dans la coulisse. Un différend oppose un juge américain, qui estime que la photo-finish montre que Chardonnet est arrivée quatrième, et les membres de Swiss Timing, prestataire technique de l'épreuve pour le chronométrage, pour qui les deux athlètes sont arrivées simultanément au millième de seconde près. Le directeur technique national français dépose alors une réclamation, imité par le président de la fédération américaine d'athlétisme. Après plus d'une heure d'attente au pied du podium, la malheureuse Française apprend qu'elle n'est finalement que quatrième. Elle fond en larmes et est invitée sans ménagement à quitter la cérémonie protocolaire. Consternés, ulcérés, les officiels tricolores vont alors se lancer dans un combat auprès des instances internationales d'athlétisme. Après de méticuleuses et longues analyses des différents angles de la ligne d'arrivée, les autorités athlétiques ne peuvent que se rendre à l'évidence, les deux femmes sont bien arrivées ensemble et la Française méritait sa médaille de bronze. Cinq mois après la finale olympique, un podium est dressé le 18 janvier 1985 au palais omnisports de Paris-Bercy lors des Jeux mondiaux en salle. Michèle Chardonnet est alors invitée à monter sur la troisième marche et reçoit, enfin, sa médaille olympique. Justice lui est rendue et cela vaut bien une imposante ovation du public parisien.

Depuis les Jeux de Montréal en 1976, la chaîne de restauration *McDonald's* est un partenaire de premier niveau du mouvement olympique. Pour les JO 1984, les responsables marketing de la société comptent bien profiter de l'événement pour développer leur marque et imaginent une opération publicitaire qu'ils croient alors infaillible : distribuer des cartes dans tous les États-Unis. L'opération est simple : si un athlète américain remporte une médaille d'or, le détenteur de la carte obtient gratuitement un hamburger, un paquet de frites pour l'argent et un Coca pour le bronze. S'appuyant sur les performances olympiques de 1976, les commerciaux avaient envisagé environ 80 médailles pour la délégation américaine. Mais c'était sans compter sur le boycott de l'URSS, plus gros adversaire des sportifs américains. Avec un total de 174 médailles, dont 83 en or, les *McDonald's* du pays sont au bord de l'explosion, devant distribuer gratuitement une quantité énorme de produits. Au bord de la banqueroute, il faudra plusieurs années à la chaîne de fast-food pour s'en remettre. En 2017, *McDonald's* et le CIO mettent fin à leur partenariat d'un commun accord. L'icône de la malbouffe ne faisant pas bon ménage avec le symbole du sport mondial…

III

LES JEUX DE LA MODERNITÉ

22

SÉOUL 1988

Le catalyseur d'un bond en avant

Entre septembre 1981, jour de l'élection de Séoul comme ville hôte de la XXIVe olympiade, et le 17 septembre 1988, jour de la cérémonie d'ouverture, la Corée du Sud va se saisir des Jeux pour lancer une métamorphose complète du pays vers la modernité. L'ensemble du paysage urbain de la cité connaît une transformation rapide et radicale. Pour mettre fin aux problèmes récurrents de circulation, 3 lignes de métro sont ouvertes avec une capacité quotidienne de plus de 3 millions d'utilisateurs et 8 grands axes routiers voient le jour. Étirer la population dans des agglomérations suburbaines, décongestionner le centre-ville, faciliter la circulation rapide et confortable de la population et des visiteurs olympiques, tous les objectifs sont atteints par le Gouvernement et les organisateurs. Une série de mesures permet de lutter contre la pollution de l'air et de l'eau, notamment dans le fleuve qui traverse la ville, le Han. Grâce à l'installation de 4 immenses stations d'épuration, le fleuve voit ainsi sa pollution divisée par deux en quatre ans, avec « un accroissement notoire de la faune aquatique et le triplement des oiseaux migrateurs stationnant aux abords du fleuve », comme l'observe la *Revue olympique* n° 223. Des décisions drastiques sont prises pour réduire les émissions de gaz sulfurique dans l'air avec le développement du gaz naturel liquéfié comme substitut au charbon et au pétrole. Durant les Jeux, des limitations sont d'ailleurs imposées aux industriels et aux automobilistes afin d'assurer des conditions atmosphériques optimales. Les abords du fleuve Han sont totalement transformés sur plus de 36 km, des parcs naturels sont habilités, la navigation de plaisance est de retour sur ce qui était il y a peu encore une plaie dans la ville. Réaménagement de quartiers entiers, construction de logements, implantation de réseaux numériques, les chantiers sont menés tous azimuts et permettent la création de plus de 20 000 emplois. Le projet olympique à lui seul génère entre 1982 et 1988 plus de 1,8 milliard de dollars de profit, faisant croître le produit intérieur brut sud-coréen de 0,4 %. La Corée du Sud fait de l'événement olympique un vecteur de commerce international. En 1988, les échanges commerciaux dépasseront ainsi les 100 milliards de dollars.

La république de Corée fait des Jeux un catalyseur, qui sert aussi les avancées démocratiques. Alors sous le joug d'une dictature militaire, la jeunesse coréenne manifeste en 1987 pour plus de libertés dans un mouvement appelé « soulèvement démocratique de juin ». Ne voulant pas recourir à la violence à un an de l'ouverture des Jeux, le gouvernement coréen instaure une élection présidentielle directe et restaure les libertés civiles, satisfaisant le peuple et calme la situation. En 1988, une nouvelle Constitution est votée et le pays entre dans sa VIe République.

En 1988, la guerre froide est toujours d'actualité, mais l'URSS a annoncé son intention de participer à l'olympiade, tout comme la Chine. Les deux blocs sont donc à nouveau réunis sur le théâtre sportif. La Corée du Nord voit pour sa part d'un mauvais œil le succès grandissant de son ennemi juré et veut être de la partie. En 1985, le Nord propose au Sud d'organiser conjointement les Jeux en se répartissant à parts égales les épreuves entre Séoul et Pyongyang. Le CIO refuse, Séoul ayant été nommée quatre ans auparavant, mais cherche le compromis pour apaiser la situation. Quatre grandes réunions sont organisées entre le CIO et les deux comités nationaux olympiques entre 1985 et 1987. En juin 1986, l'instance sportive fait une proposition historique au Nord, allant même contre sa charte olympique, pour « organiser intégralement sur son territoire les épreuves de tennis de table et de tir à l'arc [...] le départ du 100 km de cyclisme sur route, les éliminatoires du tournoi de football ». Refus catégorique de Pyongyang. En 1987, le CIO s'évertue à convaincre la Corée du Nord en lui octroyant en plus le volley-ball féminin et tente durant de longs mois à trouver une entente convenable en lançant de nombreux appels à la paix entre les deux peuples. Le Nord refuse tout compromis et annonce en septembre 1988, quelques jours avant le début des Jeux, son boycott de l'olympiade, tout en appelant les pays du bloc de l'Est à suivre le mouvement, comme en 1984. Seuls Cuba, l'Éthiopie et le Nicaragua seront solidaires de la démarche.

Ce sont donc 159 pays, rassemblant 8 397 athlètes – dont 2 194 femmes –, qui se présentent à Séoul pour la cérémonie d'ouverture du 17 septembre. Celle-ci se veut grandiose : parade sur le fleuve Han, spectacle de deux heures avec 18 000 artistes, 1 800 maîtres de taekwondo qui brisent des planches à mains et pieds nus... Soudain, la flamme olympique fait son apparition dans le stade. Les 73 000 personnes présentes chavirent d'émotion en découvrant celui qui apparaît sous leurs yeux. À 76 ans, Sohn Kee-chung est une légende dans le pays. Il est le vainqueur du marathon des Jeux de

Berlin 1936, époque où la Corée subissait l'occupation japonaise. Il dut donc concourir sous les couleurs nipponnes, tout comme son compatriote Nam Seung-Yong, arrivé troisième de la course. Lors du podium olympique, les deux champions avaient effacé le drapeau japonais de leur survêtement et symboliquement baissé la tête lors de l'hymne du pays envahisseur. Leur légende était écrite. Refusant de courir pour un autre pays, Nam Seung-Yong mit fin à sa carrière à son retour de Berlin. En 1948 à Londres, c'est comme entraîneur qu'il est désigné porte-drapeau de la délégation coréenne.

Le flambeau est tendu aux trois derniers relayeurs qui sont soulevés par un élévateur qui entoure un poteau d'une hauteur de 22 m de haut. Alors qu'ils s'apprêtent à embraser la vasque en mondovision, il est difficile de ne pas voir alors les dizaines de volatiles qui y ont pris position. Le lâcher de 2 400 colombes lors de l'entrée du drapeau olympique quelques minutes plus tôt était superbe. Mais là… Le stade ne voit alors que les colombes, qui admirent naïvement le spectacle, juchées sur leur piédestal. La torche des trois athlètes enflamme la vasque, qui brûle instantanément les malheureuses. Le public est horrifié. Le CIO et le comité d'organisation recevront de très nombreuses lettres de protestation, notamment d'associations de défense des animaux. Depuis 1988, le lâcher de colombes est décalé durant la cérémonie d'ouverture, et ne se fait jamais avant que la flamme olympique soit allumée.

De nombreuses performances ont marqué ces Jeux de Séoul : les 3 médailles de Carl Lewis, la disgrâce de Ben Johnson, vainqueur du 100 m et disqualifié trois jours plus tard pour dopage aux anabolisants, la triple médaillée d'or au sprint, Florence Griffith-Joyner, prématurément décédée à 38 ans en 1998, les superstars des bassins avec l'Américain Matt Biondi – 7 médailles dont 5 d'or –, et l'Est-Allemande Kristin Otto – 6 médailles d'or –, le sacre de Steffi Graf, pour le retour du tennis dans les sports olympiques après soixante-quatre ans d'absence, ou encore la seule médaille olympique du perchiste russe Sergueï Bubka.

L'haltérophilie est un sport olympique depuis les Jeux de 1896, où on y soulevait alors les poids à un ou deux bras. Ce sport fait la une à plusieurs reprises à Séoul, tout d'abord par l'intermédiaire du Turc Naim Süleymanoğlu. Né en Bulgarie en 1967, Süleymanoglu devient à 16 ans le deuxième haltérophile capable de développer trois fois le poids de son corps à l'épaulé-jeté et obtient son premier record du monde la même année. Champion du monde à 18 ans en 1985, il se rend l'année suivante en Australie pour conserver son titre, mais fait défection et se réfugie à l'ambassade turque où il obtient l'asile politique. Le 20 septembre 1988, cet Hercule de 1 m 47 va accomplir un exploit hors norme : au cours de la même soirée, il améliore six fois de suite le record du monde dans la catégorie 56-60 kg. Avec 152,5 kg à l'arraché puis 190 kg à l'épaulé-jeté, il fixe le record du monde à 342,5 kg, soit 30 kg de plus que le médaillé d'argent Stefan Topurov… un Bulgare. Süleymanoğlu va définitivement gagner le titre d'homme le plus fort du monde en conservant son titre olympique à Barcelone en 1992 puis à Atlanta en 1996. Seize fois champion du monde, détenteur de 50 records mondiaux, Süleymanoğlu décède en 2017 à l'âge de 50 ans. Sur sa tombe blanche, deux symboles qui ont marqué sa vie : le drapeau turc et les 5 anneaux olympiques.

On reparle deux jours plus tard d'haltérophilie lorsque deux Bulgares, Mitko Grablev et Angelov Guentchev, sont disqualifiés le même jour pour dopage. Afin d'éviter de nouvelles sanctions, toute la délégation bulgare d'haltérophilie déclare forfait pour la fin des Jeux.

D'ascendance suédoise et samoane, l'Américain Greg Louganis est considéré encore aujourd'hui comme le plus grand plongeur de tous les temps. Médaillé d'argent en 1976 à Montréal sur le tremplin à trois mètres, il décroche le doublé tremplin-haut vol à Los Angeles 1984. Lors des qualifications, à la piscine olympique de Séoul, Louganis prend son élan et plonge pour atteindre plus de 50 km/h. Après une rotation mal calculée, il heurte le plongeoir. Il sort de la piscine, la tête en sang. Mais le champion est concentré sur son objectif et enchaîne ensuite les notes parfaites de 10/10. Il conserve ses deux titres olympiques et devient une gloire de son sport. Le 24 février 1995, la veille de la parution de son autobiographie, Louganis est reçu par la chaîne américaine ABC. Lors de l'interview, il brise ce qu'il considérait jusque-là comme un tabou et révèle son homosexualité et sa séropositivité. Il explique dans son ouvrage qu'il était déjà séropositif avant les Jeux de Séoul et craignait, avec son accident, d'avoir contaminé la piscine et mis ses concurrents en danger. L'annonce fait scandale mais très vite le CIO l'exonère de toute culpabilité. Devenu l'un des porte-parole de la lutte contre le sida, Louganis a su faire face aux préjugés et libérer la parole. Il est l'un des rares sportifs à ce jour à avoir publiquement effectué son coming out.

Le cavalier français Pierre Durand est peut-être aujourd'hui moins connu que son cheval : Jappeloup. En 1984 à Los Angeles, Jappeloup fait un refus sur un obstacle et fait chuter Durand. La scène se déroule en finale olympique sous les yeux de centaines de millions de téléspectateurs. Déception. Quatre ans plus tard sonne l'heure de la revanche. Après le bronze par équipes, le duo décroche l'or au terme d'un sans-faute magistral. « C'était un rêve d'enfant qui s'est transformé en obsession candide en devenant adulte », confie le champion à la mort de sa monture en 1991. « Et un petit cheval sorti de nulle part m'a permis de réaliser cela. Il s'appelait Jappeloup. » Pierre Durand racontera aussi qu'il possédait une botte secrète lors de cette finale : le *lucky dollar*. À la suite d'une rencontre avec le champion olympique de la discipline à Mexico en 1968, l'Américain William Steinkrauss, ce dernier lui remet un billet d'un dollar en lui disant qu'il lui portera chance. « À Athènes en 2004, je l'ai remis à mon tour à Rodrigo Pessoa. Et le Brésilien est aussi devenu champion olympique ! »

Sur les 6 médailles d'or françaises, 2 sont remportées en escrime. Après l'or au sabre individuel et l'argent par équipes en 1984, Jean-François Lamour démontre sa supériorité mondiale en conservant son titre à Séoul. Dans ce sport, la France entretient une rivalité historique avec l'Italie. Les Français comptabilisent 118 médailles olympiques, dont 42 titres, contre 125 pour les Italiens, dont 49 titres. Les 2 nations sont largement en tête du nombre de médailles. De l'avis général, les Jeux de Séoul sont une réussite, d'autant plus que la Corée du Sud enregistre 33 médailles, dont 12 en or. À la suite des Jeux, l'excédent de 300 millions de dollars américains enregistré permet de créer la Fondation coréenne pour la promotion du sport (KSPF). Depuis 1988, cette fondation a investi près de 8 milliards de dollars dans le développement de la culture sportive coréenne. Avant 1988, la république de Corée avait remporté 37 médailles au total lors des Jeux olympiques d'été et d'hiver. Depuis les Jeux de Séoul, le pays en cumule 277.

23

BARCELONE 1992

Vent de fraîcheur et de liberté

Désignée ville hôte de la XXVe olympiade de 1992 par le CIO, le 17 octobre 1986, lors de sa 91e session à Lausanne, Barcelone devance Paris au vote final. Le matin, l'instance olympique accordait les Jeux d'hiver 1992 à Albertville, difficile alors, impossible même, d'organiser les olympiades d'été et d'hiver la même année en France. Ce choix peut paraître surprenant, la cité catalane n'étant alors qu'une petite ville de 90 km^2, loin des standards des derniers lauréats, tels Séoul, Los Angeles ou Moscou. Barcelone est à l'époque très industrielle et peu attractive, après avoir subi durant trente-six ans, entre 1939 et 1975, la répression franquiste. Fin des libertés démocratiques, interdiction et poursuite des partis politiques, muselage et censure de la presse non affiliée à la dictature militaire, suppression de l'autonomie et des institutions locales, quasiment aucune aide financière gouvernementale, la Catalogne et Barcelone ont été écrasées dans l'étau politique de Franco, empêchant ainsi un réel développement de la région.

Élu en 1983 comme maire de la ville, Pasqual Maragall imagine un plan de travaux pharaoniques pour la moderniser et rêve des Jeux olympiques pour pouvoir le concrétiser. Cette métamorphose totale et cette notion d'héritage comme une empreinte indélébile laissée par l'olympisme séduisent les électeurs du CIO. D'autant plus que l'Espagne n'a jamais accueilli l'événement, et que la ville reçoit un soutien de marque avec le président du CIO, Juan Antonio Samaranch, notamment ancien président du gouvernement régional de la province de Barcelone. À l'instar de Séoul pour les Jeux de 1988, Barcelone se lance alors dans six ans de chantiers permanents dans le but d'accueillir des millions de visiteurs et d'obtenir le titre de grande métropole européenne placée sur l'échiquier international.

Maragall prend la présidence du comité d'organisation, soutenu par son opposition et aidé par le gouvernement central de Madrid. Les différentes administrations s'accordent. 11,4 milliards d'euros sont investis au total pour définitivement faire grandir Barcelone. Les grandes réalisations urbanistiques fleurissent au même rythme que sont érigées les dizaines de grues qui toisent la ville : construction d'un nouvel aéroport, création d'un anneau autoroutier, rationalisation de la desserte ferroviaire. Barcelone s'ouvre à nouveau sur la mer avec l'élimination du réseau ferroviaire et de vieilles usines dans le quartier de Poble Nou. On y crée un front de mer qui transforme totalement la structure urbaine de la ville, le port est rénové, et on y aménage le village olympique, qui deviendra après les Jeux un quartier résidentiel de plus de 2 000 logements. Les sites des Jeux construits pour l'olympiade populaire de 1936, alternative aux Jeux nazis de Berlin de 1936, sont rénovés dans le quartier de Montjuic, notamment le stade olympique de 65 000 places, la piscine olympique et le Palau Sant Jordi. Nouvelles places, nouveaux boulevards, réhabilitation de parcs, multiplication des installations sportives, nouvelle marina, la ville change de visage, devient indéniablement plus accueillante aux visiteurs étrangers et plus agréable pour ses habitants. Près de trente ans après, les sites des Jeux font plus que jamais partie du quotidien des Barcelonais, la salle olympique de gymnastique et de handball est devenue une grande salle de concerts et d'événements en tous genres, l'hôpital del Mar, alors agrandi et réhabilité pour soigner les athlètes olympiques, est maintenant un immense hôpital réputé.

L'université autonome de Barcelone publie en 2009 un rapport sur l'impact des JO à Barcelone. Entre 1986 et 1992, on enregistre un gain de 15 % de routes supplémentaires, de 17 % de canalisations et d'égouts, et de 78 % d'espaces verts et de plages. Côté emploi, même croissance en passant de 127 774 chômeurs en novembre 1986 à 60 885 en juillet 1992, et la création de plus de 20 000 emplois permanents. Dans le même temps, la capacité hôtelière augmente de 38 %. Peu avant le coup d'envoi des Jeux, Pasqual Maragall commente les effets de son plan dans la *Revue olympique* : « Il y a dix ans, qui, en dehors de l'Espagne, connaissait Barcelone ? Maintenant qui n'est pas capable de la situer sur une carte ? [...] Les Jeux représentent un des meilleurs investissements que puisse réaliser une ville. » Souffrante et délabrée sous l'ère du postfranquisme, Barcelone est dorénavant perçue comme une référence au style architectural imaginatif et précurseur.

Depuis les derniers Jeux de 1988, la géopolitique internationale a fait face à des changements historiques qui ont bouleversé les équilibres. En novembre 1989, des Berlinois de l'Est forcent pacifiquement le passage vers l'ouest et entraînent la chute du mur de Berlin. L'Allemagne est réunifiée. Au même moment, en Afrique du Sud, l'élection de Frederik de Klerk à la présidence est un pas en avant vers l'abandon de l'apartheid, symbolisé par la libération de Nelson Mandela. En décembre 1991, l'URSS est disloquée, générant l'indépendance des anciennes républiques soviétiques. *Idem* en Yougoslavie avec la reconnaissance de la Croatie, de la Slovénie et de la Bosnie-Herzégovine. L'olympiade à venir s'annonce, pour la première fois depuis bien longtemps, apaisée et légère.

L'Espagne est en effervescence en cette année 1992. Depuis le mois d'avril, l'Exposition universelle de Séville place le pays au centre de tous les intérêts. Célébrant les 500 ans de la découverte de l'Amérique, l'événement est un succès indéniable avec près de 42 millions d'entrées enregistrées. Pour montrer que l'olympisme est « partie intégrante et acteur de la progression de l'humanité », le CIO a son propre pavillon au cœur de l'Exposition. Trophées des premiers Jeux, œuvres artistiques, dont *L'Athlète cosmique* de Salvador Dalí, collection des torches des différentes olympiades, l'instance olympique souhaite conjuguer valeurs culturelles et sportives pour se présenter au public.

La température monte à Barcelone dès le mois de mai. Avant de devenir l'épicentre du sport olympique, la ville obtient le statut de capitale du football européen avec les succès du FC Barcelone. Après avoir remporté son deuxième titre consécutif de champion d'Espagne, d'un point devant son éternel rival, le Real Madrid, le club catalan remporte quelques jours plus tard sa première Ligue des champions devant la Sampdoria de Gênes (1-0) à Londres. Tous les yeux sont rivés vers la cité espagnole, nouveau cœur sportif et culturel d'une Europe en effervescence.

Le 24 juillet, veille de la cérémonie d'ouverture, Barcelone accueille dans une rare euphorie la flamme olympique. Plus de 1 million de personnes envahissent le port, les rues et les places de la ville olympique pour acclamer l'arrivée du symbole des Jeux. La torche a été portée par 9 484 Espagnols pour traverser près de 6 000 km dans le pays. Les organisateurs ont fait preuve d'originalité en choisissant comme porteurs les volontaires olympiques originaires des différentes régions d'Espagne, des porteurs désignés par les mairies des villes traversées par le relais et des personnes du grand public ayant déposé leur candidature. Barcelone s'éveille aux Jeux. Le lendemain, 65 000 personnes et 300 chefs d'État, dont François Mitterrand, assistent à un spectacle alliant culture, art et folklore local, de Dalí à Cervantes, entre lyrisme et flamenco. La foule s'émeut lorsque Montserrat Caballé apparaît. La diva ne chante pas que pour Barcelone ni uniquement pour l'Espagne ou l'olympiade, elle rend ici hommage à un grand absent de la cérémonie. En 1987, le comité d'organisation des Jeux de 1992 contacte le chanteur de *Queen*, Freddy Mercury, pour écrire la chanson officielle de l'événement. Marqué par Montserrat Caballé un soir de concert à Londres quelques années plus tôt, Mercury convainc la cantatrice de collaborer, et naît l'album opéra-rock *Barcelona*. Sorti en 1988 dans toute l'Europe, le duo devait l'interpréter en ce 25 juillet 1992 pour un moment qui s'annonçait grandiose dans la nuit barcelonaise, le mariage des voix des deux interprètes promettait un moment de grâce. Huit mois auparavant, le chanteur décède prématurément du sida en novembre 1991.

Peu après la présentation des 9 356 athlètes, dont 2 704 femmes, composant les 169 délégations engagées, l'archer espagnol Antonio Rebollo, médaillé de bronze et d'argent dans la discipline paralympique, récupère la flamme au bout d'une flèche longue de 1 m. Il décoche son tir pardessus une tribune du stade, qui embrase alors la vasque olympique dans d'immenses flammes de plus de 3 m de haut. Les premiers Jeux en bord de mer débutent à l'issue d'un spectacle inoubliable pour les spectateurs présents.

Barcelone fait définitivement entrer l'olympisme dans une autre ère, celle de la modernité, de la communication, de la commercialisation et du professionnalisme. On compte ainsi plus de 13 000 médias accrédités, soit plus que le nombre d'athlètes participants. Les droits de retransmission explosent avec un total de 638 millions de dollars, soit 60 % de plus qu'à Séoul, quatre ans auparavant. Les audiences télévisuelles sont un véritable succès. Estimées à 900 millions de téléspectateurs cumulés en 1984 pour l'olympiade de Los Angeles, elles passent à 3,5 milliards de téléspectateurs cumulés en 1992. L'événement n'est plus seulement planétaire par le nombre de nations participantes, mais aussi par le nombre de passionnés et de supporters derrière leurs écrans aux quatre coins du monde.

À l'initiative de son président, Juan Antonio Samaranch, le CIO entame une réforme du mouvement olympique pour l'ancrer dans son époque. Allant contre tous les principes tant défendus par les pères de l'olympisme, Coubertin en tête, la porte s'ouvre aux sportifs professionnels. Dès 1984, les footballeurs professionnels étaient admis à l'olympiade s'ils n'avaient jamais participé à une Coupe du monde, c'est ainsi que l'équipe de France décrochait sa première médaille d'or dans la discipline. En 1988, avec le retour du tennis comme sport olympique, les vedettes de la balle jaune se disputent les médailles avec Stefan Edberg, Tim Mayotte, Gabriela Sabatini ou encore Steffi Graf. À Barcelone, ce sont des vedettes internationales, professionnels millionnaires, qui proposent un formidable spectacle et marquent de leur empreinte l'olympiade. Les Américains Michael Jordan, Larry Bird, Magic Johnson, Charles Barkley, Scottie Pippen, David Robinson, Karl Malone, John Stockton et Patrick Ewing composent la Dream Team, considérée encore aujourd'hui comme la plus grande équipe de basket de tous les temps. La Dream Team s'impose avec un écart de 43,9 points dans le tournoi final, la Croatie subissant l'écart le plus faible avec 32 points. Cette joyeuse bande joue aux cartes, visite Barcelone, fait la fête, écrase l'adversité et place le basket au centre des sports en pleine olympiade. Le public est conquis. Charles Barkley déclare, ému : « Ça restera gravé jusqu'au jour de ma mort [...] je peux regarder ma médaille d'or ou brancher une vidéo de la Dream Team. Personne ne pourra me priver de l'expérience que nous avons partagée. »

Se servant aussi de ressorts inédits dans le sport, comme la détente, la rigolade, la bonne humeur mais un sérieux permanent dans les entraînements pour pousser toujours plus loin la performance, l'équipe de France de handball débute son histoire. Elle qui n'avait jamais enregistré le moindre résultat jusque-là. Ceux qui se faisaient appeler à l'époque les « Bronzés », puis les « Barjots », les « Costauds » ou encore les « Experts » ouvrent leur palmarès à Barcelone avec une médaille de bronze. Suivront des succès tonitruants : 2 titres olympiques en 2008 et 2012, l'argent en 2016, 3 titres de champions d'Europe en 2006, 2010 et 2014, et 6 titres de champions du monde en 1995, 2001, 2009, 2011, 2015 et 2017. Lors d'une interview donnée à *L'Équipe* en 2017, Daniel Costantini, à la tête de l'équipe de France d'alors, est interrogé sur sa plus grande satisfaction d'entraîneur : « Les Jeux de Barcelone. C'est même plus fort que les titres de 1995 et 2001. C'est un aboutissement : on avait fait tout ça mais pas pour rien. On s'est mis au boulot en 1987 et, cinq ans après, on est capables d'avoir une médaille alors qu'on venait du fin fond des classements mondiaux. »

D'autres images fortes marquent ces Jeux : l'étreinte fraternelle et tellement symbolique entre l'Éthiopienne Derartu Tulu, première femme d'Afrique noire championne olympique, et la Sud-Africaine blanche Elana Meyer, sa dauphine sur le 10 000 m, la foulée magique de Marie-José Pérec, championne olympique sur 400 m, la précision chirurgicale de l'archer Sébastien Flute, les 6 médailles d'or du gymnaste Vitali Chterbo, concourant sous les couleurs de la Communauté des États indépendants, équipe composée de la Russie et de 14 anciennes républiques soviétiques.

De l'avis de tous, Barcelone 1992 est allée au-delà du sport, et des performances. L'éditorialiste du *New York Times*, George Vecsey, résume, un brin nostalgique, au moment de quitter la XXVe olympiade : « De jour comme de nuit, peu importe si nous étions captivés par un boxeur irlandais, un rameur canadien, des coureurs africains ou des joueurs de basket américains, nous savions qu'il se passait en permanence des choses sur les ramblas. Quelqu'un cuisinait des calamars [...]. Quelqu'un était en train de chanter [...]. Ces Jeux nous ont rappelé que le mouvement olympique va bien au-delà de la fraîche jeunesse qui vient y gagner des médailles. Quand ils sont pleinement réussis, les Jeux sont la célébration de ceux qui les organisent. »

24

ATLANTA 1996

Un centenaire au goût amer

Qu'Athènes reçoive l'organisation de la XXVIe olympiade, celle du centenaire de la renaissance olympique, s'impose comme une évidence. Dans la patrie des philosophes et de la mythologie, personne n'envisage la victoire de Toronto, Melbourne, Manchester, Belgrade ou Atlanta. Non, l'Histoire est en faveur des Grecs, c'est leur droit ancestral, les choses sont ainsi écrites. Athènes propose au CIO une candidature fondée sur l'émotion, le cœur, le retour aux sources, le retour au sol. Dans l'esprit des Hellènes, ce qui a réussi à toucher Coubertin et consorts il y a cent ans sera tout aussi efficace face à Samaranch et les comités nationaux olympiques.

Mais les Grecs n'ont alors pas perçu ce changement de paradigme qu'ont effectué la société et le monde du sport en quelques années. Le pays est-il prêt à accueillir le gigantisme d'un événement tel qu'il est devenu ? La Grèce peut-elle réussir sa mue pour résoudre tout ce qui, aux yeux du CIO, paraît comme des obstacles insurmontables : instabilité politique, pollution de l'air, congestion du trafic, dépenses « pharaoniques » pour améliorer ses infrastructures aéroportuaires, ses routes, ses lignes ferroviaires…

Le 18 septembre 1990, à l'issue de la 95e session du CIO à Tokyo, le verdict tombe : la ville hôte des XXVIe Jeux olympiques sera Atlanta aux États-Unis. Beaucoup crient au scandale, dénoncent la victoire du tout-puissant dollar sur la romantique universalité olympique, le couronnement du Coca-Cola sur mille ans d'histoire. La capitale de la Géorgie réunit pourtant tous les critères pour séduire le nouvel olympisme moderne. Atlanta est élue en 1994 meilleur site des États-Unis pour l'implantation des petites entreprises et des multinationales, 1 506 nouvelles sociétés s'y étant installées entre 1984 et 1993, elle compte en plus les sièges de Coca-Cola et de CNN, les deux mastodontes qui font sa réputation internationale. Partenaire mondial du CIO depuis 1928, la marque de boisson pétillante est en effet un acteur majeur dans la décision de présenter la candidature et un de ses fervents défenseurs. « Au début, Coca est resté neutre. Mais il a été un des principaux contributeurs au fonds de 5 millions de dollars que la chambre a constitué pour appuyer la candidature d'Atlanta en 1988-1990 », affirme Gerry Bartels, président de la chambre de commerce d'Atlanta, dans le cadre d'une enquête de *Libération* publiée le 20 juillet 1996. Coca-Cola fait très fort pour profiter de l'événement. Toujours dans le même numéro de *Libération* : « Coke a déversé sur les Jeux 250 millions de dollars en publicité et promotion : 60 millions pour 100 spots télévisés ; 20 millions pour un parc olympique Coca-Cola ; 15 millions pour le parcours de la torche, une pub de 84 jours, sur 20 000 km, qui a attiré 30 millions de spectateurs pour un spectacle itinérant monté par Coca, qui a sélectionné la moitié des 10 000 porteurs de torche ; 25 millions pour des actions promotionnelles et 40 millions pour le droit d'être le fournisseur exclusif de boissons, autre que l'eau, dans les enceintes olympiques et celui de repeindre Atlanta aux couleurs, rouge et blanc, de la marque. » Selon des prévisions de l'université de Géorgie présentées au CIO, les Jeux doperont le développement de la ville, avec un impact économique estimé à environ 25,5 milliards de dollars, injectés pour une moitié par les organisateurs et pour l'autre par les dépenses des visiteurs, et les Jeux généreront 84 000 nouveaux emplois à temps plein ou partiel. Les JO d'Atlanta s'inscrivent comme les premiers financés dans leur intégralité par des ressources privées. Le budget prévisionnel est de 1,7 milliard de dollars, couvert par les droits de retransmission (32 %), le sponsoring (27 %), la vente de billets (25 %), la vente de produits olympiques (2 %) et autres sources (14 %). Environ 90 000 personnes seront employées pour leur organisation.

Atlanta est aussi la ville natale de Martin Luther King. Le pasteur et militant, fervent défenseur de l'égalité des droits civiques entre noirs et blancs Américains, qui prononça un discours historique le 28 août 1963 à Washington devant 250 000 personnes, « *I have a dream…* ». La volonté devient réalité pour le Prix Nobel de la paix 1964, assassiné par balle le 4 avril 1968 à Memphis, qui rêvait d'une Géorgie où ses « quatre petits enfants vivront un jour dans une nation où ils ne seront pas jugés sur la couleur de leur peau, mais sur la valeur de leur caractère […] un jour les petits garçons noirs et les petites filles blanches pourront se donner la main, comme frères et sœurs. Je fais aujourd'hui un rêve ! ».

À l'approche des Jeux d'Atlanta, le sujet de la sécurité est au centre de toutes les préoccupations. Le 25 juin, à Khobar en Arabie saoudite, un bâtiment hébergeant du personnel de l'US Air Force est touché par l'explosion d'un camion-citerne rempli d'essence. Dix-neuf Américains et 1 Saoudien sont tués, et 372 personnes grièvement blessées. Une semaine avant la cérémonie d'ouverture, un sondage publie un chiffre alarmiste : 61 % des Américains sont persuadés que des attentats peuvent être perpétrés à Atlanta lors des Jeux olympiques. Le 17 juillet 1996, veille du lancement des Jeux par le président Bill Clinton, le Boeing 747 à destination de Rome, *via* Paris-Charles-de-Gaulle, explose en plein vol au large de Long Island, douze minutes après son décollage de New York JFK. Les 230 personnes à bord périssent. Bill Rathburn, responsable de la sécurité du comité d'organisation des Jeux d'Atlanta, essaie de se montrer rassurant : « Nous n'avons connaissance d'aucune menace spécifique, mais nous n'avons économisé aucun effort, aucune dépense dans notre préparation. »

En effet, jamais la sécurité d'une olympiade n'a été prise avec autant de sérieux. Pour parer à une éventuelle opération comparable à celle de l'Arabie saoudite, tous les camions circulant dans l'agglomération d'Atlanta font l'objet d'une surveillance renforcée. Des scénarios de détournement d'avion, de prise d'otages dans le métro, d'accident impliquant des gaz toxiques sont testés en amont de l'événement. Alors que 15 000 personnes étaient impliquées dans la sécurité des Jeux de 1984 de Los Angeles, pas moins de 40 000 personnes sont mobilisées à ce titre pour Atlanta 1996. Les agences fédérales passent au scanner les antécédents judiciaires de 13 000 personnes employées à l'organisation des Jeux. Les polices d'Atlanta, de Géorgie et des États voisins sont sur le pont, avec plus de 11 000 policiers impliqués, tout comme 11 000 militaires et 3 500 agents du FBI, de la CIA et des douanes. Spécialistes des explosifs et des armes à feu, détecteurs de métaux, caméras de vidéosurveillance, appareils de vision nocturne et analyseurs d'empreintes, tous les points sensibles sont équipés des dernières technologies pour être minutieusement scrutés. Même un dirigeable publicitaire qui tourne en permanence au-dessus de la ville est équipé de matériel de surveillance très performant. Pour le vice-président américain Al Gore, responsable du groupe de coordination pour les JO à la Maison Blanche : « Nous vivons dans un monde où la menace terroriste est un fait. Il serait insensé de ne pas le comprendre, et nous avons pris des mesures considérables pour nous préparer à toutes les situations d'urgence. »

Afin de marquer le centenaire des Jeux, une célébration spéciale est organisée au stade panathénaïque d'Athènes. Des représentants des dix-sept villes hôtes ayant accueilli les Jeux d'été avant Atlanta sont réunis et reçoivent une lampe de sécurité dont la flamme est allumée à partir du flambeau principal. Lors des vingt et un jours qui suivent, ces flammes sont célébrées dans chacune des anciennes villes hôtes, tandis que la flamme principale brûle à Athènes. Ces flammes sont éteintes lorsque la flamme principale quitte Athènes pour s'envoler vers Los Angeles. Le 19 juillet, la flamme atteint la ville d'Atlanta. Pour honorer les origines des Jeux olympiques modernes, le champion de boxe Evander Holyfield, originaire d'Atlanta, partage la torche avec l'athlète grec Voula Patoulidou sur une partie du trajet avant de passer le relais à la nageuse Janet Evans. L'honneur d'embraser la vasque revient à Mohamed Ali. Gravement touché par la maladie de Parkinson, et malgré les tremblements qui l'assaillent, le champion légendaire émeut la planète entière. Le public américain est déchaîné et hurle le nom du champion. La flamme est allumée sur Atlanta.

Les premiers jours de compétition sont synonymes de moisson de médailles pour les tricolores. Avec son titre olympique chez les plus de 100 kg, David Douillet ouvre le compteur des médailles françaises. La vétérane de 37 ans Jeannie Longo l'imite dans la course cycliste sur route et obtient l'argent en contre-la-montre. Laura Flessel marque l'Histoire dans la première finale de l'épée féminine face à une autre Française, Valérie Barlois. Barlois et Flessel sont quelques jours plus tard coéquipières en compagnie de Sophie Moressée-Pichot et remportent l'épée par équipes en dominant nettement les Italiennes en finale sur le score de 45 touches à 33.

En cyclisme de vitesse, Atlanta va faire naître le leadership de la France dans la discipline. À peine âgé de 22 ans, Florian Rousseau décroche l'or dans la discipline du kilomètre, au nez et à la barbe de l'Australien Shane Kelly, champion du monde en titre. Quatre ans plus tard, à Sydney, Rousseau réalise le doublé olympique en keirin et en vitesse par équipes et obtient l'argent en vitesse individuel. Le cyclisme français amasse 9 médailles à Atlanta, dont l'or pour Félicia Ballanger en vitesse et Nathalie Even-Lancien dans la course aux points. À ce jour, la France est la première nation olympique en cyclisme, totalisant 98 médailles dont 42 en or, devant l'Italie, 63 médailles dont 37 en or, et la Grande-Bretagne, 93 médailles dont 33 en or.

En athlétisme, Marie-José Pérec est particulièrement attendue depuis sa victoire sur 400 m à Barcelone. Après avoir conservé son titre en 400 m, elle réalise un exceptionnel doublé en décrochant le 200 m, devant la Jamaïquaine Merlene Ottey, 9 médailles olympiques au compteur entre 1980 et 2000 mais aucune en or. Lors d'une interview réalisée par la chaîne L'Équipe, Marie-José Pérec est revenue sur ce doublé : « C'est ce que j'ai fait de plus beau. En athlétisme, on n'est pas nombreux à avoir gagné un deuxième titre quatre ans plus tard. c'est quelque chose de très difficile à accomplir [...]. Je me suis entraînée pendant plus de deux ans pour pouvoir courir huit courses et décrocher ces deux titres. Je suis au sommet de ma carrière, au sommet de l'Olympe. »

Autre exploit au stade olympique du côté du sautoir à la perche. Douze ans après Pierre Quinon, Jean Galfione devient le deuxième perchiste tricolore à décrocher l'or olympique après une compétition d'une intensité rare de plus de quatre heures. Le bilan français est on ne peut plus positif avec un total de 15 médailles d'or, 7 d'argent et 15 de bronze. Les Français ont vibré aux exploits de leurs champions, et chaque titre ou médaille génère un écho retentissant dans les médias nationaux. Le politique ne peut s'empêcher de surfer sur cette vague de bons résultats. Le président Jacques Chirac reçoit tous les médaillés d'Atlanta à l'Élysée le 6 septembre 1996. Les 15 champions olympiques sont élevés au grade de chevalier de la Légion d'honneur, alors que les 22 médaillés d'argent et de bronze accèdent à l'ordre du Mérite. C'est le début d'une tradition qui perdure encore aujourd'hui où chaque succès sportif est suivi d'une reconnaissance et d'une récompense républicaines. Deux ans plus tard, en 1998, c'est l'équipe de France de football qui recevra les honneurs de la Nation lors d'une garden-party mémorable au palais présidentiel. Cette pratique, initiée par le général de Gaulle avec l'attribution de l'ordre national du Mérite aux médaillés des Jeux d'Innsbruck en 1964, a été poursuivie par le président François Mitterrand après les Jeux de Séoul (1988) et par tous les présidents suivants.

Au-delà des résultats des stars des Jeux, tels Michael Johnson en athlétisme, l'équipe des États-Unis en basket, celle de la Croatie en handball, celle du Nigeria en football, Miguel Indurain en cyclisme, André Agassi en tennis, ou encore Alexandre Popov en natation, deux championnes ont définitivement marqué l'histoire du sport de leurs pays respectifs. En heptathlon, Ghada Shouaa, 23 ans, offre à la Syrie sa première médaille d'or dans l'histoire des Jeux olympiques, et la seule jusqu'à ce jour. Le titre de cette chrétienne vivant dans un pays musulman est exploité par les autorités syriennes et sert d'instrument de propagande à la famille Assad. Sa carrière se résume ensuite à une médaille de bronze aux mondiaux de 1999 et surtout à une longue série de blessures. Ghada Shouaa vit aujourd'hui en Allemagne, loin du monde sportif. En planche à voile, la Hongkongaise Lee Lai Shan a fait découvrir son sport à ses compatriotes en y devenant la numéro un. Championne du monde en 1993, elle est en 1996 la représentante d'un pays qui s'apprête, quelques mois plus tard, en 1997, à être rétrocédé à la Chine, après plus de cent cinquante-cinq ans sous autorité britannique. À 25 ans, elle devient une star nationale dans un Hong Kong tendu et en manque de confiance. Elle finira à la 6e place à Sydney en 2000 et à la 4e à Athènes en 2004, avec sur son équipement la mention « Hong Kong, China ».

Cent quatre-vingt-dix-sept pays présents, dont 26 nouveaux, plus de 10 000 athlètes en compétition dans 31 sports, 1 838 médailles attribuées, dont 604 d'or, 15 000 journalistes au rendez-vous, 11 millions de billets vendus, la fête des Jeux du centenaire aurait pu être belle jusqu'au bout si l'événement n'avait pas été endeuillé par un attentat en plein cœur du parc du Centenaire. Au dixième jour de l'olympiade, alors que des milliers de personnes assistent à un concert, une bombe artisanale cachée dans un sac à dos, repéré par les forces de l'ordre qui ont permis d'évacuer une partie de l'assistance, explose. Une personne décède et plus de 110 blessés sont à déplorer. Un cameraman turc se rendant vers la scène de crime succombe plus tard à une crise cardiaque. Bill Clinton renforce drastiquement la sécurité des sites olympiques mais décide de ne pas arrêter les Jeux. Après deux jours de fermeture, le parc du Centenaire rouvre ses portes à 50 000 personnes pour un concert de Carlos Santana. Du côté de l'enquête menée par le FBI, les soupçons, largement amplifiés par les médias, s'orientent vers l'agent de sécurité qui avait détecté le sac à dos suspect, Richard Jewell. Après de longues semaines d'enquête infructueuse, Richard Jewell annonce devant les caméras lors d'une conférence de presse : « Mon nom est Richard Jewell [...]. Je ne suis pas le terroriste du parc olympique. Je suis un homme qui du 30 juin au 26 octobre a vécu chaque minute éveillé de ces 88 jours avec la peur que je puisse être accusé et arrêté pour un crime horrible. Un crime que je n'ai pas commis. [...] Dans leur folle ruée pour satisfaire leurs propres desseins, le FBI et les médias ont presque détruit ma mère et moi.[...] Je suis un homme innocent. » Le célèbre acteur Clint Eastwood réalisera un film *Le Cas Richard Jewell*, sorti en décembre 2019 aux États-Unis.

Cinq autres attentats à l'explosif suivront entre 1997 et 1998 dans la région d'Atlanta, et le véritable auteur sera alors identifié. Eric Rudolph est un terroriste d'extrême droite, antiavortement et suprémaciste blanc américain. Placé sur la liste des dix fugitifs les plus recherchés du FBI, il vivra en cavale durant cinq ans avant d'être arrêté le 31 mai 2003 suite à un cambriolage. Reconnu coupable, il est condamné à cinq peines cumulées de prison à vie sans possibilité de libération.

L'histoire des Jeux d'Atlanta 1996 revient sur le devant de l'actualité en mars 2021, sur les bords de l'autoroute entre Toulouse et Albi en France. Un employé d'une société qui réalise des travaux sur les autoroutes découvre un objet lumineux sous la glissière centrale de l'A68. « Je me penche, je regarde de plus près et je le ramasse, déclare-t-il à l'Agence France-Presse. J'appelle mes collègues et on voit que c'est une médaille olympique. Il est indiqué Atlanta 1996 et il y a un dessin de canoë dessus. Sur la tranche, il y a marqué canoë double. C'était fou de trouver, comme ça, une médaille olympique sur l'autoroute, je suis peut-être le premier et sûrement le dernier à qui ça arrive ! » Passionné de sport, l'homme se lance alors dans des recherches minutieuses sur Internet, impossible pour lui de vendre un objet aussi précieux. Il parvient à résoudre l'énigme. La médaille appartient à Sandra Forgues, connue sous le nom de Wilfrid Forgues jusqu'en 2016. Elle a effectué sa carrière sportive sous cette identité dans la catégorie masculine, remportant notamment le titre de champion olympique de canoë biplace en 1996 avec Frank Adisson, et le bronze aux Jeux de Barcelone, avant de faire sa transition de genre pour devenir Sandra. Suite à un cambriolage, sa médaille olympique lui avait été dérobée en 2017. Après des contacts par Internet, la rencontre se fait le 13 mars 2021 à Toulouse et la championne récupère, forcément ravie, son bien : « J'étais sur un petit nuage. L'une des faces est un peu abîmée, je me demande si les voleurs ne l'ont pas grattée pour voir si c'était de l'or. Je vais la restaurer et ensuite la mettre dans un tableau avec une photo. Comme celle en bronze de Barcelone 1992 que j'ai donnée à ma mère. Elle a passé trois ans sur le terre-plein central d'une autoroute, je ne vais pas la mettre dans un coffre-fort ! »

25

SYDNEY 2000

Au nom d'un peuple

Les Jeux retournent en Océanie à l'aube du IIIe millénaire. Pour réussir cette XXVIIe olympiade, l'Australie va être contrainte de se confronter à un passé qu'elle n'a jamais totalement assumé. Avant sa découverte par l'explorateur portugais Cristóvão de Mendonça en 1522, puis par le lieutenant de la Royal Navy James Cook en 1770, l'île-continent était occupée depuis plus de soixante mille ans par plusieurs centaines de tribus aborigènes éparpillées sur le territoire. Vivant de chasse, de pêche et de cueillette, les « natifs » entretiennent un mode de vie fortement connecté à leur terre. Le concept de propriété à l'occidentale leur paraît comme une utopie, eux qui considèrent appartenir à la seule terre de leurs ancêtres et avoir l'obligation morale de protéger leur mémoire et préserver les lieux sacrés. Autant dire que l'arrivée des premiers colons et forçats britanniques en 1788 à Sydney est synonyme de choc de civilisations et d'incompréhensions culturelles mutuelles. Les Aborigènes vont alors, petit à petit, être dépossédés de leurs terres et surtout subir des brimades et des massacres répétés. Les dégâts de la colonisation ne s'arrêtent pas là. Au début du XXe siècle, des dizaines de milliers d'enfants aborigènes métis sont arrachés à leurs familles sur ordre du gouvernement australien, pour être placés dans des orphelinats, des missions, ou des familles blanches. Ces enfants sont alors éduqués à « l'européenne », dans des conditions parfois inhumaines. Loin de leurs us et coutumes ancestraux.

La condition aborigène évolue doucement sous la pression de mouvements militants, qui parviennent en 1967 à leur faire obtenir la citoyenneté australienne et un revenu minimum, bien que minimaliste. Un drapeau aborigène est également créé pour reconnaître en partie leur appartenance à cette terre ancestrale. En 1997, l'histoire tragique des enfants aborigènes est enfin débattue sur la place publique. Un rapport est alors présenté au parlement australien et évoque même un génocide à l'encontre de 10 à 30 % de ces enfants qui composent ce que l'on désigne alors comme la « génération volée ». Trois ans plus tard, et à moins de six mois du début des Jeux de Sydney, le Premier ministre de l'époque, John Howard, rejette les conclusions du rapport et ne formule que des regrets à titre personnel sur le sort qui leur a été réservé. Le débat explose en Australie et ressemble à une véritable bombe à retardement pour l'image du pays, d'autant plus que des leaders aborigènes annoncent vouloir profiter de la venue des nombreux journalistes et étrangers pour les Jeux pour dénoncer leurs conditions de vie actuelles et surtout le négationnisme ambiant sur leur histoire. Les Aborigènes veulent des excuses pour les persécutions passées.

C'est dans ce contexte que la cérémonie d'ouverture se déroule le 15 septembre 2000 devant les 110 000 spectateurs du stade olympique de Sydney. Parfaitement conscient des tensions endogènes qui gangrènent la société australienne, le comité d'organisation souhaite mettre à l'honneur la culture aborigène par l'intermédiaire de chants et de danses traditionnels. Le thème de la réconciliation est même symboliquement mis en scène lorsque apparaissent main dans la main, au cœur du stade, une petite écolière rousse de 13 ans, représentant la jeunesse « blanche » du pays, et un danseur tribal aborigène, véritable colosse à la peau recouverte de peintures. Deux moments forts de la cérémonie affichent cette volonté olympique de réussir là où la politique et la diplomatie ont échoué. Le premier survient lors du défilé des 199 nations, les athlètes de Corée du Nord et de Corée du Sud marchent ensemble, dans les mêmes tenues, et derrière le même drapeau. Le second est tout aussi symbolique lorsque apparaît Cathy Freeman, première athlète aborigène à avoir participé aux Jeux olympiques à Barcelone en 1992. Vêtue d'une combinaison au blanc immaculé, elle ne porte pas le fourreau olympique dans la main mais le fardeau de la réconciliation d'une nation. Alors qu'elle embrase la vasque olympique, comment ne peut-elle pas penser à sa grand-mère, qui, à l'âge de 8 ans, fut arrachée à sa famille et placée loin des siens dans une mission ?

Le 25 septembre, Cathy Freeman s'apprête à courir la finale du 400 m olympique. La pression est immense sur ses épaules tant elle est attendue par un peuple, si friand de ses moindres faits et gestes. Sa principale adversaire et tenante du titre, Marie-José Pérec, est absente de la finale. Cible des médias australiens depuis le début des Jeux, qui entreprennent un véritable harcèlement à son encontre, la pression psychologique est telle que la triple championne olympique estime son intégrité physique menacée et quitte en catimini l'Australie. Le champ libre, Freeman gagne facilement le tour de piste devant un public hystérique, et plus d'un Australien sur deux devant son écran de télévision. Une fois l'émotion de la victoire redescendue et après un tour d'honneur enveloppée des drapeaux australien et aborigène, elle confie plus tard dans la soirée : « Ce qui est arrivé ce soir est un symbole. Quelque chose va changer pour les Aborigènes, l'attitude des gens dans la rue, les décisions politiques… Je sais que j'ai rendu beaucoup de gens heureux, quelle que soit leur vie, leur histoire, et moi aussi je suis heureuse d'avoir accompli cela. » Le lendemain de cette victoire, un journaliste du quotidien national australien *The Age* analyse froidement la situation : « Que Freeman gagne une course à pied a permis à un grand nombre de gens – surtout à l'homme assis en permanence au premier rang à ces Jeux olympiques – d'avoir bonne conscience sur la manière dont l'Australie a assumé, sans lever le petit doigt, la façon honteuse dont elle a traité les Aborigènes. »

Ce n'est seulement qu'en 2008, par l'intermédiaire de Kevin Rudd, nouveau Premier ministre, que l'Australie présente officiellement des excuses aux Aborigènes lors de la première réunion du parlement australien fraîchement élu : « Nous présentons nos excuses pour les lois et les politiques des parlements et gouvernements successifs qui ont infligé une peine, une douleur et une perte profonde à nos compatriotes australiens. Nous présentons en particulier nos excuses aux enfants aborigènes et insulaires du détroit de Torres qui ont été enlevés à leurs familles, à leurs communautés […]. Pour la peine, la souffrance et les blessures de ces générations volées, de leurs descendants et de leurs familles laissées derrière elles, nous demandons pardon […]. Et pour l'atteinte à la dignité et l'humiliation infligées à un peuple fier de lui-même et sa culture, nous demandons pardon. »

En 2019, après vingt ans de procès, la Haute Cour de justice australienne reconnaît la spoliation des biens et des droits des Aborigènes. Son verdict condamne le territoire du nord de l'Australie à verser 2,5 millions de dollars australiens aux peuples Ngaliwurru et Nungali, en vertu des dispositions du *Native Title Act*. Ainsi, toute construction sur des terres aborigènes doit être préalablement autorisée par les peuples concernés. Malgré ces pas en avant indéniables, les quelque 500 000 Aborigènes actuels d'Australie subissent toujours des inégalités manifestes. Selon une enquête d'un journal australien, seuls 46,6 % des Aborigènes ont un emploi – contre 71,8 % du reste de la population –, un adolescent aborigène a 24 fois plus de risques d'aller en prison qu'un autre, et les Aborigènes présentent une espérance de vie inférieure de dix ans à la moyenne nationale.

Un total de 300 médailles d'or est distribué durant l'olympiade de Sydney, un record absolu, soit exactement le double des jeux de Rome en 1960. Parmi les grands noms, celui de Steven Redgrave n'est pas le plus connu. Le rameur britannique a pourtant réussi l'exploit de décrocher l'or en aviron pour la cinquième fois consécutive, après le quatre en pointe avec barreur à Los Angeles 1984, le deux en pointe sans barreur à Séoul 1988, à Barcelone 1992 et à Atlanta 1996, en quatre sans barreur à Sydney, sans oublier une médaille de bronze à Séoul en deux en pointe sans barreur. Le Tchèque Jan Zelezny réussit une performance comparable après l'argent à Séoul, l'or à Barcelone et à Atlanta, il remporte de nouveau la compétition du lancer de javelot à Sydney. Par ailleurs triple champion du monde, Zelezny détient toujours le record du monde avec un jet à 98,48 m réalisé en 1996. Autre symbole de la performance dans la longévité, l'Allemande Birgit Fischer décroche 2 médailles d'or en canoë-kayak à Sydney. Elle détient le palmarès le plus étoffé de ce sport avec un total de 12 médailles olympiques obtenues en l'espace de vingt-quatre ans depuis les Jeux de Moscou en 1980 jusqu'à ceux d'Athènes en 2004, sans avoir participé à l'olympiade de 1984 pour cause de boycott des pays de l'Est.

La France remporte pour sa part 38 médailles, 13 en or, 14 en argent et 11 en bronze, et se place au 6e rang au tableau des nations. À noter parmi les champions olympiques tricolores, les sacres de David Douillet en judo, Tony Estanguet en slalom de canoë-kayak, Franck Dumoulin au tir à 10 m ou encore Miguel Martinez en VTT. Avec son titre en boxe dans la catégorie des poids mi-mouche, Brahim Asloum devient le premier champion olympique français depuis le doublé réalisé par Jean Despeaux en poids moyens et Roger Michelot en mi-lourds aux JO de Berlin 1936. Submergé par l'émotion sur le podium olympique lors de *La Marseillaise*, Asloum devient professionnel l'année suivante et décroche le titre mondial en 2007, devenant le premier Français à réaliser le doublé JO-titre mondial.

S'il est un exploit méconnu de ces Jeux de Sydney, et pourtant exceptionnel, c'est celui accompli par l'Américaine Marla Runyan. Déclarée non-voyante à l'âge de 9 ans, Marla participe aux Jeux paralympiques de 1992 où elle remporte 4 médailles d'or aux 100 m, 200 m, 400 m et en saut en hauteur. Frustrée par le manque d'adversité et mue par une volonté hors norme, l'Américaine se lance le pari fou de rejoindre les compétitions « valides ». À force de travail et de ténacité – elle ne peut distinguer ce qui se trouve en face d'elle mais conserve une vision périphérique intacte –, la championne parvient à se qualifier pour la finale du 1 500 m olympique, où elle termine à la 8e place. Elle confie sur son site internet : « Mes problèmes de vue sont juste une circonstance [...]. Je suis habituée à ma vision et à la façon dont le monde m'apparaît. Je le suis tellement que j'oublie totalement que je vois les choses différemment des autres. D'ailleurs, je ne considère pas mon handicap comme tel lorsque je vais courir. Je ne l'utilise pas plus comme excuse pour justifier une mauvaise course ni lorsque dans une compétition de haut niveau je touche une concurrente. Il y a évidemment des choses que je ne peux pas faire mais heureusement participer aux Jeux olympiques n'est pas l'une d'entre elles ! »

Les Jeux de Sydney sont les premiers à avoir vu leur palmarès considérablement modifié par des cas de dopage révélés bien après l'olympiade. Ainsi, 13 médailles, dont 5 d'or, ont été retirées après la compétition à des sportifs dopés. Parmi eux 5 haltérophiles, 3 lutteurs, 1 gymnaste, mais surtout la sprinteuse américaine Marion Jones. La XXVIIe olympiade s'annonce comme le sommet de la carrière de cette athlète de 25 ans. Marion Jones ne faiblit pas en décrochant 3 médailles d'or sur 100 m, 200 m et 4 × 400 m, et 2 de bronze au saut en longueur et sur le 4 × 100 m. Elle devient une star du sport. Mais les révélations sur de nombreux cas de dopage dans son entourage jettent le doute et la suspicion sur ses performances. Après des années de déni malgré les preuves, Marion Jones avoue en 2007 s'être dopée aux stéroïdes les deux années précédant les JO 2000. Elle rend officiellement ses 5 médailles olympiques en octobre 2007. En décembre 2009, le CIO décide de ne pas attribuer la médaille d'or du 100 m à la Grecque Ekaterini Thanou, deuxième de l'épreuve, car celle-ci s'est soustraite à un contrôle antidopage avant les JO d'Athènes de 2004. Le palmarès officiel ne compte donc aucune médaille d'or dans le 100 m dames pour les Jeux de Sydney. En revanche, la Jamaïcaine Tayna Lawrence, arrivée 3e, accède à la 2e place du podium en compagnie de Thanou, et sa compatriote Merlene Ottey, arrivée 4e, reçoit la médaille de bronze.

3 843 athlètes en provenance de 123 pays participent aux Jeux paralympiques du 18 au 29 octobre 2000. Parmi

les 18 sports représentés, l'équipe d'Espagne de basket-ball déficiente intellectuelle domine outrageusement ses adversaires tout au long de la compétition. En finale, les Espagnols battent la Russie 87 à 63 et décrochent ce qui ressemble alors à une superbe médaille d'or.

Quelques semaines plus tard, le scandale naît en Espagne par l'intermédiaire de Carlos Ribagorda. Ce journaliste du magazine *Capital* est parvenu à s'infiltrer et à être retenu au sein de l'équipe de basket adapté, alors qu'il ne souffre d'aucune déficience ni d'aucun retard mental. Il révèle même que 10 des 12 joueurs de la sélection espagnole sont totalement valides, recrutés pour augmenter les chances de médailles et les subventions en découlant. La publication de la photo des champions paralympiques, en une du quotidien sportif *Marca*, avait déjà semé le doute quelques jours plus tôt, des lecteurs reconnaissant certains basketteurs certifiaient qu'ils étaient totalement valides. Le journaliste assure par ailleurs que d'autres sportifs paralympiques espagnols, dont des nageurs et un pongiste, n'étaient pas plus déficients mentaux. L'opprobre ainsi jeté sur le sport adapté, le CIO décide d'interdire pour une durée de dix ans les sportifs déficients mentaux aux Jeux. Ils participent de nouveau aux Jeux à partir de Londres 2012. Ce n'est qu'en octobre 2013 que les sanctions vont tomber en Espagne. Le président de la fédération espagnole de sports pour les déficients mentaux est condamné à 5 400 euros d'amende et doit rembourser les 150 000 euros de subventions publiques versées par l'État pour accompagner les basketteurs. Aucun des basketteurs ayant simulé un handicap mental durant toute la durée de la compétition paralympique n'est sanctionné.

26

ATHÈNES 2004

À leurs risques et périls

Sept ans après son échec face à Atlanta pour accueillir les Jeux du centenaire de 1996, Athènes est désignée en septembre 1997 ville hôte de la XXVIIIe olympiade. L'événement revient comme une évidence dans son berceau originel, cent huit ans après les premiers Jeux modernes. La Grèce veut faire les choses en grand et, bien que n'étant pas une superpuissance mondiale, montrer qu'elle peut aussi réussir des Jeux planétaires à la hauteur des canons modernes. Cela commence par l'exploitation d'un symbole fort de l'olympisme avec le parcours de la flamme. Embrasée le 25 mars à Olympie, elle entame un tour du monde à travers 27 pays sur les 5 continents en traversant, entre autres, toutes les villes ayant reçu les Jeux olympiques depuis leur renaissance, soit 78 000 km parcourus par plus de 11 000 porteurs. Elle commence son périple en Australie dans les mains de la championne aborigène, Cathy Freeman, pour se rendre ensuite à Tokyo, Séoul, Beijing, Delhi, Le Caire et Le Cap pour son premier passage sur le sol africain. Sur terre, en mer, dans les airs, la flamme est transmise de porteur en porteur et soulève partout l'enthousiasme des spectateurs. Elle parvient à Rio de Janeiro, où le mythique footballeur Pelé ne peut alors retenir ses larmes en brandissant ce symbole lors de son entrée dans un stade Maracanã comble. « J'ai commencé ma carrière à 16 ans et je n'avais jamais eu droit à un tel honneur », déclare-t-il ému.

Mexico City, Los Angeles, Saint-Louis, Atlanta, New York, la torche est transmise sur le sol américain d'anonymes à des stars de cinéma, comme Sylvester Stallone et Tom Cruise, de champions légendaires, tel Carl Lewis, à des personnalités politiques comme Kofi Annan, secrétaire général de l'ONU. Après Montréal, la flamme revient en Europe et traverse Anvers, Bruxelles, Amsterdam, Genève, Lausanne, pour arriver le 25 juin à Paris. David Douillet est le premier porteur français et réalise, torche à la main, une descente en rappel depuis le toit du Stade de France sur une quarantaine de mètres : « On sait de quoi elle est chargée cette flamme, c'est un témoignage pour l'humanité, c'est un message de paix. » Londres, Barcelone, Rome, Munich, Berlin, Stockholm, Helsinki, Moscou, Kiev, Istanbul, Sofia et Nicosie, la flamme finit sa tournée mondiale en arrivant le 9 juillet en Grèce, pour la dernière ligne droite avant son entrée au stade olympique d'Athènes le 13 août lors de la cérémonie d'ouverture. Depuis le premier parcours en 1936, la flamme a vécu 1 000 aventures. Transformée en signal radio en 1976 depuis Athènes au Canada, permettant au moyen d'un rayon laser de rallumer la flamme, elle a été transportée sous l'eau par des plongeurs australiens en 2000, a traversé l'Atlantique à bord du *Concorde* pour les Jeux d'hiver 1992 d'Albertville, a sauté en parachute pour Lillehammer 1994, a été emmenée au sommet de l'Everest pour Pékin 2008, et a même fait un voyage dans l'espace en 2013 à bord du vaisseau *Soyouz* jusqu'à la Station spatiale internationale. À quelques rares occasions, la flamme s'est éteinte, de manière fortuite en 1976 à Montréal, suite à un violent orage, de manière volontaire par les organisateurs chinois de 2008 lors de son passage à Paris face à des manifestations de protestation pour les droits de l'homme en Chine, ou de manière accidentelle lors d'un malheureux relais venteux à Londres en 2012. Réfugiés politiques, défenseurs des droits de l'homme, militante contre le travail des enfants, la flamme est aussi le flambeau des causes humanistes de ses porteurs.

L'engouement autour de la flamme ne parvient pourtant pas à masquer les nombreuses problématiques auxquelles se confrontent les organisateurs et le gouvernement grecs à l'approche de l'événement. La Grèce est le premier pays à organiser des Jeux d'été après les attentats terroristes du 11 septembre 2001 à New York ayant causé plus de 3 000 morts, puis ceux d'Istanbul en novembre 2003 et de Madrid en mars 2004. La situation géopolitique internationale est particulièrement instable suite à l'intervention américaine en Irak. À quelques semaines du début des Jeux, la presse révèle, le 28 avril, les tortures et les humiliations dans les prisons irakiennes commises par des soldats américains. La tension est à son paroxysme, les menaces se multiplient contre les représentations américaines. Le scandale génère un tel antiaméricanisme à travers le monde que les athlètes américains s'interrogent sérieusement quant à leur participation aux Jeux. « Affirmer que les menaces d'attentats terroristes contre nos athlètes ne nous préoccupent pas serait un gros mensonge, déclare en juin à l'AFP Chuck Wielgus, directeur de la fédération américaine de natation. Nous avons peur, bien sûr, car nous savons que les États-Unis ne seront pas accueillis à bras ouverts à Athènes. » Le nageur Erik Vendt réagit dans les colonnes du journal *Le Monde* du 9 juin : « En tant qu'Américain, je sais que je suis une cible haïe dans de nombreux pays [...]. Mais je n'ai pas peur d'aller aux Jeux [...]. Dans une piscine je représente la nation américaine et les menaces terroristes ne m'empêcheront pas de jouer les ambassadeurs sportifs pour mon pays [...]. Depuis 1972, les JO sont politisés. Les terroristes ont toujours profité de l'événement pour se faire remarquer. J'ai hâte d'aller à Athènes pour leur prouver que les vrais champions n'ont peur de rien. » Erik Vendt ira bien à Athènes et y décrochera l'argent en 400 m 4 nages.

Face à ce climat particulièrement délétère, et pour éteindre les nombreuses polémiques suite au retard considérable pris par les travaux sur les différents sites olympiques, qui ne facilitent pas leur sécurisation, le gouvernement grec emploie les grands moyens pour placer la sécurité au centre de toutes les préoccupations. Soixante-dix mille hommes sont ainsi mobilisés uniquement pour assurer la sécurité de l'événement, des centaines de missiles sont positionnés pour protéger l'espace aérien, 1 500 caméras pour surveiller le centre-ville d'Athènes, un dirigeable équipé de caméras à haute résolution, une trentaine de navires grecs pour la surveillance maritime, et même des forces de l'Otan venues en renfort pour contrer d'éventuelles attaques terroristes utilisant des armes nucléaires, radiologiques, bactériologiques ou chimiques (NRBC). Une centaine d'agents spéciaux du FBI et du contre-terrorisme américain, de même que des gardes armés britanniques et israéliens sont autorisés à accompagner leurs délégations pour une protection spécifique. Sites olympiques bunkérisés, athlètes embastillés dans le village olympique, spectateurs scannés dans leurs moindres mouvements, l'enveloppe de plus de 1,2 milliard d'euros débloquée par la Grèce pour la sécurité se ressent et l'ambiance frise l'état de guerre.

L'intégralité des 201 comités nationaux olympiques est présente à Athènes, réunissant 10 625 athlètes, dont 4 329 femmes. Les organisateurs rétablissent des sites des Jeux antiques comme le Stade panathénaïque pour les épreuves du tir à l'arc, le lancer de poids dans l'ancien stade d'Olympie ou encore le football au stade Karaïskakis, ancien vélodrome des Jeux de 1896. Le 29 août, la ville de marathon est le lieu de départ de la course du même nom, qui s'apprête une fois de plus à entrer dans le livre des Jeux olympiques. Sous un soleil de plomb flirtant avec les 34 °C, les marathoniens entament les 42,195 km de cette course si chère aux Grecs depuis les exploits de Spyridon Louis en 1896. Très vite, et à la surprise générale, le Brésilien Vanderlei de Lima prend la tête de la course. Arrivé 75e aux Jeux de Sydney, de Lima imprime un rythme soutenu et conserve une avance importante, jusqu'à 35 secondes, sur ses deux poursuivants, l'Italien Stefano Baldini et l'Américain Mebrahtom Keflezighi.

Devant une foule de plus en plus importante dans les rues d'Athènes et alors qu'il ne lui reste que sept kilomètres avant de franchir la ligne d'arrivée, placée symboliquement au Stade panathénaïque, une scène improbable se produit alors. Un individu, habillé d'un kilt vert, d'une tenue bariolée et d'un béret, franchit la rambarde de sécurité et ceinture l'athlète, après deux heures d'efforts. L'homme le pousse vers le bas-côté de la route et l'immobilise de très longues secondes, sans que le sportif ait la force de réagir. Une mêlée s'ensuit avec des volontaires et des spectateurs. Vanderlei de Lima peut reprendre la course sans blessure, mais pas sans conséquence. Rythme coupé, frayeur improbable, le Brésilien se fait rattraper et dépasser par le duo de poursuivants. Il parvient néanmoins à conserver sa troisième place et pénètre fou de joie dans le Stade panathénaïque sous les acclamations de la foule. Il racontera lors de la conférence de presse d'après-course : « J'ai eu peur parce que je ne savais pas ce qui allait m'arriver, s'il était armé d'un couteau, d'un revolver ou autre chose et s'il allait me tuer. C'est ce qui m'a coûté ma médaille [...]. Ça a été un incident très pénible parce que j'étais très concentré, sachant que j'allais gagner. Ça m'a coupé mon rythme [...]. J'ai réussi à terminer. Avoir le bronze dans un marathon aussi dur est un grand exploit. » Le CIO décide, dans la foulée de cette arrivée mouvementée, de lui décerner la prestigieuse médaille Pierre-de-Coubertin, récompensant un athlète pour son fair-play et son esprit sportif. La police, pour sa part, identifie l'individu coupable face aux caméras du monde entier. Il s'agit d'un ex-prêtre irlandais qui, en juillet 2003, avait déjà fait parler de lui avec un geste d'illuminé en courant sur la piste du circuit de Silverstone au beau milieu du Grand Prix de Formule 1.

Un autre incident extrasportif marque l'olympiade avec le judoka iranien Arash Miresmaeili. Double champion du monde en titre de sa catégorie, porte-drapeau de son pays lors de la cérémonie d'ouverture, Miresmaeili ne se présente pas sur les tatamis grecs pour y affronter l'Israélien Ehudd Vaks, présentant un surpoids lors de la pesée d'avant-match : « Je me suis entraîné pendant des mois, je suis en forme, mais je refuse de combattre contre un Israélien, par sympathie pour les souffrances du peuple palestinien, et cette élimination ne me bouleverse pas. » Le sportif se sert alors des Jeux pour affirmer la position de l'Iran de ne pas reconnaître l'existence d'Israël et de prendre fait et cause pour l'État palestinien. Accueilli en héros à son retour en Iran, Miresmaeili reçoit une prime de 94 000 euros promise aux athlètes iraniens champions olympiques. Le président Khatami va même jusqu'à déclarer que Miresmaeili « est le plus grand athlète des Jeux d'Athènes 2004 ».

Du côté des résultats, l'Américain Michael Phelps, 19 ans, est la grande sensation de l'olympiade. Il réalise l'exploit de remporter 8 médailles, dont 6 d'or. Il s'impose notamment dès le premier jour des Jeux dans l'épreuve du 400 m 4 nages avec plus de trois secondes d'avance sur le deuxième, en battant le record du monde de la distance. Phelps fera encore mieux quatre ans plus tard à Pékin en remportant 8 médailles d'or. Il affiche un palmarès olympique XXL en détenant le record du nombre de médailles, tous sports confondus, avec un total de 28 médailles, dont 23 d'or, remportées entre 2004 et 2016. En 2018, lors d'une conférence internationale sur la santé mentale, Michael Phelps étonne son auditoire en déclarant : « Après chaque JO, je pense que j'ai connu une période de dépression carabinée. [...] Je ne voulais plus nager, je ne voulais même plus vivre [...]. On pense alors au suicide [...]. Je n'ai jamais été aussi mal, je suis resté enfermé dans ma chambre pendant trois à cinq jours, sans manger, en dormant à peine, sans plus avoir envie de vivre. »

Les Jeux d'Athènes sont une réussite, tant du point de vue sportif que de l'ambiance, étant même désignés comme « des Jeux de rêve inoubliables » par Jacques Rogge, président du CIO, lors de la cérémonie de clôture. Mais cette olympiade est surtout connue aujourd'hui pour son budget exorbitant, qui fera plus que doubler et atteindre 13 milliards d'euros, selon les sources officielles grecques. De l'avis général, les Jeux de 2004 ont plongé la Grèce dans la crise, faisant passer son déficit budgétaire de 3,7 % du PIB en 2002 à 7,5 % en 2004. En 2008, la crise financière mondiale va impacter la Grèce de plein fouet du fait de son immense dette publique. Les Jeux de 2004 seront alors un lointain souvenir, au goût amer pour les Grecs.

27

PÉKIN 2008

Forcément démesurés

Dans sa quête pour tendre vers toujours plus d'universalité, le CIO ne pouvait indéfiniment laisser de côté une nation rassemblant près d'un quart de l'humanité. Toronto, Paris et Istanbul ne font pas le poids face à la candidature de Pékin, archifavorite lors du scrutin final pour l'organisation des Jeux de 2008. La Chine attendait ses Jeux après l'échec face à Sydney pour les JO de 2000, et les obtient enfin, preuve que l'empire du Milieu fait officiellement son entrée en puissance sur la scène internationale, symbole de réussite de la politique défendue par les autorités communistes depuis trois décennies. Satisfaisant largement les attentes sur le plan financier et commercial, les représentants chinois vont jusqu'à promettre, pour réunir les suffrages des membres du CIO, de réaliser de nets progrès en matière de politique intérieure. Dick Pound, vice-président du CIO, explique dans la conférence de presse à l'issue du vote de juillet 2001 : « Une partie de la présentation des Chinois a consisté à reconnaître la préoccupation de nombreux pays à l'égard de leur bilan en matière des droits de l'homme, en suggérant que l'attribution des Jeux permettrait de progresser sur ces questions. » Des propos appuyés par le maire de Pékin Liu Qi : « Je tiens à dire que les JO de Pékin de 2008 auront la caractéristique suivante : ils aideront à promouvoir nos progrès économiques et sociaux, et ils renforceront le développement de notre promotion des droits de l'homme [...]. Nous ne voulons pas seulement promouvoir le développement de la ville, mais le développement de la société, y compris la démocratie. »

Alors que les travaux sont menés tambour battant partout dans Pékin, la question des droits de l'homme en Chine prend de plus en plus d'ampleur à mesure que l'événement approche. Un an avant le début des Jeux, en août 2007, les débats font rage partout dans le monde, à tel point que Hein Verbruggen, membre du CIO, dénonce l'action des militants des droits de l'homme « qui veulent politiser les Jeux ». Le sujet est particulièrement vif en France, où une dizaine de grandes organisations de défense des droits de l'homme, dont Amnesty International, Reporters sans frontières, la Ligue des droits de l'homme ou encore Ensemble contre la peine de mort, parviennent à mutualiser leur action et créent le collectif Chine JO 2008. Leur but n'est pas de politiser les Jeux mais de profiter de son impact médiatique colossal pour sensibiliser l'opinion publique mondiale et faire pression sur le gouvernement chinois. Le collectif émet huit revendications à ce dernier : libérer les personnes emprisonnées depuis la manifestation de la Place Tian'anmen de 1989 et tous les prisonniers d'opinion ; mettre fin au contrôle de l'information sur Internet ; suspendre les exécutions sur tout le territoire chinois en vue d'aboutir à l'abolition de la peine de mort ; supprimer la détention administrative ; mettre un terme à la pratique systématique de la torture ; permettre la constitution de syndicats libres et indépendants ; supprimer l'article 306 du Code pénal qui permet la répression des avocats ; et mettre fin aux expulsions forcées des citoyens de leur logement ou de leurs terres. Ces revendications resteront sans réponses du côté de Pékin. Mais l'histoire des Jeux olympiques a plus d'une fois montré que la visibilité sans équivalent offerte par l'olympiade au pays organisateur est à double tranchant, sa situation endogène étant inévitablement mise en évidence sous les feux des projecteurs. Le début de l'année 2008 va vite devenir extrêmement compliqué pour l'image de la Chine. Alors que le pays est un partenaire majeur du Soudan, se fournissant largement en pétrole dans le pays africain, la guerre du Darfour qui s'y déroule jette une première ombre sur le gouvernement chinois. De nombreuses voix s'élèvent pour reprocher la passivité et l'immobilisme de la patrie communiste alors qu'un véritable génocide s'y produit, engendrant la mort de plus de 300 000 personnes et générant plus de 2,7 millions de déplacés.

Le 10 mars, jour du 49e anniversaire du soulèvement tibétain de 1959, des manifestations pacifiques de moines tibétains sont organisées à Lhassa, capitale de la région autonome du Tibet, réclamant la libération de moines emprisonnés depuis 2007. Quatre jours plus tard, les manifestations dégénèrent en émeutes, faisant suite, selon les rumeurs, au passage à tabac de 2 moines bouddhistes par les forces de l'ordre chinoises. La répression du mouvement est rapide et violente. Le gouvernement tibétain en exil fait état d'au moins 80 Tibétains tués, alors que les médias chinois mettent en exergue les agressions et les destructions des émeutiers, présentés comme des « séparatistes ». Le 19 mars, la région autonome du Tibet est totalement fermée aux journalistes et aux touristes. Le sceau du silence règne ainsi durant trois mois, jusqu'au 26 juin. L'émotion est de mise partout dans le monde, où un élan de soutien à la cause tibétaine laisse craindre le pire pour les prochains Jeux. Menaces de boycott des Jeux, de la cérémonie d'ouverture, de nombreux représentants politiques expriment leur indignation.

En France, l'idée que le président de la République boycotte la cérémonie d'ouverture prend de plus en plus corps, mais n'a rien d'évident. Nicolas Sarkozy ne s'est-il pas en effet rendu en Chine quelques mois plus tôt, en novembre 2007, pour y signer environ 20 milliards d'euros de contrats ? Comment prendre une position aussi symbolique quand la France a vendu à la Chine 2 réacteurs EPR pour 8 milliards d'euros, 160 Airbus pour 17 milliards de dollars ou encore un contrat de 750 millions d'euros signé par Alcatel avec China Mobile ? Le 24 mars, le président Sarkozy demande au président chinois Hu Jintao « de la retenue et la fin des violences par le dialogue au Tibet » et annonce le lendemain que « toutes les options sont ouvertes » quant à un éventuel boycott de la cérémonie et qu'il graduera « sa réponse en fonction de la réponse qui sera donnée par les autorités chinoises ». La diplomatie du carnet de chèques mise en œuvre par les autorités chinoises se transforme en un levier de pression hors norme pour la Chine face à cette vague de contestations.

Hasard du calendrier, la flamme olympique est embrasée à Olympie le 24 mars, en pleine polémique tibétaine. Elle doit parcourir 137 000 km sur les cinq continents en cent trente jours, avec comme thème « Un voyage en harmonie ». À peine le feu est-il allumé, que trois membres de l'association Reporters sans frontières surgissent, brandissant des drapeaux où les cinq anneaux olympiques sont remplacés par cinq menottes. La suite du parcours ressemble à un chemin de croix. De Londres à Paris, en passant par San Francisco, Buenos Aires, mais aussi Islamabad ou Séoul, à chaque fois les incidents se multiplient sous les caméras au passage de la flamme. Le monde découvre également « l'unité de protection de la flamme sacrée » du comité d'organisation chinois, qui se montre particulièrement antipathique et violente dans sa protection permanente de la flamme. Comme si celle-ci n'était plus le symbole si cher à l'olympisme mais celui de la défense du succès chinois dans son entreprise médiatique. Ces hommes, en survêtement bleu et blanc orné des anneaux olympiques, décident de tout, aussi bien de changer de parcours à la dernière minute que d'éteindre la flamme à leur guise. David Douillet, un des relayeurs, est même surpris de voir l'un de ces hommes surgir pour se saisir de son flambeau et l'éteindre *manu militari* devant la presse mondiale. Désabusé, le champion français commente : « Je comprends qu'ils aient peur de tout mais là c'est ahurissant : ils éteignent une flamme alors qu'il n'y a aucun risque, ils le voient, ils le savent… Ça ne se passe pas comme cela devrait se passer. Si l'organisation des Jeux est de cette teinte-là, on n'est pas sûr d'avoir des Jeux qui vont bien marcher, ce n'est pas possible ! »

L'image de l'olympisme semble ternie par ces polémiques, tant le parcours de la flamme tourne au fiasco et les conflits impliquant la Chine interrogent. Le 10 avril à Pékin, sous la pression internationale, le président du CIO, Jacques Rogge, prend la parole devant les représentants des 205 comités nationaux olympiques, pour un exercice d'équilibriste : « Avant l'attribution des Jeux, les représentants chinois ont dit – et je les cite de mémoire car je ne le sais pas par cœur : "accorder les Jeux à la Chine ferait avancer la question sociale, notamment les droits de l'homme". C'est ce que je qualifierais d'engagement moral plutôt que juridique. Nous demandons absolument à la Chine de respecter cet engagement moral […]. Il y a une crise, il n'y a pas de doute. Mais le CIO a traversé des tempêtes bien plus grosses. » Et de commenter quelques jours plus tard dans les colonnes du *Figaro* : « Les gens ne se rendent pas compte que le CIO n'est pas les Nations unies du sport. Nous ne devons pas entrer dans des domaines politiques. Si nous le faisions, nous nous aliénerions la possibilité de ce trait d'union entre tous les peuples. » Le climat se détend petit à petit, notamment par l'entremise du Prix Nobel de la paix de 1989 et chef spirituel du bouddhisme tibétain, le dalaï-lama, qui s'exprime dans un communiqué de presse : « Je soutiens l'organisation des jeux mondiaux par les Chinois parce que la Chine est la nation la plus peuplée, la plus ancienne [...]. Les Chinois méritent vraiment les JO, malgré les événements malheureux du Tibet. » Le 12 mai, un violent séisme touche la région du Sichuan, au centre de la Chine, d'une magnitude comprise entre 7,6 et 8 sur l'échelle de Richter. Le bilan est catastrophique : plus de 70 000 tués, 18 000 disparus, 374 000 blessés et d'innombrables constructions détruites. La communauté internationale est touchée par le drame et une solidarité se met très vite en place pour apporter son aide, laissant de côté les polémiques et les critiques.

L'image renvoyée par la Chine sur les questions du Tibet, du Darfour, des droits de l'homme et de la flamme est désastreuse. Le régime communiste va alors s'évertuer à mettre en exergue l'avancée de ses travaux démesurés dans Pékin. Les chiffres des dépenses par l'organisation chinoise donnent le vertige : 17 milliards d'euros de travaux pour les transports, 1,9 milliard d'euros pour la construction d'un nouveau terminal de l'aéroport de Pékin, 2 milliards d'euros pour la construction de trois nouvelles lignes de métro, et plus de 6 milliards d'euros dédiés à lutter contre la pollution permanente de Pékin. Un village olympique démesuré de 66 hectares et 9 000 chambres sort de terre. Plus de 100 000 policiers et militaires sont mobilisés à Pékin, 70 000 volontaires chargés de porter assistance aux athlètes et au public, 300 000 autres volontaires chargés de sillonner les rues de la ville hôte pour « veiller à la sécurité », ou, en d'autres termes, suivre avec insistance les moindres faits et gestes des locaux et des étrangers.

Les Jeux s'ouvrent le 8/8/08 à 8 h 08 par une cérémonie agrémentée de feux d'artifice éblouissant les 91 000 spectateurs présents au stade olympique, le fameux « Nid d'oiseau ». Le spectacle olympique de deux semaines qui débute n'est pas retransmis en direct mais en léger différé, le régime chinois privilégiant ainsi le contrôle absolu des images de l'événement, pour lequel le moindre incident peut être amplifié devant 4 milliards de téléspectateurs, se laissant ainsi une marge de manœuvre pour censurer éventuellement ce qui ne devrait pas être vu. Deux cent quatre nations s'engagent dans l'olympiade, dont 4 novices : les îles Marshall, les Tuvalu, le Monténégro et la Serbie. 10 642 athlètes sont présents, dont 4 637 femmes.

L'olympiade est démesurée en termes de performances, avec 40 records du monde battus. En athlétisme, le Jamaïcain Usain Bolt est la star incontestable de ces Jeux. Il s'accorde le doublé 100 m et 200 m en battant à chaque fois le record du monde, respectivement en 9'' 69''' et 19'' 30'''. Il remporte également une troisième médaille d'or avec le relais 4 × 100 m en battant un 3e record du monde, mais ce titre lui sera retiré par le CIO en 2017 du fait du contrôle positif d'un des relayeurs de l'équipe de Jamaïque. Jovial, attachant, Usain Bolt parvient à conquérir la planète sport par sa spontanéité et sa bonne humeur. À l'issue de la finale du 100 m, il exécute un geste qui devient vite légendaire, le « Bolting ». Bolt mime dans un immense sourire une flèche en direction du ciel, comme s'il était le seul et unique athlète à pouvoir aller toucher les étoiles. Il débute alors un règne sans partage sur les épreuves de sprint des championnats du monde : en 2009 à Berlin, 2011 à Daegu, 2013 à Moscou et 2015 à Pékin, totalisant 11 médailles d'or. « L'éclair » écrase encore la concurrence lors des JO de Londres et de Rio, et rejoint ainsi Carl Lewis et Paavo Nurmi au panthéon de l'athlétisme avec 9 médailles d'or. En natation, l'Américian Michael Phelps entre aussi dans la légende en battant le record de Mark Spitz aux JO de Munich 1972 en cumulant 8 médailles d'or. Entre le 10 et le 17 août, le nageur américain remporte une compétition par jour, battant au passage 7 records du monde lors des finales olympiques. Au cours de la quinzaine olympique, plusieurs nations inaugurent des performances jamais réalisées jusque-là. L'Inde décroche sa première médaille d'or individuelle avec Abhinav Bindra au tir à la carabine à air comprimé. La Mongolie obtient la première médaille d'or de son histoire avec Tuvshinbayar Naidan en judo masculin, tout comme le Bahreïn avec Rashid Ramzi au 1 500 m masculin, le Panama avec Irving Saladino au saut en longueur masculin et l'Afghanistan avec Rohullah Nikpai en taekwondo masculin. L'île Maurice, le Togo et le Tadjikistan ouvrent pour leur part leur palmarès olympique avec des médailles de bronze.

Pékin 2008 est aussi le théâtre d'immenses désillusions pour certains. Véritable héros national, Liu Xiang, champion olympique sur le 110 m haies à Athènes, représente la meilleure chance de la Chine de remporter une médaille d'or en athlétisme. Victime d'une douloureuse blessure, le champion est contraint à l'abandon, la mort dans l'âme. C'est un véritable mélodrame qui débute alors en Chine, obligeant Liu Xiang à se présenter devant les médias pour faire son mea-culpa : « Je souhaite remercier tous les gens pour leur soutien, je voudrais dire à tout le monde "excusez-moi", "pardon" [...]. Il y avait tellement de gens pour regarder la course, je suis désolé, je me suis dit : "je dois courir", mais j'ai finalement abandonné. Quand les Jeux olympiques ont été attribués à la Chine, j'avais 18 ans. Depuis, je n'ai cessé de penser à ma participation à la compétition pour les JO de Pékin, je n'aurais jamais pensé que j'abandonnerais sans avoir participé aux qualifications, mais c'est comme ça. »

L'Américain Matthew Emmons souffle le chaud et le froid dans l'épreuve du tir à la carabine olympique. Après l'or à Athènes sur 50 m en position couchée, il obtient l'argent à Pékin dans la même discipline. C'est dans la catégorie trois positions que l'Américain vit une incroyable malédiction. Sur le point de remporter le concours à Athènes, il s'oublie et tire sa dernière balle, celle du titre... sur la cible d'un concurrent ! *Bis repetita* à Pékin alors qu'il est largement en tête, à une balle de l'or olympique, il commet une erreur de débutant. Son doigt glisse sur la gâchette et la balle se loge dans la bordure de la cible. Il est ainsi relégué de la première à la quatrième place. Ce n'est qu'à Londres en 2012 qu'il décroche enfin une médaille de bronze dans cette discipline.

Les Jeux de Pékin sont au final une belle réussite sportive et l'esprit olympique a perduré. L'une des images symboliques se déroule lors de la cérémonie du podium du tir au 10 m au pistolet à air comprimé féminin. Tandis que le conflit fait rage entre leurs deux pays en raison d'un différend frontalier, la Géorgienne Nino Salukvadze et la Russe Natalia Paderina tombent dans les bras l'une de l'autre à la remise des médailles. Paderina, deuxième, embrasse Salukvadze, troisième, et confie lors de la conférence de presse : « Si le monde pouvait tirer une leçon de ce que j'ai fait, il n'y aurait jamais plus de conflit. Nous vivons au XXIe siècle après tout.

Nous ne devrions jamais tomber si bas au point de nous faire la guerre. » Salukvadze ajoute alors : « Aucune haine ne devrait exister entre les athlètes, ni entre les peuples. Les politiciens devraient rectifier la situation tout de suite et s'ils ne le font pas il nous faudra nous en mêler. Quant au sport, nous demeurerons toujours amies et rien n'affectera notre amitié, même dans une discipline aussi effrayante que le tir. »

Ou quand le sport dépasse la politique internationale…

28

LONDRES 2012

Le Waterloo olympique parisien

La candidature parisienne pour les JO 2012 est le fruit de deux cuisants échecs récents subis par la capitale française. En octobre 1986, le dossier parisien, alors porté par Jacques Chirac, maire de la ville, échoue au tour final du scrutin pour l'attribution des Jeux de 1992 face à Barcelone, par 23 voix à 47. Le lobbying de Juan Antonio Samaranch, président du CIO, à l'œuvre dans les coulisses pour la ville espagnole, et la nomination d'Albertville pour les Jeux d'hiver 1992 n'ont pas aidé le dossier français. Quinze ans plus tard, la désillusion s'avère encore plus forte. Confrontée à Pékin, Istanbul, Toronto et Osaka, Paris est optimiste pour le premier tour du scrutin des Jeux de 2008, en juillet 2001 à Moscou. Avec seulement 15 voix, devancée par Pékin et ses 44 voix, Toronto – 20 voix –, et même Istanbul – 17 voix –, Paris décroche finalement la troisième place du podium et voit les Jeux s'envoler pour l'Asie. La défaite est cruelle, le fiasco total. Fraîchement élu à la mairie de Paris en mars 2001, Bertrand Delanoë reprend dans la dernière ligne droite la candidature de 2008 en succédant à Jean Tiberi, et veut y croire. L'échec serait en quelque sorte un passage obligé aux yeux du CIO afin de décrocher le Graal, comme un révélateur de la réelle motivation des candidats. Sydney, Athènes et Pékin n'en ont-ils pas fait récemment l'amère expérience ? Après avoir convaincu Jacques Chirac, alors président de la République, le maire de Paris se lance corps et âme dans la bataille pour obtenir la XXXe olympiade de 2012.

Jean-Paul Huchon, président de la région Île-de-France, de mars 1998 à décembre 2015, est un témoin privilégié et l'un des principaux représentants de la candidature parisienne de 2012. Il raconte les débuts du projet : « Très vite Bertrand Delanoë va rassembler, derrière la mairie de Paris, l'État, la préfecture de région et le conseil régional d'Île-de-France, que je présidais. Nous parvenons alors à réussir une chose rare en France : mettre d'accord l'ensemble des grandes institutions autour de ce projet, via un groupement d'intérêt public (GIP). Tout était réuni. Nous avions en plus le soutien des grandes entreprises et des patrons. Arnaud Lagardère était leur chef de file, il souhaitait les Jeux et ferait tout son possible pour les obtenir. Nous avons alors non seulement embarqué les grands patrons mais aussi de nombreuses PME. »

Pour la région francilienne, la perspective de recevoir l'événement représente une belle opportunité d'accélérer des projets alors en dormance. « Nous y voyions une occasion extraordinaire de développer le Grand Paris. On parle des Jeux de Paris, mais c'est aussi la région dans son ensemble qui peut alors être impactée par la perspective olympique. Il faut en profiter pour que ce soit une avancée majeure notamment en matière de transports publics. C'est l'époque où se discute le projet du Grand Paris des transports, on prendra d'ailleurs des engagements fermes devant le CIO sur la réalisation de ce dossier ambitieux, qui est toujours d'actualité aujourd'hui. Pour nous, c'est l'occasion de profondément transformer le réseau de la région, avec un métro extrêmement ramifié comptant plus de 68 gares, permettant de créer du transport de proximité. Un véritable projet de société en somme, impossible sans l'aubaine olympique. »

Le 21 mai 2003, l'annonce de la candidature de Paris est officielle, deux ans avant le vote final du CIO. Un groupe de « fondateurs » est mis en place avec Bertrand Delanoë et Jean-Paul Huchon, mais aussi le préfet d'Île-de-France, Bertrand Landrieu, Henry Sérandour, président du comité national olympique et sportif français, Marie-Claire Restoux, conseillère pour les sports à l'Élysée, Jean-François Lamour, ministre des Sports, et Arnaud Lagardère. Les planètes semblent être parfaitement alignées pour Paris 2012. Après avoir reçu le monde du football autour d'une immense fête populaire en 1998, la France confirme sa capacité à organiser des événements sportifs d'envergure, comme les championnats du monde d'athlétisme de 2003, avec 93 % de taux de remplissage du Stade de France durant une semaine en août 2003, du jamais-vu.

Néanmoins, quelques interrogations demeurent chez les têtes pensantes de la candidature. « Nous étions conscients d'avoir une faiblesse majeure : ne pas être bons sur la diplomatie sportive, reconnaît l'ancien président de la région Île-de-France. Plusieurs doutes ont émergé : resterons-nous d'accord tous ensemble pour mener à bien ce projet avec des échéances politiques à venir ? Notre dossier correspondait-il vraiment aux attentes du CIO ? Nous ne voulions pas d'un projet strass et paillettes mais fondé sur un développement en profondeur du sport, du sport amateur, des jeunes, des handicapés… Serions-nous capables d'affronter et de résister à la concurrence ? Nous avions affaire à des gens qui ont une grande expérience dans le domaine. Ils avaient tous préparé leur dossier de très longue date. Avec Londres, Madrid, New

York et Moscou, nous avions de sacrés clients en face, que ce soit d'un point de vue politique ou économique. Une de nos plus grandes difficultés a été la gestion diplomatique du dossier avec l'idée que l'on devait utiliser les ambassadeurs français comme représentants du dossier dans tous les pays du monde pour convaincre sur notre candidature. Comment le vendre parfaitement à l'étranger ? Comment convaincre les protagonistes du CIO qui avaient peut-être dès le départ un favori ? »

En mai 2004, le CIO officialise les cinq adversaires en course. Bertrand Denaloë annonce : « Nous requérons l'honneur d'organiser les Jeux olympiques de 2012. Nous sommes là pour gagner. » À un an du vote final, la première évaluation de l'instance olympique est élogieuse pour Paris, avec une moyenne de 8,6 sur 10, devant, dans l'ordre, Madrid, Londres, New York et Moscou. Le concept français a de quoi séduire : un village *intra-muros* dans le quartier des Batignolles, encadré par deux noyaux autour de Saint-Denis et du bois de Boulogne, regroupant 75 % des épreuves et un message clair pour « des Jeux populaires, solidaires, écologiques et éthiques ».

Pour Jean-Paul Huchon, « c'est le meilleur dossier que l'on pouvait présenter, j'en suis persuadé. Tout était parfaitement étudié, notamment du point de vue financier et de la sécurité. Sur le nombre de bénévoles, la disposition des forces de police, l'articulation des sites, le dossier français était de loin le meilleur. Tout avait été parfaitement ficelé. J'y ai travaillé des heures et des heures avec mes équipes, tout comme la mairie de Paris. Ce que nous avions conçu était ingénieux, notamment sur le fait de répartir des sites sur la banlieue, et en particulier sur la Seine-Saint-Denis, la banlieue la plus populaire, la moins riche. Nous souhaitions aussi faire émerger de nouveaux sites complets comme le vélodrome de

Saint-Quentin-en-Yvelines, qui est finalement sorti de terre, ou encore la colline de la Revanche à Élancourt. D'ailleurs, le dossier de candidature de Paris 2024 a largement repris les grandes lignes de notre projet de l'époque ».

La visite officielle de la commission d'évaluation du CIO à Paris se déroule du 9 au 12 mars 2005. Hasard malencontreux du calendrier, le 10 mars correspond également à un appel des syndicats à manifester à Paris pour une revalorisation des salaires. « Et c'est justement ce même jour qu'il fallait montrer au CIO la pertinence du choix des sites, avec des trajets effectués en moins de dix minutes, se remémore Jean-Paul Huchon. Ils ont alors visité notre projet, c'était plutôt bien réussi. Je me souviens que nous étions dans un bus dédié à la délégation et je trouvais bizarre [rires] qu'à 2-3 heures de l'après-midi il n'y ait personne sur les routes, ni sur le périphérique, ni dans les rues de Paris. Les forces de l'ordre avaient simplement tout bloqué ! Nous circulions donc tranquillement et les gens du CIO exprimaient leur surprise en disant "dites donc, on roule quand même bien dans Paris !". On aurait dû le voir, on aurait dû le sentir. C'était assez artificiel de notre part. »

Avant de voir la délégation olympique quitter Paris, Jacques Chirac décide de mettre les petits plats dans les grands et convie les visiteurs du CIO pour un repas officiel à l'Élysée. Il faut dire que Londres les avait reçus à Buckingham Palace ! Paris a-t-il alors répondu aux attentes du CIO ? M. Huchon s'interroge toujours sur la question plus de seize ans après : « C'est presque kafkaïen ! On ne sait pas ce qu'ils veulent. À chaque fois qu'un membre du CIO discute avec vous il vous dit quelque chose de différent de l'autre. Il est donc extrêmement difficile de se situer. En général, les arguments qui suivent d'une olympiade à l'autre diffèrent à chaque fois : là il faut faire plus environnemental, là plus sécuritaire, là il faut faire plus banlieue, là il faut réduire les coûts. Mais quand vous avez étudié tout cela, vous vous rendez compte qu'il n'y a pas de cahier des charges. Et ça, c'est très difficile pour une ville candidate. Les équipes qui se préparent à la candidature le font dans un engagement total, un détail incroyable, une attention extrême à ne pas vexer, à ne pas avoir l'air de… Mais le problème est que l'on reste en permanence dans un flou total. En plus à ce moment-là les responsables du CIO avaient changé, Samaranch était parti, et nous avions en face de nous une approche beaucoup plus anglo-saxonne et nord-européenne qu'auparavant. Le monde avait aussi changé de leadership, de direction, de point fort. Le CIO est resté pour nous comme une vieille organisation qui ne tenait pas compte de ces évolutions géopolitiques. Le mur de Berlin était tombé, d'accord, mais ça, ça faisait longtemps. Il s'était vraiment passé quelque chose que nous n'avions alors peut-être pas saisi. »

À la fin du printemps, le calendrier s'accélère. En mai, les Français votent pour le non à 54,8 % au référendum sur le traité établissant une Constitution pour l'Europe. Ce signal ainsi lancé par la France au continent ne pèsera-t-il pas d'une manière ou d'une autre sur les futurs votants européens du CIO ? Dans le même temps, « l'affaire Guy Drut » explose. Mis en examen, le membre français du CIO et ex-champion olympique comparaît le 9 mai devant le tribunal correctionnel de Paris, pour répondre du chef de recel d'abus de confiance dans le procès des marchés publics d'Île-de-France. Il est accusé d'avoir occupé un emploi fictif entre juin 1990 et février 1993. Les adversaires de la candidature de Paris s'en donnent à cœur joie et se font allègrement l'écho de cette affaire. Le CIO grince des dents… À combien de bulletins chiffrer l'éventuel préjudice ?

Le 5 juin, veille de la publication du rapport de la commission d'évaluation des 5 candidats, Paris s'offre un écrin fabuleux pour valoriser son dossier et impressionner le monde. Sur 2 km, les Champs-Élysées sont transformés en immense terrain de sport sur lequel les 28 sports olympiques sont proposés à près de 1 million de personnes. Le gratin du sport français est présent. « J'y étais, évidemment, se souvient Jean-Paul Huchon. Je l'ai parcouru avec le maire de Paris. C'était vraiment très réussi, une belle fête pour la jeunesse. Mais à bien y réfléchir c'était peut-être un peu trop égocentrique. Nous avons alors transmis comme message "on est les meilleurs, arrêtez de discuter et donnez-nous les Jeux". Dans toutes les réunions de préparation au GIP, ce qui était frappant c'est que tout le monde disait sans cesse : "attention, restons modestes, *low profil*...". C'est à l'image du film de présentation de Paris réalisé par Luc Besson. La ville était mise constamment en avant, son patrimoine, la tour Eiffel, les Champs-Élysées... Mais le problème est que le CIO ne souhaitait pas cette approche à ce moment-là. Ils attendaient alors un projet représentant la résurgence d'une banlieue locale totalement oubliée, comme à Barcelone en 1992. Nous étions loin du compte car notre idée était de réintroduire les Jeux à l'intérieur de la ville. »

Le rapport du comité d'évaluation du CIO est publié le lundi 6 juin. Ce document de cent vingt-trois pages a pour but d'aider les membres du CIO à se déterminer lors du scrutin final. Les « excellentes conditions d'hébergement » ainsi que « la grande qualité et la grande capacité des infrastructures routières et ferroviaires de Paris » y sont mises en avant. Le rapport précise également que le budget établi par la capitale française est « bien documenté et crédible ». Le budget londonien est pour sa part vu comme « bien ficelé et réaliste » et le dossier global a l'avantage de présenter « un degré élevé de préparation ». Les autres candidats en lice, New York, Madrid et Moscou, ne sont pas logés à la même enseigne par le CIO, qui émet des « réserves ».

La délégation quitte la France, relativement confiante, pour rejoindre Singapour où va se tenir le vote final le 6 juillet. « Malgré la difficulté de lire la volonté et les attentes du CIO, un bruit court, une rumeur, qui dit que Paris va gagner, commente Jean-Paul Huchon. Dès leur arrivée à Singapour, nous constatons que les Anglais se concentrent sur une chose unique qui est de convaincre chaque délégation, une par une. Ce n'était pas fait au hasard par le Premier ministre britannique, il savait pertinemment qui il devait voir, pourquoi il devait les voir et ce qu'il pouvait leur promettre. C'est la première fois que ça s'est passé de manière aussi voyante. Pendant ce temps-là, Jacques Chirac est arrivé et a fait comme d'habitude, il s'est montré proche des gens du CIO, a serré des mains comme s'il était au Salon de l'agriculture et… voilà. Il n'était pas réellement présent. Il était très bon dans le contact humain, comme d'habitude, mais il n'était pas à fond dans le dossier comme Tony Blair… »

Le jour du vote, les différences d'approche entre Français et Anglais sont éloquentes. Quand d'un côté Jacques Chirac devient le premier Président d'une nation à venir défendre personnellement une candidature devant le CIO, allant même jusqu'à plaider la cause nationale, c'est de l'autre un double champion olympique, Sebastian Coe, qui représente et parle au nom des sportifs lors d'une présentation brillante. « Effectivement Sebastian Coe était le seul patron, appuie Jean-Paul Huchon, et en plus un brillant manager, qui s'est alors entouré de managers, qui savaient parfaitement comment gagner un deal. C'est vraiment ça qui a été déterminant.

Tandis que nous, nous avions trois patrons, trois politiques. C'est ce qui ne plaisait pas au monde sportif. Ce n'est pas ce que voulait le CIO. »

Le premier tour de vote déçoit les espérances françaises, avec 22 voix pour Londres, 21 voix pour Paris, 20 pour Madrid, 19 pour New York et 15 pour Moscou, bien loin de la trentaine de voix attendue. Au deuxième tour, Madrid prend la tête avec 32 voix, contre 27 pour Londres, 25 pour Paris et 16 pour New York. Le troisième tour élimine Madrid, 31 voix, contre 39 pour Londres et 33 pour Paris.

Jacques Rogge, président du CIO, monte alors à la tribune, le verdict approche. Le stress est à son paroxysme, tout le monde retient son souffle dans la salle. « Quand nous entendons “London”, le ciel nous tombe sur la tête. Nous sommes littéralement séchés sur place. » Le camp britannique exulte. Les Français sont K-O debout. Le rêve olympique s'est de nouveau envolé.

Jean-Paul Huchon conclut sur cette expérience douce-amère : « J'ai fait beaucoup de concours et d'examens dans ma carrière, mais un concours comme celui-là est exceptionnellement difficile, peut-être l'exercice le plus difficile qui soit, amplifié en réalité par le fait que vous ne savez pas réellement ce qu'on vous demande. Depuis cet échec j'ai énormément réfléchi à la question et j'ai eu l'occasion de revenir sur le sujet. Pour le dossier 2024 j'avais fait organiser une mission pour essayer de comprendre pourquoi nous avions perdu en 2012. Nous avons passé trois jours à Londres pendant leurs Jeux, vu leur piscine démontable, constaté le côté Londres qui apparaissait évidemment dans l'événement. Le plus frappant a été la rencontre avec Sebastian Coe. Je me souviens de cette conversation dans son bureau. Il me dit : “Votre dossier était exceptionnel, peut-être le meilleur en lice, mais vous avez perdu parce que vous ne vous êtes pas demandé pourquoi organiser les Jeux. Vous n'avez jamais explicité les finalités, ce que les Jeux représenteraient comme héritage, comme transformations pour votre pays et comme appel à l'esprit olympique en général." Il avait tout à fait raison. Nous avons peut-être considéré que c'était en quelque sorte donné. Invoquer la France éternelle, la République, Paris, comme si tout cela allait suffire à incarner l'esprit olympique. Comme si nous nous-mêmes, Français, incarnions à nous seuls l'esprit olympique. Évidemment nous nous sommes trompés sur toute la ligne avec cet état d'esprit. »

Londres exulte à l'annonce du résultat, mais hélas la liesse britannique va être de courte durée. Le lendemain du vote de Singapour, 4 attentats-suicides, commis par des jeunes terroristes islamistes britanniques, touchent les transports publics de la ville et font 56 morts et 784 blessés. Les enjeux géopolitiques internationaux reviennent au cœur de l'actualité, et Londres devra faire avec pour son olympiade. Le sujet de la sécurité sera d'ailleurs au centre des préoccupations des organisateurs, devant notamment faire face à la dernière minute à la défaillance d'une société de sécurité privée et d'une explosion vertigineuse des coûts en la matière, dépassant le milliard d'euros.

Au final, les Jeux de Londres se révéleront une belle réussite tant sur le plan de l'organisation que du côté sportif, de la cérémonie d'ouverture pleine d'humour aux exploits d'Usain Bolt et de Michael Phelps, en passant par les bonnes performances tricolores ramenant 35 médailles, dont 11 d'or. Jacques Rogge qualifiera ces Jeux comme « fabuleux, extraordinaires [...] les meilleurs Jeux jamais organisés ». Paris, pour sa part, devra encore patienter avant de valider son ambition olympique, mais cela ne va finalement pas tarder...

29

RIO 2016

Les premiers tropicaux et les plus exotiques

C'est peu dire que la nuit du 2 au 3 octobre 2009 a été un moment de liesse pour les Brésiliens. De l'annonce de Jacques Rogge, attribuant la XXXIe olympiade à Rio de Janeiro, au petit matin, plus de 10 000 Cariocas célèbrent l'instant sur la fameuse plage de Copacabana. Le président du CIO est fier d'ouvrir une nouvelle voie à l'olympisme vers l'Amérique du Sud : « Cet appel à “vivre votre passion” a trouvé écho auprès de mes collègues membres et nous nous réjouissons de voir Rio de Janeiro accueillir les tout premiers Jeux olympiques du continent sud-américain. » De son côté, Lula da Silva, Président brésilien, promet de faire « ressentir la chaleur de notre peuple, l'exubérance de notre culture et l'effet de notre joie ». Après les Jeux panaméricains de 2007 et la Coupe du monde de football de 2014, le Brésil se délecte d'accueillir le plus grand événement de la planète, souhaitant ainsi affirmer son entrée dans la cour des grandes puissances et profiter des Jeux comme catalyseur économique pour la ville.

Mais, à l'approche de l'ouverture des Jeux, Rio est submergée par les crises à répétition : virus Zika qui explose dans le pays, violences urbaines, inégalités sociales et raciales, corruption prégnante des classes dirigeantes. Une action de destitution de Dilma Rousseff, élue Présidente en 2010 et réélue en 2014, est même engagée en 2016 pour une affaire de pots-de-vin provenant de contrats surfacturés liés à la construction du barrage de Belo Monte. À un mois et demi des Jeux, en juin, l'État régional de Rio de Janeiro fait face à une telle situation économique qu'il doit déclarer l'état de calamité publique, seul moyen pour pouvoir financer les Jeux et les services publics essentiels, qui risquent alors de s'effondrer. Le gouverneur local, Francisco Dornelles, explique dans une conférence de presse que l'organisation des Jeux a entraîné « de graves difficultés dans la prestation de services publics essentiels et peut même occasionner un effondrement dans la sécurité publique, la santé, l'éducation, la mobilité et la gestion environnementale ». L'État régional de Rio de Janeiro obtient ainsi l'aide *in extremis* du gouvernement fédéral pour pouvoir financer les derniers chantiers des Jeux, notamment la nouvelle ligne de métro permettant de rejoindre le cœur olympique. L'image du pays est en jeu devant l'impact mondial des Jeux olympiques.

Et la série noire de se poursuivre… À quelques jours du coup d'envoi olympique, le *New York Times* publie un article édifiant où il révèle les analyses d'une équipe d'experts de la santé sur les eaux de la baie de Guanabara, où doivent se dérouler les épreuves de voile et de windsurf. Le constat est sans appel : « les athlètes vont littéralement nager dans la merde humaine », 80 % des eaux sales des favelas sont directement déversées dans la mer, où baignent déchets, agents pathogènes et bactéries. La qualité de l'eau des sites nautiques équivaut donc à celle des égouts. Les barrières flottantes posées à la hâte par l'organisation ne suffiront pas à assainir une eau presque noire.

L'actualité internationale apporte une pression supplémentaire sur Rio 2016. Depuis juin 2014, l'État islamique en Irak et au Levant a mis en place un califat sur les territoires syriens et irakiens et organise un « djihad global » contre le reste du monde. Les attentats revendiqués par le groupe terroriste se multiplient en Irak, en Afghanistan, en Syrie, mais aussi en Allemagne, en Australie, en Belgique ou encore aux États-Unis. La France est particulièrement visée avec les attentats de *Charlie Hebdo* en janvier 2015 et ceux de Saint-Denis et de Paris en novembre 2015, où sa jeunesse est visée lors d'un concert au Bataclan. Deux semaines avant le début des Jeux, c'est sur la promenade des Anglais à Nice que la barbarie terroriste sévit le 14 juillet. Quatre-vingt-six personnes y sont tuées sous les roues d'un camion conduit par un Tunisien radicalisé vivant en France. Le Brésil est explicitement présenté comme une cible potentielle des djihadistes, l'un des responsables de l'EI publiant même sur Twitter cette menace sans équivoque : « Brésil, vous êtes notre prochaine cible, nous pouvons attaquer ce pays de merde. » Le groupe terroriste va même jusqu'à créer un canal de propagande en langue portugaise à l'approche de l'événement et suggère des idées d'attaques telles que l'utilisation de drones dotés de petits explosifs, de poison ou de médicaments. Le gouvernement brésilien est sur les dents et déploie des moyens conséquents pour y faire face, entre une loi antiterroriste votée à la hâte et un dispositif de sécurité d'envergure monté pour les Jeux avec plus de 85 000 membres des forces de l'ordre mobilisés. À cinq jours de la fête olympique, 13 apprentis terroristes, dont un mineur de 17 ans, sont arrêtés dans un vaste coup de filet de la police brésilienne. Ils échangeaient des recettes pour la fabrication d'une bombe et estimaient que les JO de Rio étaient une bonne opportunité pour « aller au paradis ».

Ce contexte si particulier n'entre pourtant pas dans le stade Maracanã de Rio de Janeiro pour la cérémonie d'ouverture du 5 août. Des airs de bossa-nova et de samba enflamment le stade, avant que le tennisman Gustavo Kuerten, triple vainqueur de Roland-Garros, entre dans l'enceinte, flamme à la main. Il transmet le flambeau à Hortência Marcari, considérée comme la plus grande joueuse du basket brésilien, qui le remet elle-même à Vanderlei de Lima, médaillé de bronze au marathon olympique d'Athènes en 2004 qui avait été privé de la médaille d'or par un déséquilibré. Le coureur enflamme la vasque olympique et lance les deux semaines de compétitions.

11 238 athlètes, dont 4 700 femmes, soit 45 % du total, se présentent dans les 28 sports olympiques. Deux cent cinq pays sont représentés, dont, pour la première fois, le Kosovo et le Soudan du Sud. Surtout, deux équipes s'ajoutent à cette liste. La première est celle des athlètes olympiques indépendants, 9 sportifs venant du Koweït, dont le comité national olympique a été suspendu par le CIO pour ingérence gouvernementale dans les instances sportives locales. Elle remportera 2 médailles en tir, 1 en or et 1 en argent. La grande nouveauté est l'apparition de l'équipe des athlètes olympiques réfugiés, voulue par le CIO. Thomas Bach, nouveau président du CIO, élu en 2013, commente à ce sujet dans la *Revue olympique* n° 100 : « Au milieu de la tragédie humaine de la crise mondiale des réfugiés, ces athlètes olympiques réfugiés représenteront un symbole d'espoir pour tous les réfugiés du monde. Ainsi, les Jeux rappelleront que dans le monde d'aujourd'hui, l'esprit olympique est plus pertinent que jamais. » Ils s'appellent Popole Misenga et Paulo Amotun, forcés à fuir leur Congo natal pour cause de guerre civile, Rami Anis, rescapé des bombardements sur Alep en Syrie, mais aussi Rose Lokonyen, Yolande Bukasa Mabika ou encore Yiech Biel, et tous ont en

commun d'avoir survécu à des tragédies, d'avoir fui leurs pays et de s'être consacrés à leurs sports pour renaître.

La nageuse Yusra Mardini, 18 ans, qui a fui la violence de la Syrie avec sa sœur, s'est, quant à elle, retrouvée sur un bateau avec 20 autres migrants dans son voyage vers l'Europe. Elle raconte sur le site de l'Agence des Nations unies pour les réfugiés : « Ma sœur et moi avons failli périr pendant notre traversée de la Méditerranée. Comme la plupart des bateaux qui font ce périple, le nôtre était surchargé, et le moteur s'est arrêté au beau milieu de la mer Égée. Nous n'avions que deux possibilités : paniquer et abandonner, ou agir. Ma sœur et moi avons sauté dans l'eau et nous avons poussé jusqu'à ce que nous ne puissions plus. Après avoir nagé pendant plus de trois heures et demie, nous sommes finalement arrivées en Grèce. » À Rio, Yusra parvient à remporter sa série du 100 m papillon mais dans un temps insuffisant pour obtenir son ticket pour la demi-finale. Elle reçoit une émouvante standing ovation du public carioca à sa sortie du bassin. Elle devient en 2017 la plus jeune ambassadrice au sein de l'Organisation des Nations unies et obtient l'asile en Allemagne. « Je m'entraîne dur pour les Jeux olympiques de Tokyo 2020, mais j'essaie aussi d'améliorer les choses pour les réfugiés. En tant qu'ambassadrice de bonne volonté du HCR, je dispose d'une plateforme pour raconter mon histoire et celle des autres. Je veux inciter les réfugiés à croire en eux-mêmes [...]. Après tout, les réfugiés sont des personnes normales qui vivent des circonstances traumatisantes et bouleversantes, et sont capables de choses extraordinaires si on leur en donne la chance. » Aucun des 10 athlètes de l'équipe des réfugiés ne montera sur le podium olympique, mais leur plus belle victoire était déjà gagnée depuis fort longtemps...

Le golf et le rugby effectuent avec succès leur retour au programme olympique. Le golf y sacre ses premiers champions olympiques depuis cent douze ans et le rugby à sept fait ses débuts, quatre-vingt-douze ans après la dernière apparition du rugby à XV au programme olympique. Côté bilan, la France affiche un total de 42 médailles, dont 10 en or, tout de même bien loin des Américains qui exercent toujours une hégémonie sur l'événement avec 121 médailles, dont 46 en or. C'est la boxe qui rapporte le plus grand nombre de podiums à la France, 6 au total, dont le doublé d'Estelle Mossely et Tony Yoka. En couple à la ville, Mossely et Yoka remportent tous deux l'or dans leurs disciplines respectives à deux jours d'intervalle. L'athlétisme français décroche 6 médailles, dont l'argent de Kevin Mayer en décathlon, alors que le judo obtient 5 médailles, notamment avec l'or de Teddy Riner et d'Émilie Andéol.

Rio 2016, ce sont aussi de belles histoires, comme celle de Rafaela Silva, championne du monde de judo chez les –57 kg en 2003. Originaire de la Cidade de Deus, l'une des plus célèbres favelas de Rio, Silva devient championne olympique devant son public. Coqueluche des médias, idole d'une jeunesse des bidonvilles, elle se fait le porte-voix des plus démunis. Elle commente quelques mois après sa victoire sur le site olympic.org : « Le nombre de personnes intéressées par le judo a considérablement augmenté [...]. J'ai réussi à décrocher une médaille d'or olympique, cela montre que d'aucuns peuvent participer aux Jeux olympiques et au moins cela permet de voir que tout un chacun a la même structure et les mêmes chances. »

Elles se prénomment Lily, Liina et Leila Luik, et sont toutes trois des athlètes estoniennes engagées pour le marathon olympique. Leur particularité ? Elles sont les premières triplées de l'Histoire à concourir ensemble aux Jeux olympiques. Alors non, elles ne formeront pas le podium olympique, Lily finit 97e sur 158, Leila 114e et Liina abandonne, mais ces 3 danseuses professionnelles gagnent une renommée sympathique. Incroyable coïncidence, lors de la même course du marathon féminin, des jumelles allemandes, Anna et Lisa Hahner, sont également en lice et finiront ensemble sur la ligne d'arrivée à la 81e et 82e places. La paire de jumeaux la plus connue est celle composée par Pavol et Peter Hochschorner. Les deux Slovaques, nés le 7 septembre 1979, pratiquent ensemble le canoë biplace et réalisent de véritables prouesses : médailles d'or en 2000, 2004 et 2008, et 1 médaille de bronze en 2012, auxquelles s'ajoutent 5 titres de champions du monde et 7 titres de champions d'Europe.

Une des images de ces Jeux a lieu lors de l'arrivée du marathon masculin. Franchissant deuxième la ligne d'arrivée, l'Éthiopien Feyisa Lilesa croise alors ses deux poings au-dessus de la tête, comme si ses mains étaient ligotées. Personne ne comprend réellement la symbolique du geste, le champion le reproduit même sur le podium au moment de recevoir sa médaille. Il fait subitement retomber l'assistance des journalistes face à la dure réalité, bien loin de la légèreté olympique du moment : « C'est un signe de soutien aux manifestants qui sont tués par le Gouvernement de mon pays. Ils font le même signe là-bas. Je voulais montrer que je n'étais pas d'accord avec ce qui se passe, j'ai des proches et des amis en prison. Le Gouvernement tue mon peuple, les Oromos, des gens sans ressource [...]. Des risques ? Peut-être que je vais être tué, peut-être que je vais être mis en prison, retenu à l'aéroport, ou obligé de partir dans un autre pays. » L'Éthiopie est le théâtre, les 6 et 7 août 2016, de manifestations antigouvernementales d'opposants issus des deux principales ethnies du pays, les Oromo et les Amhara. Selon Amnesty International, ces manifestations pacifistes ont causé la mort de près de 100 personnes et plusieurs centaines de blessés. Au retour de l'avion de la délégation éthiopienne vers Addis-Abeba, le siège réservé à Lilesa reste vide. Il n'a pas quitté Rio. Sept autres médaillés, dont 1 médaille d'or sur le 10 km féminin, sont accueillis en héros sur leur terre natale. Personne n'évoque le marathonien argenté. Par l'entremise d'une chaîne de solidarité qui s'est organisée autour de lui, Lilesa obtient un permis de séjour aux États-Unis où il continue de s'entraîner et de dénoncer l'oppression dont son peuple est victime. Rejoint par sa femme et ses enfants à Miami, il enchaîne les bonnes performances, mains croisées à chaque ligne d'arrivée franchie.

Plus légèrement, Usain Bolt ne fait pas uniquement parler de lui par ses merveilleuses performances en sprint. Le 24 août, une jeune Brésilienne publie des photos de sa nuit intime passée dans les bras du champion en plein cœur du village olympique. Il faut dire que le lieu de résidence des athlètes durant les Jeux a eu une réputation sulfureuse. Un journal brésilien, *Folha de S.Paulo*, révèle même que 450 000 préservatifs ont été distribués aux athlètes durant la quinzaine, soit l'incroyable chiffre de 42 préservatifs par sportif ! En comparaison est évoqué le chiffre de 150 000 préservatifs distribués à Londres. Même si le virus Zika, sexuellement transmissible, peut expliquer ce « surplus » de protection, les secrets du village sont parfois révélés. Hope Solo, gardienne de l'équipe américaine de football, rompt ainsi le sceau du secret dans le magazine américain *ESPN* en 2012 : « Les athlètes sont des extrémistes. Quand ils s'entraînent, c'est avec une concentration parfaite. Quand ils sortent pour boire un verre, c'est 20 verres. En vivant une expérience unique, vous voulez vous créer des souvenirs, qu'ils soient sexuels, festifs ou sportifs. J'ai vu des personnes coucher ensemble en plein air. Sur la pelouse, entre des bâtiments, les gens s'en donnent à cœur joie [...]. Il y a beaucoup de sexe au village, je dirais que ça concerne de 70 à 75 % des athlètes présents. » L'Américain Taylor Phinney, multiple champion des États-Unis en cyclisme de vitesse, avait été tellement troublé par l'ambiance du village olympique qu'il en avait « presque oublié qu'il avait une course » et avait fini 8ᵉ aux Jeux de 2008 à Pékin. « Il faut bien s'imaginer qu'après les Jeux, tout le monde se relâche, explique Wannes Van Laer, athlète olympique belge spécialisé en voile, à la RTBF en août 2016. Ça fait quatre ans qu'on s'entraîne dur, qu'on n'a pas le droit de boire ou de faire la fête. 1 ou 2 verres peuvent déjà suffire pour avoir des drôles de photos ou vidéos sur Internet. »

Lors de la cérémonie de clôture, Thomas Bach fait l'éloge de l'olympiade : « Ces Jeux olympiques ont été absolument merveilleux dans LA ville merveilleuse. » Pourtant, un an après, les Jeux deviennent le symbole de la grandeur et de la décadence du Brésil. Carlos Nuzman, ancien président du comité d'organisation des Jeux de Rio et président du comité olympique brésilien, est accusé de délits de corruption, blanchiment d'argent et participation à une organisation criminelle, soupçonné d'avoir acheté des voix pour obtenir les Jeux. Fabiana Schneider, la procureure brésilienne, déclare alors à la presse : « Ils ont vendu les Jeux comme un grand moment de développement de Rio, et nos investigations montrent que ce fut un trampoline pour un nombre incalculable de cas de corruption [...]. Cela doit être réparé. »

30

TOKYO 2020

La malédiction japonaise

Le soulagement et la joie des Japonais à l'annonce du CIO, en ce 7 septembre 2013, attribuant l'organisation de la XXXIIe olympiade à Tokyo, sont à la hauteur de l'émotion et de la peine qui ont touché le pays deux ans plus tôt lors de la catastrophe de Fukushima. Les images de ce drame national survenu le 11 mars 2011 hantent encore les mémoires. D'abord le séisme, à 300 km au nord-est de Tokyo, suivi d'un tsunami, avec des vagues estimées à 30 m de hauteur par endroits, submergeant la centrale nucléaire de Fukushima Daiichi, l'une des plus grandes au monde, générant la fusion totale du cœur d'au moins 2 réacteurs nucléaires. Le bilan humain est terrifiant avec 18 000 personnes décédées par le séisme et la vague, et des conséquences écologiques incommensurables. Gagner les Jeux prouve une nouvelle fois aux Japonais leur capacité de résilience collective face aux pires tragédies.

Après l'échec de sa candidature pour les Jeux de 2016, Tokyo renoue ainsi son histoire avec l'olympisme. La préparation de l'événement se déroule sans accroc. Les sites olympiques sortent de terre en temps et en heure. D'un point de vue financier, Tokyo réunit 79 partenaires commerciaux, nationaux ou faisant partie du programme mondial TOP, affichant ainsi dans son budget des prévisions de recettes de l'ordre de 5,9 milliards de dollars. La popularité des Jeux est incontestable, avec 8,8 millions de demandes de billets reçues depuis le début des ventes au niveau national, dépassant toutes les attentes des organisateurs, et plus de 200 000 candidatures de volontaires.

Les autorités japonaises et les organisateurs se concentrent alors sur la cybermenace, exponentielle au cours des dernières olympiades. En 2018, les Jeux olympiques d'hiver en Corée du Sud avaient été victimes d'une cyberattaque, peu avant le début de la cérémonie d'ouverture, bloquant le site internet des Jeux pendant une douzaine d'heures et empêchant l'impression des tickets d'entrée. À chaque olympiade, les experts constatent une rupture technologique. Cela a été le cas du wi-fi à Londres, du *cloud* à Rio. Pour Tokyo, l'Internet des objets connectés est au centre de toutes les attentions. Le gouvernement japonais ne plaisante pas avec le sujet. En janvier 2019, l'Institut national de recherche pour l'information et la communication (NICT) obtient l'autorisation gouvernementale à tenter de hacker plus de 200 millions d'objets connectés utilisés dans les bureaux des entreprises et directement chez les particuliers. Une loi, entrée en vigueur en novembre 2018, autorise le NICT à accéder aux objets connectés chez les Japonais pour une période de cinq ans. S'il réussit à pirater un objet, tels des webcams ou des routers, son propriétaire est contacté et incité à revoir ses mesures de sécurité. Les Jeux olympiques sont en effet devenus une cible privilégiée de cybermenaces aussi variées qu'imprévisibles, émanant tant de groupes criminels, qui en tirent des bénéfices, que d'États qui cherchent ainsi à interférer dans le bon déroulement de l'événement, sans omettre la menace terroriste.

Les Japonais sont alors loin d'imaginer que la plus dangereuse menace est en train d'émerger en Chine. Une épidémie de pneumonies, décrites à l'époque comme virales, apparaît dans la ville de Wuhan, située dans la province de Hubei en Chine, en décembre 2019. Le 9 janvier 2020, la découverte d'un nouveau coronavirus est annoncée officiellement par les autorités sanitaires chinoises et par l'Organisation mondiale de la santé (OMS). Quelques jours plus tard, l'OMS annonce que la maladie est transmissible entre humains. Effet direct de la mondialisation, le virus se diffuse rapidement et la pandémie mondiale de Covid-19 est déclarée début mars.

L'Histoire a déjà confronté l'olympisme à des précédents sanitaires d'ampleur. En 1920, les Jeux d'Anvers s'étaient tenus après une pandémie de grippe, dite « espagnole », qui avait causé plus de 50 millions de victimes dans le monde entre 1918 et 1919. Les Jeux de 1968 se sont déroulés pendant la pandémie de la grippe de Hong Kong, qui fera plus de 1 million de morts. Les JO d'Athènes en 2004 ont été menacés par l'émergence d'un autre coronavirus, le syndrome respiratoire aigu sévère (Sras), et ceux de Rio en 2016 par le virus Zika, transmis par des moustiques ou par voie sexuelle.

Début mars, plus de 300 000 personnes contaminées sont enregistrées à travers le monde, le virus circule vite, très vite. Le Canada et l'Australie annoncent alors leur intention de boycotter les Jeux s'ils sont maintenus à leur date initiale. Athlètes, sponsors, diffuseurs et plus de 200 comités olympiques nationaux ou fédérations sportives se font entendre pour faire pression sur le CIO et le gouvernement japonais pour le report de l'événement.

Le 12 mars, la flamme olympique est symboliquement allumée sur le site d'Olympie. Le symbole olympique s'apprête alors à entamer un parcours qui doit le mener à la cérémonie d'ouverture de la XXXIIe olympiade, dix-neuf semaines plus tard. Lors de la cérémonie, Spyros Capralos, président du comité olympique grec, emploie alors cette formule, tel un présage : « Espérons que les prières à Apollon, qui apportent le soleil et la flamme pour Tokyo, procureront aussi la force pour dépasser les défis mondiaux actuels et les transformer en passion et réussite pour les Jeux. » Douze jours plus tard, le 24 mars, le Premier ministre japonais, Shinzo Abe, annonce le report des Jeux de Tokyo. La fulgurance de l'expansion pandémique aura eu raison des Jeux comme seules les deux Guerres mondiales y étaient parvenues en 1916, 1940 et 1944. Le CIO officialise la décision dans un communiqué de presse : « Dans la conjoncture actuelle et sur la base des informations transmises par l'OMS, le président du CIO et le Premier ministre japonais sont arrivés à la conclusion qu'afin de préserver la santé des athlètes, de toutes les personnes associées à la préparation des Jeux olympiques et des membres de la communauté internationale, les Jeux de la XXXIIe olympiade à Tokyo devaient être reprogrammés après 2020 mais au plus tard à l'été 2021. » Quelques jours plus tard, les dates du 23 juillet au 8 août 2021 pour les Jeux olympiques et du 24 août au 5 septembre pour les Jeux paralympiques sont officialisées.

Le Japon, la ville de Tokyo, le comité d'organisation et le CIO se retrouvent alors face à un puzzle aussi complexe qu'inédit dans l'histoire olympique. D'un point de vue financier, le principal poste de dépenses réside dans l'entretien pour un an supplémentaire des infrastructures sportives. Le village olympique est destiné à l'issue des Jeux paralympiques à devenir un complexe résidentiel de plus de 5 000 appartements et à répondre aux besoins à long terme en matière de logements. Les Japonais, qui en étaient devenus propriétaires, voient ainsi leur acquisition « gelée » pendant un an. Alors que 600 000 spectateurs étrangers étaient attendus en prévision de l'olympiade, le comité d'organisation doit gérer le remboursement des billets déjà acquis. Le report place également les partenaires des Jeux dans une situation on ne peut plus complexe. Technologies, véhicules, services financiers, logistique, restauration… près d'une centaine d'entreprises partenaires s'étaient déjà organisées depuis de longs mois, voire des années, pour être prêtes le jour J. La problématique est identique pour les médias détenteurs des droits de diffusion, les milliers d'accréditations déjà allouées, les 150 000 collaborateurs, volontaires et prestataires de services qui avaient été pour la grande majorité déjà recrutés, sans parler de la renégociation de nombreux contrats. Fin décembre 2020, les organisateurs présentent le chiffre officiel de l'ardoise de ce report. Les Jeux devraient coûter au total 1 644 milliards de yens (13 milliards d'euros), soit 294 milliards de yens (2,3 milliards d'euros) supplémentaires au précédent budget annoncé en 2019.

Le report d'un an n'est pas non plus sans conséquence pour les athlètes, notamment dans leur préparation et la gestion de leur calendrier. Les réactions divergent. Teddy Riner relativise dans les colonnes de *L'Équipe* du 7 avril 2020 : « Au regard du confinement, personne ne peut bouger. Attendre un an, ce n'est pas la mer à boire, on n'a qu'à prendre son mal en patience. » Clarisse Agbegnenou, vice-championne olympique à Rio, a quant à elle assez mal vécu le report de l'échéance olympique : « J'en ai beaucoup pleuré, je ne voulais pas parler. Parce que je n'avais qu'un objectif en tête, que je me suis entraînée pendant quatre ans, que j'ai fait des sacrifices, que ça a été dur, long, qu'il ne restait que quelques mois. » Pour le champion olympique de 2012 au saut à la perche, Renaud Lavillenie, cela ressemble à un soulagement : « C'était compliqué pour nous athlètes de patienter pour on-ne-sait-quoi. Ça nous libère d'un poids, on va pouvoir arrêter cet entraînement "bricolage", arrêter les frais et juste se maintenir en forme. » Pour son petit frère, Valentin Lavillenie, également perchiste et qualifié pour Tokyo : « Ça m'a un peu affecté au début, mais ça m'a surtout laissé du temps pour un petit peu plus mûrir, un petit peu plus me trouver, encore progresser. Une fois la pilule avalée, c'était parti, focus sur 2021. »

Début février 2021, c'est la douche froide pour les organisateurs japonais. En plus de la recrudescence du Covid sur son territoire, un sondage réalisé par l'agence de presse Kyodo montre que 80 % des Japonais souhaitent l'annulation ou un nouveau report des JO. Pour rassurer l'opinion publique, le CIO et le comité d'organisation prennent la décision de ne pas accueillir de spectateurs en provenance de pays étrangers aux Jeux de Tokyo, une autre grande première dans l'histoire des Jeux. « Notre première priorité a été, est et reste la sécurité de tous les participants aux Jeux olympiques et du peuple japonais », soutient Thomas Bach. Les Jeux à venir seront donc uniques en leur genre, dans un format extrêmement réduit, à l'image du parcours de la flamme, débuté au Japon le 25 mars, qui s'effectue péniblement entre huis clos et annulations de dernière minute. Néanmoins, le Japon doit préparer l'arrivée de 11 000 athlètes, de 5 000 entraîneurs, arbitres et personnalités officielles et de 20 000 journalistes. Le CIO ne leur impose pas la vaccination mais la recommande fortement. Des guides pratiques, des bonnes conduites à tenir durant les JO, ont été publiés par le CIO avec des conseils en tous genres, comme « les participants devront se soumettre à des contrôles et aux tests Covid-19 à intervalles réguliers », « soutenez les athlètes en applaudissant plutôt qu'en criant ou en chantant », ou encore « évitez toute forme de contact physique inutile ».

Les Jeux de Tokyo auront-ils lieu coûte que coûte ? À J–100 de la cérémonie d'ouverture, l'incertitude est totale, la pandémie se relançant sans cesse avec l'apparition de nouveaux variants, toujours plus contagieux et dangereux. Une chose est pourtant sûre, selon une étude effectuée par un professeur émérite de sciences économiques à l'université de Kansai, un nouveau report des Jeux coûterait 5 milliards d'euros au Japon, des Jeux à huis clos seraient synonymes d'une perte de 19 milliards d'euros, tandis qu'une annulation équivaudrait à un manque à gagner de 35,6 milliards d'euros, soit environ 1 % du produit intérieur brut (PIB) du Japon. Face à ce constat, la phrase du vice-président du CIO, John Coates, résonne d'autant plus : « Bien sûr, nous sommes inquiets, bien sûr la sécurité reste notre priorité, mais nous pensons que nous sommes préparés aux pires situations. »

31

PARIS 2024

Les plus beaux de l'Histoire ?

Une ambiance chaude et festive règne sur Paris en ce vendredi 26 juillet 2024. Cent ans que la ville attendait ça. Un siècle que les Français goûtaient avec appétit le rendez-vous olympique dans de plus ou moins lointaines contrées étrangères. Depuis les derniers Jeux de 1924, le temps a paru si long. Et aujourd'hui, voilà le rêve de Coubertin redevenir réalité, là où tout avait commencé. Cent trente ans quasiment jour pour jour après le rendez-vous de la Sorbonne de juin 1894, qui créait officiellement le CIO et donnait renaissance aux Jeux olympiques, la flamme achève son trajet entre Athènes et Paris, les deux poumons du mouvement olympique. Le baron n'aurait pas boudé son plaisir de voir le flambeau olympique remonter ainsi la Seine vers le Stade de France, acclamé par plusieurs millions de Parisiens, de Français, d'étrangers venus des quatre coins du globe. Arc de Triomphe, Assemblée nationale, palais du Louvre, Notre-Dame de Paris – reconstruite en un temps exceptionnel depuis l'incendie de 2019 –, Trocadéro, tour Eiffel, palais de l'Élysée, basilique du Sacré-Cœur, tous les chefs-d'œuvre de la capitale sont illuminés aux couleurs des anneaux. Le spectacle est éblouissant. Les Champs-Élysées et les grands boulevards de la « Ville lumière » sont pavoisés de milliers de drapeaux des 206 comités nationaux olympiques présents pour la XXXIIIe olympiade.

La foule amassée le long des quais de Seine est plongée au cœur même de cette cérémonie d'ouverture. Le pari d'Anne Hidalgo, maire de la ville, et de Tony Estanguet, président du comité d'organisation des Jeux olympiques 2024, de sortir la fête inaugurale du Stade de France était osé. Après trois ans d'un minutieux travail des services de l'État pour sécuriser au plus près et rendre concrète cette grande première dans l'Histoire, les Jeux semblent vivre une seconde jeunesse. La si particulière olympiade japonaise, qui s'était déroulée à huis clos pour cause de pandémie mondiale de coronavirus, paraît alors si loin. Le monde a mis du temps à surmonter la crise du Covid-19, mais grâce aux nouveaux vaccins qui ont démontré toute leur efficacité et au civisme exemplaire des populations dans le respect des gestes barrières, adieu masques, confinements, couvre-feux et fermetures des bars et restaurants.

Lorsque deux figures incontournables du sport français, David Douillet pour les olympiques et Marie-Amélie Le Fur pour les paralympiques, embrasent ensemble la vasque du Stade de France, tous les sites olympiques, de la place de la Concorde au pont d'Iéna, de Roland-Garros au Grand Palais, de l'Aréna de La Défense au palais omnisports de Bercy, s'enflamment dans d'immenses feux d'artifice simultanés. L'embrasement de Paris est tel que Thomas Pesquet publie quelques minutes plus tard sur les réseaux sociaux une vidéo enregistrée depuis l'ISS. Au Stade de France, le public, composé de rescapés des attentats parisiens d'il y a près de dix ans, de personnels soignants ayant lutté sans compter contre le Covid, de plusieurs dizaines de milliers d'enfants défavorisés et de tous les champions olympiques encore en vie, ovationne le défilé des 206 nations et de l'équipe des réfugiés invitée par le CIO. Ils sont 10 500 athlètes, forcément aux anges. Pour la première fois de l'histoire des Jeux, la moitié du contingent de sportifs est composée de femmes. Les 5 250 femmes olympiques arborent des tee-shirts aux noms des 22 pionnières de 1900, qui avaient ouvert la voie en participant pour la première fois à une olympiade, ici même à Paris. Le symbole est fort tant la lutte a été longue pour combattre les préjugés sur la place du sport féminin dans le giron olympique. Le président de la République monte à la tribune et déclare la XXXIIIe olympiade officiellement ouverte.

La presse du monde entier se fait bien volontiers le relais de l'immense événement parisien. Il faut dire qu'au-delà des exploits sportifs, le cadre proposé pour certaines épreuves est à couper le souffle. Savant amalgame entre les précédents Jeux parisiens et les Jeux de Rome de 1960, Paris 2024 donne une image jamais vue jusque-là durant l'événement planétaire, comme un savoureux mélange entre l'histoire de France et son patrimoine, couplé à la jeunesse sportive et l'élan olympique. Journalistes et spectateurs ne savent plus où donner de la tête entre des joutes d'escrime au Grand Palais, un match de beach-volley au pied de la tour Eiffel, le tir à l'arc aux Invalides, sans parler du break dance au stade éphémère de la place de la Concorde. Les joyaux de Paris se marient si bien à l'olympisme que même Coubertin n'aurait osé l'imaginer. Et que dire de l'équitation et du fameux concours de saut d'obstacles regardés par plusieurs milliards de téléspectateurs en direct depuis les jardins du château de Versailles.

Ils sont des millions de touristes à profiter d'un réseau de transports moderne, fruit de nombreuses années de travaux pour concevoir ce « grand Paris des transports », permettant rapidement de passer d'un site à l'autre. La société de livraison des ouvrages olympiques, créée en 2017 et placée sous l'autorité de la maire de Paris, a également réussi son pari. En l'espace de sept ans, cet établissement public est parvenu à terminer à temps tous les chantiers olympiques : construire l'Arena de la porte de la Chapelle pour la lutte et le basket-ball, le centre aquatique olympique de Saint-Denis pour le plongeon, le water-polo et la natation artistique, la colline de la Revanche d'Élancourt dans les Yvelines pour le VTT, sans oublier le village olympique de Saint-Denis ou encore le centre des médias du Bourget. Il a également fallu réaménager les anciens sites, comme le Stade de France ou Roland-Garros, et monter des tribunes temporelles dans des stades éphémères, à Versailles, au Champs-de-Mars ou à la place de la Concorde.

Le pays dans sa globalité goûte le rendez-vous olympique. Nantes, Bordeaux, Nice, Saint-Étienne, Lyon et Lille ont le bonheur de recevoir les tournois masculin et féminin de football. En plus du football, Marseille accueille les épreuves de voile. Les Jeux deviennent l'événement d'un pays. Et que dire des images somptueuses retransmises depuis le site de Teahupo'o à Tahiti ? Les surfeurs, bien qu'éloignés de la ferveur olympique qui touche la métropole, s'en donnent à cœur joie sur la plus belle vague du monde.

Même si les risques étaient multiples, les Jeux se déroulent dans un esprit de fête et de convivialité permanent. La sécurité est omniprésente, mais personne ne la voit. Les nouvelles technologies développées et intégrées au dispositif permettent aux participants d'accéder rapidement aux sites et aux forces de l'ordre de détecter la moindre menace ou le moindre fait anormal pouvant survenir. Depuis 2018, les services de l'État ont œuvré pour rendre une copie parfaite. L'héritage des Jeux de 2024 va vite devenir réalité une fois l'événement achevé avec de nouveaux équipements qui s'inscrivent dans le temps.

La crainte de nombreux opposants aux Jeux n'était pas fondée. Non, le budget des JO 2024 n'a pas explosé comme beaucoup de villes olympiques en ont fait l'amère expérience, Tokyoïtes au premier chef en 2021. Au contraire, les finances des JO 2024 ont parfaitement été maîtrisées. Il faut dire aussi que Paris s'appuyait sur une base solide puisque 95 % des sites des Jeux étaient préexistants. Mieux, la ville peut s'enorgueillir d'avoir créé des dizaines de milliers d'emplois et d'avoir redynamisé un pays en lui apportant un nouveau souffle d'espoir. Loin du marasme engendré par la crise du Covid, les Jeux olympiques de 2024, comme la Coupe du monde de rugby l'année précédente, redonnent goût aux Français de se rassembler, de se réunir ensemble autour d'un projet de société. Le modèle français révélé au grand jour durant l'olympiade devient celui d'une nouvelle dynamique de vivre-ensemble pour les Français.

Cette olympiade parisienne, parmi les plus belles de l'histoire des Jeux olympiques, s'achève le 11 août lors d'une gigantesque fête réunissant des millions de personnes dans les rues du pays. Tony Estanguet remet officiellement le drapeau olympique à son successeur des Jeux de Los Angeles 2028. La flamme est éteinte. L'émotion est palpable. Tout le monde espère qu'il ne faudra pas attendre cent ans de plus pour la voir de nouveau embraser le ciel de Paris et le cœur de l'olympisme…

REMERCIEMENTS

Ce livre est dédié à Emmanuelle, ma bien-aimée, qui a toujours été plus convaincue que moi et n'a jamais cessé de m'encourager et d'y croire.

À mes fils, Hugo et Raphaël, mes rayons de soleil, dont je suis si fier.

À mes deux sœurs, Sandrine et Sophie.

À mes neveux et nièces.

À tous les miens, et en particulier à toi, Petit Pirate, qui nous manque tant.

À mon grand-père, qui m'a un jour fait comprendre que ce sont les petites histoires de chacun qui forment la grande Histoire.

À mes frères de cœur, Mehdi et Bruno.

À Pierre-Henry grâce à qui j'ai repris confiance, à Gilles pour la pichenette décisive, à Pierre pour le projet olympique, à Nicolas « C'est pas exclu ».

À Louis, qui m'a permis de réaliser un rêve en éditant ce livre.

À mes « Sang et Or ».

À tous ces sportifs qui nous font vivre des émotions uniques.

BIBLIOGRAPHIE

Archives historiques du Comité international olympique

— Fiches de fonds des Jeux olympiques de 1896 à 2016.

— Archives olympiques des différentes olympiades concernant la préparation, l'organisation et le déroulement des Jeux.

— Collection complète des *Revues olympiques*.

— *Bulletins officiels* du Comité international olympique.

— Rapports officiels et résultats des Jeux olympiques d'été 1896 à 2016.

— Rapports annuels du Comité international olympique.

— *Les Médailles des Jeux Olympiques d'été d'Athènes 1896 à Rio 2016*, sur olympic.org

— *Les Jeux olympiques modernes*, édité par le Musée olympique.

— Fonds d'archives du site internet olympic.org

— *Les Villages des Jeux Olympiques d'été de Paris 1924 à Rio 2016*, CIO, juin 2017.

— *La Flamme olympique et le relais*, CIO, Musée olympique, 2013.

Sources

— J.-M. Holz, *Les Jeux olympiques et leurs territoires*, Presses universitaires de Perpignan, 2011.

— *Histoire, sport et citoyenneté, des Jeux olympiques d'Athènes 1896 aux Jeux olympiques et paralympiques de Paris 2024*, exposition pour Paris 2024 sous la conduite d'Emmanuelle Colignon.

— *Histoire des médias aux JO*, documentaire interactif sur www.olympic.org/fr/musee/
— *L'Olympisme inattendu*, site internet de Pierre Lagrue.
— *Les Sources de l'olympisme*, www.paris2024.org/fr/histoire-jeux-olympiques, 2020.
— R. Parienté (dir.), *1946-1995. 50 ans de sport*, L'Équipe, avril 1996.
— B. Heimermann et R. Pointu, *100 champions pour un siècle de sport*, L'Équipe, novembre 2000.
— G. Schaller et J. Hennaux, *Les Jeux olympiques : d'Athènes à Athènes*, L'Équipe, 2003.
— A. Feertchak, « Les Jeux olympiques, une arme géopolitique », *Le Figaro*, 8 février 2018.
— *Le Baron Pierre de Coubertin, rénovateur des Jeux Olympiques*, www.comitecoubertin.fr
— *Coubertin et l'amateurisme*, document du Comité français Pierre-de-Coubertin.
— P. de Coubertin, *Mémoires olympiques*, Bureau international de pédagogie sportive, 1931.
— P. de Coubertin, « Le rétablissement des Jeux Olympiques », *La Revue de Paris*, mai-juin 1894.
— M. Finley et H. W. Pleket, *1 000 ans de Jeux olympiques*, Perrin, 2004.
— H. Charpentier et E. Boissonnade, *La Grande Histoire des Jeux olympiques*, France-Empire, 1999.
— *Athènes 1896 : le renouveau d'une tradition antique*, site du Comité international olympique.
— D. Mérillon (dir.), *Rapports des concours internationaux d'exercices physiques et de sports*, Exposition universelle internationale de Paris 1900, 1900.
— A. Drevon, *Les Jeux olympiques oubliés. Paris 1900*, CNRS, décembre 2000.
— *Paris 1900 : des Jeux Universels*, www.olympic.org/fr/news/paris-1900-des-jeux-universels, septembre 2017.

— P. Schor, « Statistiques de la population et politique des catégories aux États-Unis au XIXe siècle. Théories raciales et questions de population dans le recensement américain », *Annales de démographie historique*, Belin, 2003.

— « Des êtres humains exhibés dans des zoos », *CNRS Le journal*, n° 263, décembre 2011.

— F. Delsahut, *Les Nouvelles Frontières des Jeux Anthropologiques de Saint-Louis. Sport et racialisation de la nation américaine au début du 20e siècle*, février 2011.

— A. Spalding, *Spalding's Official Athletic Almanac*, 1905.

— C. J. P. Lucas, *The Olympic Games 1904*, 1905.

— B. Mallon, *The 1904 Olympic Games. Results for All Competitors in All Events*, 2009.

— P. Ndiaye, « États-Unis : un siècle de ségrégation », *L'Histoire*, n° 306, février 2006.

— T. A. Cook, *The Fourth Olympiad being The Official Report: The Olympic Games of 1908 Celebrated in London*, British Olympic Association, 1908.

— B. Jérôme, « Revivez les Jeux olympiques de Paris 1924 ! », *Le Parisien magazine*, septembre 2017.

— *Petite histoire de la flamme olympique…*, https://londres.franceolympique.com, mai 2012.

— P. Milza, « Sport, guerre et politique. La face noire des Jeux olympiques », *L'Histoire*, n° 199, mai 1996.

— P. Hervé, *Les Jeux olympiques : des enjeux multiples*, Pour mémoire, ministère de l'Éducation nationale, 2012.

— S. Pierre, *Sport et politique*, mémoire de recherche, 2020.

— J.-B. Litzler, « Il y a 93 ans… le village olympique des JO de Paris avait cette allure », *Le Figaro immobilier*, septembre 2017.

— F. Delorme, « Le sport, au-delà du jeu – Jeux olympiques, instrument diplomatique », émissions *Cultures Monde* de France Culture, juillet 2012.

— *Los Angeles 1932 : le coup d'éclat du Japon aux Jeux olympiques*, www.nippon.com/fr, octobre 2014.

— P. Aron et V. Gemis, « “Ah ! oui, décidément il y a quelque chose que nous ne comprenons pas en Allemagne” : les Jeux olympiques de Berlin vus par la presse francophone belge en août 1936 », https://doi.org/10.4000/belphegor.888, janvier 2017.

— J.-M. Brohm, *Jeux olympiques à Berlin*, Bruxelles, Complexe, 1983.

— D. Braun, « Fallait-il boycotter Berlin en 1936 ? », *L'Histoire*, n° 24, 1980.

— I. Copin et L. Arzel, « Les Jeux olympiques de 1936 dans la presse française », blog de Gallica, octobre 2016.

— *L'Histoire de Jesse Owens*, autobiographie, 1970.

— « Salut olympique et salut nazi », *Historia*, n° 803, octobre 2013.

— *Les Jeux olympiques en pays totalitaire : Berlin 1936*, Pour mémoire, www.reseau-canope.fr

— P. Milza, « Helsinki, les Jeux de la guerre froide », *L'Histoire*, n° 24, 1980.

— « Le Japon et les jeux olympiques », *Web Japan*, 2000.

— AFP, « En 1940 comme en 2020, les Jeux olympiques maudits de Tokyo », mars 2020.

— G. Dhers, « Pourquoi Tokyo n'a pas organisé les Jeux olympiques… de 1940 », *Libération*, 28 mars 2020.

— É. Bonamy, « JO 2012 : il y a 64 ans, les précédents Jeux de Londres », *L'Express*, 29 juillet 2012.

— « Londres 1948 – Plus que des Jeux, un symbole », *Le Petit Journal*, 24 juillet 2012.

— T. Fraisse, « Le jour où… la fanfare olympique improvisa un hymne », lesolympistes.com, 6 février 2020.

— C. Nony, « Dana Zatopkova, championne olympique du javelot, associée à la légende », *L'Équipe*, 14 mars 2020.

— É. Monnin et C. Maillard, *Pour une typologie du boycottage aux Jeux olympiques*, Presses universitaires de France, 2015.

— « Comment les JO sont devenus un fabuleux produit marketing », www.challenges.fr/sport

— « Les pieds nickelés s'essaient au pentathlon », www.lesfousdusport.net, 9 octobre 2015.

— « Retour vers le passé : la mésaventure de trois pentathlètes tunisiens », https://tokyo2020.org/fr, 12 mai 2020.

— V. Coquaz, « JO : il va y avoir du sport de chambre ! », www.lepoint.fr, 16 juillet 2012.

— L. Vergne, « Water-polo – Hongrie – Russie – JO de Melbourne – 6 décembre 1956 », *Grands Récits*, Eurosport, 4 août 2020.

— « Hongrie. Soixante ans après, le "bain de sang" de Melbourne », *Courrier international*, 9 décembre 2016.

— P. Kende, « Budapest, 1956 : la révolution confisquée », *L'Histoire*, n° 314, novembre 2006.

— « De la peur de l'avion à la gloire olympique : l'histoire de Cassius Clay à Rome 1960 », https://tokyo2020.org/fr, décembre 2020.

— *Le Massacre de Tlatelolco du 2 octobre 1968, Mexico, 1968. La question des droits civiques s'invite aux Jeux olympiques*, Pour mémoire, www.reseau-canope.fr

— B. Miclet, « Le troisième homme oublié de la photo des JO 1968 », Ouest-France, 22 octobre 2015.

— D. Philippot, « Prise d'otages de Munich : le *mea culpa* allemand », *Le Figaro*, 27 juillet 2012.

— AFP, « JO-1972 : le CIO maintient son opposition à une commémoration lors de l'ouverture », 21 juillet 2012.

— G. Paret, « JO de Munich 1972 : l'or ou la prison ! », *Le Point*, 27 décembre 2018.

— C. Stoody, « Les Jeux qui ne devaient rien coûter », https://ici.radio-canada.ca, 16 février 2018.

— « JO Montréal 1976 », *Revue EP.S*, n° 134, juillet-août 1975.

— Y. Cochennec, « Stade olympique, la mauvaise conscience de Montréal », slate.fr, 2 août 2016.

— CADTM, « Les Jeux Olympiques de la dette », *Médiapart*, 9 février 2018.

— « Montréal 1976 : la dette achève », www.rds.ca/montreal, 15 juillet 2006.

— F. Abgrall, « "On nous donnait parfois 20 comprimés" : derrière le mur de Berlin, un programme de dopage d'État des athlètes de RDA », *Franceinfo*, 9 novembre 2019.

— « Une histoire à réviser », lexpress.fr, 3 décembre 1998.

— « Dopage : des sportifs de l'ex-RDA indemnisés après cinq ans de procédure », humanité-presse.fr, 13 décembre 2006.

— Y. Cochennec, « L'"impossible exploit" d'être gay et sportif », slate.fr, 28 juin 2009.

— « Hollywood accueille la planète en grande pompe », olympic.org, 28 juillet 1984.

— « Parcours de la flamme 1984 – Concept et particularité du parcours », olympic.org

— « Les Jeux Olympiques de 1988 », kerkorean.com, 19 septembre 2018.

— S. Morel, « Jeux olympiques : en 1992, Barcelone naît aux yeux du monde », *Le Monde*, 14 août 2017.

— Y. Cochennec, « Comment Barcelone a transformé l'argent des JO en or », slate.fr, 4 août 2016.

— « Atlanta : ses jeux Olympiques, son Coca-Cola », *L'Humanité*, 18 décembre 1995.

— P. Sabatier, « Coca-Cola a mis la ville en bouteille. La marque rouge et blanche est la bienfaitrice de la Géorgie. Et des JO. Bienvenue à Cocatlanta ! », *Libération*, 20 juillet 1996.

— B. Mathieu, « Le monde regardait l'Australie, l'Australie regardait Cathy Freeman ; les JO de Sydney, un tremplin pour les revendications des Aborigènes », *Le Monde*, octobre 2000.

— Y. Cochennec, « Cathy Freeman, championne olympique et icône aborigène », slate.fr, 24 septembre 2010.

— *L'Australie, une ambition mondiale*, rapport d'une mission sénatoriale en Australie, sénat.fr, 2000.

— L. Wessbecher, « Le jour où l'Espagne a fait jouer de faux déficients mentaux aux Jeux paralympiques de Sydney », France24, 10 octobre 2018.

— K. Bernardi, « L'ambition olympique démesurée d'Athènes, un exemple pour expliquer la crise grecque », sportetsociete.org, 5 juillet 2015.

— A. Georgen, « Comment les JO 2004 ont ruiné la Grèce », slate.fr, 30 juillet 2012.

— « Relais de la flamme olympique », olympic.org, 26 novembre 2003.

— « Athènes, ville ouverte à l'Otan », *Le Monde*, 7 août 2004.

— V. Niquet-Cabestan, « La Chine face au défi des Jeux olympiques », *Politique étrangère*, 2008.

— G. Vigarello et P. Mignon, « Les Jeux olympiques de Pékin et l'esprit de l'olympisme », in *Pékin 2008. Regards croisés sur la performance sportive olympique et paralympique*, INSEP, 2008.

— J.-M. Brohm, « L'olympisme ou la continuité d'une idéologie totalitaire », *Outre-Terre*, 2009.

— « Pékin 2008l'impossible boycott », challenges.fr, 3 avril 2008.

— « Pékin. Boycott des JO : la tension monte », *Ladepeche.fr*, 25 mars 2008.

— C. Gatinois, « Jeux olympiques : depuis 2016, Rio ne répond plus », *Le Monde*, 14 août 2017.

— C. Gatinois, « Corruption aux Jeux de Rio : le CIO suspend le comité olympique brésilien », *Le Monde*, 6 octobre 2017.

— P. Gillon, « Les Jeux Olympiques de Rio 2016 : un héritage mais au profit de qui ? », Géoconfluences, CNRS, 6 juillet 2016.

— M. Ventouillac, « Paris 2024 et Tokyo 2021 font de la cybersécurité leur priorité pour les JO », *L'Équipe*, 21 avril 2021.

— N. Sasaki, « Les Jeux Olympiques n'auront pas lieu », lundi.am, 30 novembre 2020.

— AFP, « Les Japonais restent en majorité réticents à la tenue des JO en 2021 », 15 décembre 2020.

Composition et mise en pages
Nord Compo à Villeneuve-d'Ascq

Achevé d'imprimer par ELCOGRAF S.P.A. en juin 2021